FOR CHILDREN

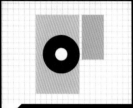 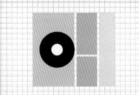

5.1.14
标志设计

7.3.2
制作艺术装饰画

U0351770

邀请函

YOUR TEXT HERE

8.3.2
制作环形文字

8.4.7
制作邀请函

1

精彩案例展示

8.5.4
制作化妆品宣传册内页

9.2.3
使用符号丰富画面层次感

9.6.2

9.6.4

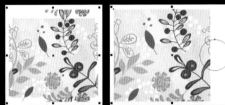

9.6.10

制作CD封面

10.1.3

将位图制作为矢量插画

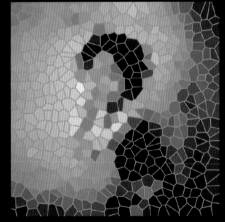

10.5.11

制作个性装饰画

11.4.4

输出图形的分色设置

精彩案例展示

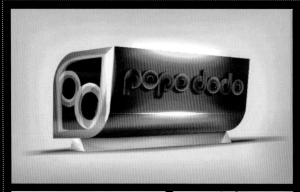

12.1.1
工作室标志设计

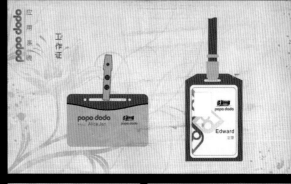

12.1.5
工作证设计

12.2.1
艺术展海报设计

12.2.2
家居报纸广告设计

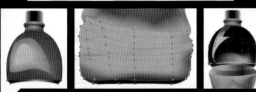

12.2.3
饮料户外广告设计

12.2.4
酒吧DM单设计

12.3.1
手机界面设计

12.3.2
儿童网站页面设计

精彩案例展示

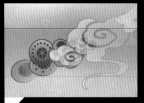

12.3.3
旅游网站设计

12.3.4
汽车品牌网站设计

12.4.1
手表设计

12.4.2
加湿器造型设计

12.4.3

茶叶包装设计

12.4.4

饮料瓶造型设计

12.5.1

文艺图书封面设计

12.5.2

趣味图书封面设计

精彩案例展示

12.5.3

时尚杂志版式设计

12.5.4

珠宝杂志封面设计

12.6.1

时尚女性插画

12.6.3

搞笑趣味插画

零点起飞学

CorelDRAW X6

图形设计

◎ 瀚图文化 编著

清华大学出版社

北京

内 容 简 介

本书全面、细致地讲解了CorelDRAW的操作方法与使用技巧，内容精华、学练结合、文图对照、实例丰富，可以帮助学习者全面、轻松地掌握软件所有操作并运用于实际创作中。

无论你是一个有抱负的艺术家还是一个有经验的设计师，CorelDRAW X6图形套件都是您值得信赖的图形设计软件解决方案。其丰富的内容环境和专业的平面设计，照片编辑和网页设计功能可以充分表现设计风格和表达无限创意。

本书从图形的本质帮助读者掌握图形设计的技术和方法。全书共12个章节，内容包括初识CorelDRAW X6，CorelDRAW X6基本操作，对象的操作与管理，基本图形的绘制与颜色设置，线形、形状和艺术笔工具的应用，填充、轮廓和编辑工具的应用，制作图形艺术效果，文字和表格工具的应用，菜单栏的应用，位图效果的应用以及打印和输出文件。最后通过VI设计、平面广告设计、界面与网页设计、产品造形与包装设计、书籍装帧与版式设计、插画设计等25个完整的成品案例，帮助读者掌握和运用CorelDRAW X6图形制作的方法，并把前面所讲的知识融会贯通巩固提高。

本书既可作为平面设计、广告设计、印前设计等广大设计人员参考用书。又可作为广大图形图像处理爱好者的学习书，还可以作为广大设计人员的参考用书，还可作为大专院校相关专业的教材。

本书DVD光盘内容包括125个300分钟的实例视频教学及书中的素材与效果文件。

图书在版编目（CIP）数据

零点起飞学CorelDRAW X6图形设计 / 瀚图文化 编著. —北京：清华大学出版社，2014（2017.1重印）
（零点起飞）
ISBN 978-7-302-34956-3

Ⅰ.①零… Ⅱ.①瀚… Ⅲ.①图形软件 Ⅳ.①TP391.41

中国版本图书馆CIP数据核字（2014）第000258号

责任编辑：杨如林
封面设计：张　洁
责任校对：徐俊伟
责任印制：何　芊

出版发行：清华大学出版社
　　　网　　　址：http://www.tup.com.cn，http://www.wqbook.com
　　　地　　　址：北京清华大学学研大厦 A 座　　　邮　　　编：100084
　　　社 总 机：010-62770175　　　邮　　　购：010-62786544
　　　投稿与读者服务：010-62776969，c-service@tup.tsinghua.edu.cn
　　　质 量 反 馈：010-62772015，zhiliang@tup.tsinghua.edu.cn
印 装 者：北京鑫丰华彩印有限公司
经　　　销：全国新华书店
开　　　本：190mm×260mm　印　张：24.25　插　页：4　字　　　数：718 千字
　　　（附 DVD 光盘 1 张）
版　　　次：2014 年 6 月第 1 版　　　印　　　次：2017 年 1 月第 3 次印刷
印　　　数：4001～5000
定　　　价：49.80 元

产品编号：054370-01

前　言

软件介绍

CorelDRAW X6是加拿大Corel公司的一款通用而且强大的图形设计软件。该软件是Corel公司出品的矢量图形制作工具，它给设计师提供了矢量动画、页面设计、网站制作、位图编辑和网页动画等多种功能。

内容导读

本书主要讲解使用CorelDRAW X6进行图形设计与制作的方法与技巧。书中涉及的主要内容是初识CorelDRAW X6，CorelDRAW X6基本操作，填充、轮廓和编辑工具的应用，基本图形的绘制与颜色设置，线形、形状和艺术笔工具的应用，制作图形艺术效果，文字和表格工具的应用，菜单栏的应用，位图效果的应用以及打印和输出文件等应用和操作，能够使读者真正体会到CorelDRAW X6的强大功能。另外，通过VI设计、平面广告设计、界面与网页设计、产品造形与包装设计、书籍装帧与版式设计、插画设计等25个完整的成品案例，使读者由浅入深地掌握综合运用CorelDRAW X6设计图形作品的方法，并帮助读者巩固所学的知识，以及熟悉平面设计的操作思路和实际的制作思路与过程，做到学以致用。

为什么选择本书？

⇨ 针对性强。本书在编辑过程中充分考虑到初学者的实际阅读和制作需要，对完全不懂图形处理基础的入门读者进行了针对性的介绍，帮助读者完成CorelDRAW X6软件完整、系统的学习过程。

⇨ 内容丰富。本书不仅涵盖了软件的各项主要功能的讲解，还包含CorelDRAW X6的一些新增功能介绍。通过对软件功能和案例详细操作过程的讲解，以及针对书中重点知识点的详细、深入解读，使读者能够轻松完成软件的学习。

⇨ 容易学。本书采用图文结合的方式进行知识点的讲解，其版面编排灵活，采用上文下图与左右图的方式，使读者阅读起来更加轻松。读者可以按照本书的操作步骤轻松完成对本书内容的学习。

读者对象

本书面向CorelDRAW X6的初中级读者，以及从事平面设计、广告设计和印前制作的专业人士。通过对本书的学习，初学者能少走很多弯路，一步到位地掌握软件的基本操作，并能独立进行实际创作。对于有基础的读者则可以更加深入、更加全面地了解CorelDRAW X6，从而提高软件的运用能力，并展开自己的想象，以完成更多、更好的平面设计作品。

本书由瀚图文化组织编写，参与本书编写工作的有高峰、何艳、罗菊廷、周琴、贾红伟、张仁伟、罗卿、李震、刘思佳、陈艾、郭亚蓉、王亚杰、闫欧。本书编创力求严谨，尽管作者力求完善，但书中难免有错漏之处，希望广大读者批评指正，我们将不胜感激。

编者

目 录

第1章

初识CorelDRAW X6

本章重点：

    本章详细介绍了CorelDRAW的基本概念知识，包括CorelDRAW的诞生于发展历程、CorelDRAW的基本概念解析、CorelDRAW的应用领域、CorelDRAW X6的安装与卸载方法、CorelDRAW X6新增功能，以及学习如何在CorelDRAW X6中获取帮助等。

学习目的：

    通过对本章的学习，使读者掌握CorelDRAW的基本概念知识，在实际的操作过程前能够对CorelDRAW有初步的了解认识，便于接下来的学习。

参考时间：45分钟

主要知识	学习时间
1.1　CorelDRAW的诞生于发展历程	5分钟
1.2　CorelDRAW的基本概念解析	5分钟
1.3　CorelDRAW的应用领域	5分钟
1.4　CorelDRAW X6的安装与卸载方法	10分钟
1.5　CorelDRAW X6新增功能	10分钟
1.6　在CorelDRAW X6中获取帮助	10分钟

1.1 CorelDRAW的诞生与发展历程

CorelDRAW是世界上最好的图形图像处理软件之一，它由加拿大的Corel公司开发，主要应用于商标设计、VI制作、模型绘制、插画设计、包装设计、排版及分色输出等方面。

1. CorelDRAW的诞生

CorelDRAW主要用于商业设计排版和专业美术设计。CorelDRAW和同类软件Photoshop相比，Photoshop的主要专长是图像处理，而CorelDRAW最初是为了扫描照片并处理设计而开发，并非图形创作。图像处理是对已有的位图图像进行编辑加工处理及运用一些特殊效果，其重点在于对图像的处理加工；而CorelDRAW正是为矢量图形设计而诞生，图形创作软件是按照自己的构思创意，使用矢量图形来设计图形。

2. CorelDRAW的发展历程

1989年春天第一个CorelDRAW诞生，它专为MS-DOS上运行而设计，引入了全色矢量插图和版面设计程序，填补了该领域的空白。

1991年推出第一款一体化图形套件，使计算机图形发生革命性剧变。

1999年发布CorelDRAW 9，它是Corel家族中较为稳定的软件，在颜色、灵活性和速度方面都有重大改进。

2008年发布了套件CorelDRAW X4，它增加了新实时文本格式、新交互式表格和独立页面图层，以及便于实时协作的联机服务集成。该版本针对Microsoft操作系统 Windows Vista 进行了优化，延续了它作为PC专业图形套件的传统。

2010年发布了CorelDRAW X5。最新版专业平面图形套装"CorelDRAW Graphics Suite X5"，拥有50多项全新及增强功能。

2012年发布了CorelDRAW X6。最新版专业平面图形套装"CorelDRAW Graphics Suite X6"，新增10多项全新增强功能，提供可满足用户全部设计需求的工具和功能。

新增功能：高级 OpenType® 支持、自定义构建的颜色和谐、Corel® CONNECT™ 中的多个托盘、创造性矢量造型工具。作为预订用户，将收到 CorelDRAW Graphics Suite X6 中包含的所有功能和内容，以及由 Corel 高级会员资格提供的在线服务和基于云的内容。

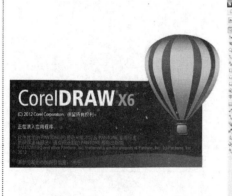

CorelDRAW X6打开界面　　　　　　　　　　　CorelDRAW X6工作窗口

1.2 CorelDRAW的基本概念解析

在设计制作中，首先需要了解的就是图像的基本知识，是贯穿于整个设计制作的重要内容。了解了什么是矢量图、位图及色彩模式等，才能够更好地掌握相关的软件及其制作方法和流程。本节将对矢量图、位图及色彩模式进行讲解，帮助读者更快地了解设计制作的基本知识。

1.2.1 矢量图和位图

矢量图是根据几何特性来绘制图形，矢量可以是一个点或一条线，而矢量图只能靠软件生成，文件占用内存空间较小，因为这种类型的图像文件包含独立的分离图像，可以自由无限制地重新组合。它的特点是放大后图像不会失真，和分辨率无关，文件占用空间较小，适用于图形设计、文字设计和标志设计、版式设计等。

位图图像也称为点阵图像，是由称作像素的单个点组成的。这些点可以进行不同的排列和染色以构成图样。当放大位图时，可以看见赖以构成整个图像的无数单个方块。扩大位图尺寸的效果是增大单个像素，从而使线条和形状显得参差不齐。然而，如果从稍远的位置观看，位图图像的颜色和形状又像是连续的。

矢量图整体效果

将其局部放大后效果

快速改变颜色

技巧：

矢量图相较位图来说，可以更轻松地对图像轮廓形状进行编辑管理，但是在颜色优化调整及颜色显示效果上，矢量图不及位图丰富细致，在CorelDRAW X6中强化了位图与矢量图的转换和兼容功能。CorelDRAW X6是常用的矢量绘图软件，主要通过绘制轮廓线和填充颜色的方式绘制矢量图，将图像进行多倍放大以后，图像边缘不会出现虚化现象。

1.2.2 像素和分辨率

像素与分辨率对决定图像的品质起着重要作用。像素是用来计算数码影像的一种单位，我们若把影像放大数倍，会发现这些连续色调其实是由许多色彩相近的小方块所组成，这些小方块就是构成影像的最小单位"像素"（Pixel）。这种最小的图形单元在屏幕上显示的通常是单个的染色点。越高位的像素，其拥有的色板也就越丰富，越能表达颜色的真实感。

分辨率就是屏幕图像的精密度，是指显示器所能显示的像素的多少。因为屏幕上的点、线和面都是由像素组成的，显示器可显示的像素越多，画面就越精细，相同的屏幕区域内能显示的信息也越多，所以分辨率是个非常重要的性能指标。可以把整个图像想象成是一个大型的棋盘，而分辨率的表示方式就是所有经线和纬线交叉点的数目。

打开一张位图

将其放大数倍后边缘虚化

放大到一定倍数后边缘像素化

1.2.3 色彩模式

色彩模式是数字世界中表示颜色的一种算法。在数字世界中，为了表示各种颜色，人们通常将颜色划分为若干分量：RGB模式、CMYK模式、位图模式、灰度模式、Lab模式、索引模式、HSB模式和双色调模式等，其中常用的色彩模式为RGB模式和CMYK模式。成色原理的不同，决定了显示器、投影仪、扫描仪这类靠色光直接合成颜色的颜色设备和打印机、印刷机这类靠使用颜料的印刷设备在生成颜色方式上的区别。

RGB色彩就是常说的三原色，R代表Red（红色），G代表Green（绿色），B代表Blue（蓝色）。之所以称为三原色，是因为在自然界中肉眼所能看到的任何色彩都可以由这三种颜色混合叠加而成，因此也称为加色模式。RGB模式又称RGB色空间，它是一种色光表色模式，广泛应用于我们的生活之中，如电视机、计算机显示屏、幻灯片等都是利用光来呈色的。计算机定义颜色时，R、G、B三种成分的取值范围是0~255，0表示没有刺激量，255表示刺激量达最大值。R、G、B均为255时就合成了白光，R、G、B均为0时就形成了黑色，当两色分别叠加时将得到不同的R、G、B颜色。

RGB三原色

RGB 拾色器

RGB模式效果

CMYK模式是基于图像输出处理的模式，C代表青色（Cyan），M代表洋红色（Magenta），Y代表黄色（Yellow），K代表黑色（Black）。当阳光照射到一个物体上时，这个物体将吸收一部分光线，并将剩下的光线进行反射，反射的光线就是我们所看见的物体颜色。这是一种减色色彩模式，同时也是与RGB模式的根本不同之处。不但我们看物体的颜色时用到了这种减色模式，而且在纸上印刷时应用的也是这种减色模式。

CMYK模式

CMYK拾色器

CMYK模式效果

📄 **提示：**

CMYK模式是最佳的打印模式，RGB模式尽管色彩多，但不能完全打印出来。用CMYK模式编辑虽然能够避免色彩的损失，但运算速度很慢。主要原因有两点：其一，即使在CMYK模式下工作，绘图软件（如Photoshop）也必须将CMYK模式转变为显示器所使用的RGB模式；其二，对于同样的图像，RGB模式只需要处理三个通道即可，而CMYK模式则需要处理四个。

1.3 CorelDRAW的应用领域

随着CorelDRAW X6软件的不断发展，为朝气蓬勃的广告业提供了良好优质的实际展示平台。使用该软件可绘制矢量图形并对各种图像进行互补处理，实现多领域的运用，如广告设计、招贴设计、插画设计、标志设计、包装设计及书籍装帧设计等，在更大程度上满足了人们对视觉艺术的追求。

1.3.1 在平面设计中的应用

1. 广告设计

广告的作用是通过各种媒介向更多的广告目标受众直销产品、品牌、企业等相关信息，表现手法可以多种多样，但是其目的都是以传递信息为主。

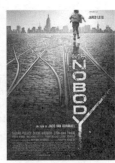

法国设计大师ieur x studio

2. 招贴设计

招贴设计又名海报设计或宣传画。从实质划分，招贴设计也属于广告设计的范畴，但是又与广告设计有区别，招贴设计主要考虑其商业价值，用于产品的宣传方向。

美国文字版面设计大师lorenzo

3. 标志设计

VI即企业视觉设计，是企业CI形象设计的重要组成部分。标志是抽象的视觉符号，企业标志则是一个企业文化特质的图像表现，具有其象征性。

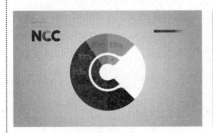
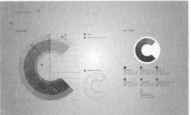
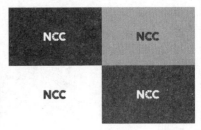

标志设计

1.3.2 在界面设计中的应用

所谓界面设计是指人与机器之间传递和信息交换的媒介，是计算机科学与心理学、设计艺术学、认知科学和人机工程学的交叉研究领域。近年来，随着计算机技术的快速发展，网络技术的飞速进步，界面设计的开发已成为国际计算机界和设计界最为重视的研究方向。其主要包括网页界面设计、计算机界面设计、电脑窗口界面设计、游戏界面设计、图标设计等。

网页界面设计　　　　　　手机界面设计　　　　　平板电脑界面设计　　　　　游戏界面设计

1.3.3 在产品造型、包装设计中的应用

成功的包装设计能在很大程度上促进产品的销售，对产品进行包装是企业发展的重要策略组成之一，是消费者接触产品的第一印象。

产品造型与包装设计

1.3.4 在书籍装帧与版式设计中的应用

越是新颖的书籍装帧设计与版式设计，越能抓住观众的眼球，能起到很好的产品宣传目的，好的版式设计可以帮助读者轻松地进行阅读，组织出合理的视觉逻辑。

书籍封面设计　　　　　　　书籍封套设计　　　　　　　版式设计

1.3.5 在插画、漫画绘制中的应用

插画和漫画是在设计中经常使用到的一种表现形式，这种结合电脑的绘图方式很好地将创意和图像结合起来，为我们带来了更为震撼的视觉效果。

法国插画大师Ludovic Jacqz

1.3.6 在效果图后期制作中的应用

不管是VI设计、包装设计，还是书籍设计，我们设计好的效果可以将其进一步处理，制作成效果图的样式，这样可以帮助我们更加直观地欣赏设计作品，并起到良好的视觉传达作用。

1. VI应用领域

书籍效果设计　　　　　　　　　VI应用系统　　　　　　　　　产品宣传效果

2. 广告领域

Franke Faber平面广告设计欣赏

3. 书籍画册领域

 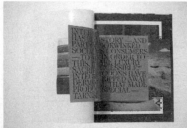 

Faux Real画册版式设计欣赏

| 1.4 | CorelDRAW X6的安装与卸载方法

要使用CorelDRAW X6熟练地对图像执行编辑和处理等相关操作，首先应该了解如何在电脑中安装和卸载CorelDRAW X6软件程序。不同的软件程序在安装和卸载操作程度上可能会有所不同。

1.4.1 安装CorelDRAW X6的系统需求

CorelDRAW X6的安装可根据自己系统的配置，选择64位软件包安装或者32位软件包进行安装，处理器要求：Microsoft® Internet Explorer® 7 或更高版本，1GB内存，1.5GB硬盘空间，DVD驱动。

1.4.2 实战：安装CorelDRAW X6

步骤1 运行CorelDRAW X6的安装程序，软件将自动检测系统配置文件，此时弹出相应的安装界面软件，会自动下载一些必备的组件。将滑块移动到最下端，单击"我同意"按钮，然后单击"下一步"按钮。

步骤2 输入授予的序列号并应用序列号，即可对软件的安装进行设置。

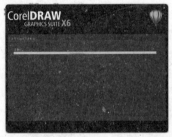

步骤3 选择需要安装的类型，然后进入安装软件等待状态。

步骤4 安装完成并启动软件。

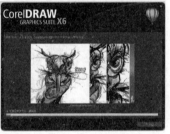

1.4.3 卸载CorelDRAW X6

在"控制面板"中单击鼠标右键可弹出卸载软件命令选项，在弹出的对话框中单击"删除"按钮，即可根据提示自行调整并删除该软件。

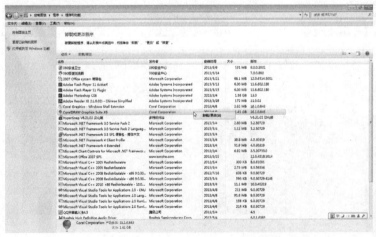

添加/删除程序   卸载CorelDRAW

1.5 CorelDRAW X6新增功能

在CorelDRAW X6中新增了许多功能,包括高级 OpenType® 支持、自定义构建的颜色和谐、Corel® CONNECT™ 中的多个托盘、创造性矢量造型工具等,下面将介绍CorelDRAW X6版本中一些重要的新功能和新特性。

1.5.1 全新的工作界面

在软件的启动界面上,CorelDRAW X6采用了黑色作为底色,增强了其神秘感,主要图形仍是沿用了CorelDRAW的热气球,延承CorelDRAW的经典。

1.5.2 新增的形状编辑工具 （涂抹、转动、吸引、排斥）

新增的形状编辑工具可以在制作图形对象时,更快地帮助我们绘制形状各异的图形元素。

（1）**涂抹笔刷工具**:可以通过沿矢量图形对象的轮廓拖动,以达到使其变形的目的。

（2）**转动工具**:将鼠标移动到图形对象上时,图形对象将以设置的顺时针或逆时针的方向进行转动扭曲。

（3）**吸引工具**:单击该按钮,将鼠标移动到图形对象的轮廓处时,图形对象的边缘轮廓自动向图形的内部进行移动变形。

（4）**排除工具**:单击该按钮,将鼠标移动到图形对象的轮廓处时,图形对象的边缘轮廓自动向图形的外部进行移动变形。

原图

涂抹笔刷工具

转动工具（逆时针）

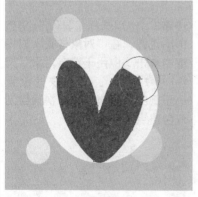
吸引工具

排除工具

转动工具（顺时针）

> **提示:**
> 涂抹笔刷工具支持压感功能,可感知压感笔的倾斜姿态和方向,将压感笔与手写板配合使用时,可增加逼真的手绘效果。涂抹笔刷可在矢量图形对象（包括边缘和内部）上任意涂抹,以达到变形的目的。

1.5.3　新增的"对象样式"泊坞窗

　　样式是一组定义对象属性的格式化属性，如轮廓或填充。例如，要定义轮廓样式，用户可以指定轮廓宽度、颜色和线条类型等属性；要定义字符样式，用户可以指定字体类型、字体样式和大小、文本颜色和背景颜色、字符位置、大写等。CorelDRAW 支持用户创建和应用轮廓、填充、段落、字符和文本框样式。

　　CorelDRAW 允许用户将样式分组为样式集。样式集是可帮助用户定义对象外观的样式集合。例如，用户可以创建包含可应用于矩形、椭圆形和曲线等图形对象的填充样式和轮廓样式的样式集。

"对象样式"泊坞窗

　　创建样式有两种选择。用户可以基于喜爱的对象格式创建样式或样式集，也可以通过在"对象样式"泊坞窗中设置对象属性，从头开始创建样式或样式集。

　　使用形状工具绘制一个任意图形，然后单击"添加"按钮，出现选项子菜单，选择"轮廓"选项，然后在泊坞窗中设置轮廓属性，设置完成以后单击"应用于选定对象"按钮，即可将设置的属性应用于对象中。另外可以在样式集里面设置，区别于样式选项，样式集可以同时设置对象的轮廓、填充、字符、段落、图文框的属性，其设置和使用方法跟样式一样。

"样式"子菜单

设置属性

"样式集"子菜单

1.5.4　实战：制作双色斑点图形

> 💿 **光盘路径**：第1章\ Complete \制作双色斑点图形.cdr

步骤1　使用椭圆形工具绘制一个正圆，选择"样式集"选项，单击"添加"按钮，出现选项子菜单，分别设置"轮廓"为无，"填充"为蓝色（C100、M0、Y0、K0），设置完成以后单击"应用于选定对象"按钮。

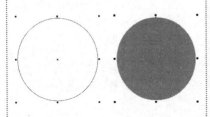

步骤2　双击矩形工具绘制一个和页面相同大小的矩形，填充淡粉色（C0、M40、Y20、K0），打开素材"第1章\Media \制作双色斑点图形.cdr"文件。

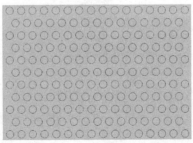

步骤3　使用选择工具分别选中小正圆，在"对象样式"泊坞窗中单击"应用于选定对象"按钮，即可快速设置小正圆的填充属性，即快速绘制双色斑点的图形效果。

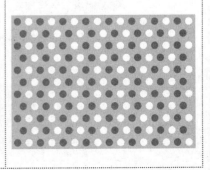

1.5.5 改进的插入页码功能

在当前页面、所有页面、所有奇数页面或所有偶数页面上可以随意插入页码。在多个页面上插入页码时，系统将自动创建主图层并在该图层上放置页码。主图层可以是所有页主图层、奇数页主图层或偶数页主图层。

执行"布局|插入页码"命令，在弹出的子菜单中可以对插入页码进行选择。在活动图层上我们可以在当前对象管理器泊坞窗中选定的图层上插入页码。如果活动图层为主图层，那么页码将插入文档中显示该主图层的所有页面。如果活动图层为局部图层，那么页码将仅插入当前页。我们可以在所有页面上插入页码，页码插入新的所有页主图层，而且该图层将成为活动图层，也可以在所有奇数页上插入页码，页码插入新的奇数页主图层，而且该图层将成为活动图层，也可以在所有偶数页上插入页码，页码插入新的偶数页主图层，而且该图层将成为活动图层。

"插入页码"子菜单

提示：

用户也可以在现有的美术字或段落文本中插入页码。如果文本位于局部图层上，则只能将页码插入当前页面上。如果文本位于主图层上，则页面也是主图层的一部分，该页码可在所有可以显示主图层的页面上显示。

1.5.6 改进的辅助线功能

CorelDRAW X6新改进的辅助线功能，使用动态辅助线，可以帮助我们相对于其他对象更准确地进行移动、对齐和绘制对象。动态辅助线是临时辅助线，可以从对象的下列对齐点中拉出：中心、节点、象限和文本基线。

执行"视图|动态辅助线"命令，可打开其沿动态辅助线拖动对象，可以查看对象与用于创建动态辅助线的贴齐点之间的距离，以帮助我们精确放置对象。使用动态辅助线可以在绘制对象时相对于其他对象来放置对象，还可以显示交叉的动态辅助线，然后将对象放置在交叉点上。

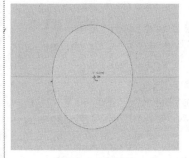
出现中心点辅助线

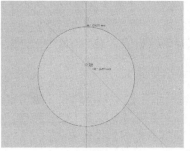
交叉点辅助线

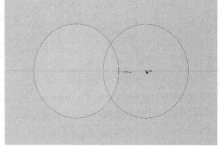
将图像水平精准移动

动态辅助线包含称为刻度的不可见记号，指针以这些记号为基准。刻度使用户能够沿动态辅助线精确地移动对象，可以根据需要调整刻度间隔，也可以禁用贴齐刻度，还可以为动态辅助线设置其他选项。例如，可以选择以一个或多个预设角度显示动态辅助线，或者以用户指定的角度显示动态辅助线。用户可以预览角度设置；不再需要某特定角度的动态辅助线时，可以删除该角度设置；还可以显示作为线段延长线的动态辅助线。

提示：

动态辅助线是从左侧对象的节点中拉出的。节点旁边的屏幕提示显示动态辅助线的角度 (0°)，以及节点和指针之间的距离（1.5 英寸）。沿动态辅助线拖动右侧的对象，并精确放置在距离用于生成动态辅助线的节点 1.5 英寸远的位置上。

1.5.7 新增的PowerClip图文框

　　CorelDRAW X6新增PowerClip 图文框，允许在其他对象或图文框内放置矢量对象和位图（如相片）。图文框可以是任何对象，如美术字或矩形。当对象大于图文框时，将对对象（称为内容）进行裁剪以适合图文框形状。这样就创建了图框精确剪裁对象。

　　执行"效果 | PowerClip | 置于图文框内部"命令，通过将一个图框精确剪裁对象放置到另一个图框精确剪裁对象中，产生嵌套的图框精确剪裁对象，可以创建更为复杂的图框精确剪裁对象；也可以将一个图框精确剪裁对象的内容复制到另一个图框精确剪裁对象。

  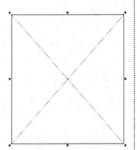

美术字和位图　　　　　　　　精确剪裁到 PowerClip 图文框中　　　　　可对框类型进行设置

> **提示：**
> 　　PowerClip 工具栏支持用户在图文框内编辑、选择、提取、锁定或重新定位内容。每当选中PowerClip 对象时，都将显示该工具栏。可以锁定 PowerClip 内容，从而在移动图文框时，内容也随之一起移动。如果想要在不影响图文框的情况下删除 PowerClip 对象的内容或进行修改，提取内容即可。

1.5.8 更多功能的完善与增强的兼容性支持

　　CorelDRAW X6加快和简化了日常任务，在节省时间的同时帮助用户自信地创作。CorelDRAW X6提供可满足用户全部设计需求的工具和功能。

新增高级 OpenType® 支持

　　借助诸如上下文和样式替代、连字、装饰、小型大写字母、花体变体之类的高级 OpenType 版式功能，创建精美文本。OpenType 尤其适合跨平台设计工作，它提供了全面的语言支持，使用户能够自定义适合工作语言的字符。可从一个集中菜单控制所有 OpenType 选项，并通过交互式 OpenType 功能进行上下文更改。

自定义构建的颜色和谐

　　轻松为用户的设计创建辅助调色板。可以通过"颜色样式"泊坞窗访问的新增"颜色和谐"工具，将各种颜色样式融合为一个"和谐"组合，使用户能够集中修改颜色。该工具还可以分析颜色和色调，提供辅助颜色方案——这是以多样性满足客户需求的绝佳方式！

Corel® CONNECT™ 中的多个托盘

　　能够在本地网络上即时找到图像并搜索 iStockphoto®、Fotolia 和 Flickr® 网站。现在可通过Corel CONNECT 内的多个托盘，轻松访问内容。可以在由 CorelDRAW®、Corel® PHOTO-PAINT™ 和Corel CONNECT 共享的托盘中，按类型或按项目组织内容，最大限度地提高效率。

创造性矢量造型工具

　　可以向矢量插图添加创新效果！CorelDRAW X6 引入了4种造型工具，它们为矢量对象的优化提供了新增的创新选项。新增的涂抹工具使用户能够沿着对象轮廓进行拉长或缩进，从而为对象造型。新增的转动工具使用户能够对对象应用转动效果，而且用户还可以使用新增的吸引和排斥工具，通过吸引或分隔节点，对曲线造型。

1.6 在CorelDRAW X6中获取帮助

基于软件设计者的制作，每款软件都有帮助功能，可以帮助用户对软件做初步的认识。在CorelDRAW工作界面中按下F1，可以快速弹出帮助网页。

1.6.1 CorelDRAW帮助主题

在CorelDRAW X6中执行"帮助|帮助主题"命令，可打开CorelDRAW帮助网页，在该网页中罗列了CorelDRAW X6新增的功能和基本工具的使用方法。用户可以通过该网页大致了解CorelDRAW X6新增的功能和使用方法。

帮助主题网页

1.6.2 CorelDRAW学习工具

在CorelDRAW X6的欢迎界面的右侧选项卡中，用户可以快速进入学习工具界面，在其中可以快速选择相应的按钮，进入学习CorelDRAW的窗口，包括视频教程、指导手册、提示与技巧等。

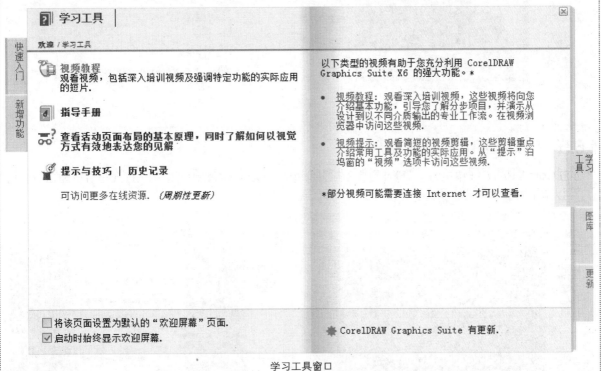

学习工具窗口

📖 提示：

打开"学习工具"窗口，可以通过该页面快速进入CorelDRAW学习当中，解决学习当中的困惑与难题。

1.6.3　产品注册、取消激活和更新提示

　　在CorelDRAW X6的安装过程中，较以前的软件安装，会出现产品注册页面，在该界面中进行邮箱注册，是为了使CorelDRAW公司根据广大用户的实际需要，进行跟踪记录，并随时帮助用户解决实际操作中的常见问题。

产品注册网页

1.6.4　CorelDRAW视频教程

　　在CorelDRAW X6中执行"帮助|视频教程"命令，可打开视频教程窗口，自动弹出视频播放窗口，当用户单击需要学习的选项，即出现CorelDRAW X6的教学视频。

视频教程

1.6.5　CorelDRAW指导手册

　　在CorelDRAW X6中执行"帮助|指导手册"命令，即会使用Adobe Reader打开指导手册窗口，用户可以单击需要学习的选项，学习CorelDRAW知识。

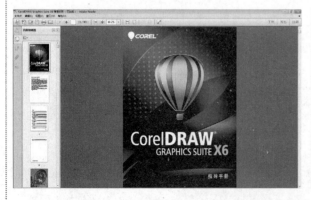

指导手册窗口

1.7 操作答疑

1.7.1 专家答疑

（1）色彩模式在设计制作和输出中的应用？

答：在平面设计的制作和应用中，图像的色彩模式设置与作品在屏幕显示时的效果有着较为密切的联系。RGB模式是用于屏幕显示的色彩模式，其真实而艳丽的色彩并不一定适用于输出显示；CMYK模式是用于输出显示的色彩模式，其输出原理与实际的油墨比例有着直接关系，所以在设计制作和输出作品时，始终注意图像的色彩模式是很必要的。

（2）HSB色彩模式的定义和应用是什么？

答：HSB色彩模式是根据日常生活中人眼的视觉特征而制定的一套色彩模式，是最接近于人类对色彩辨认的思考方式。HSB色彩模式以色相（H）、饱和度（S）和亮度（B）描述颜色的基本特征。色相指从物体反射或透过物体传播的颜色。在$0^0 \sim 360^0$的标准色轮上，色相是按位置计量的。在通常的使用中，色相由颜色名称标识，比如红色、橙色或绿色。饱和度是指颜色的强度或纯度，用色相中灰色成分所占的比例来表示，0%为纯灰色，100%为完全饱和。在标准色轮上，从中心位置到边缘位置的饱和度是递增的。亮度是指颜色的相对明暗程度，通常将0%定义为黑色，100%定义为白色。HSB色彩模式比前面介绍的两种色彩模式更容易理解。但由于设备的限制，在计算机屏幕上显示时，要转换为RGB模式，作为打印输出时，要转换为CMYK模式。这在一定程度上限制了HSB模式的使用。

（3）Lab色彩模式的定义和应用是什么？

答：Lab色彩模式由光度分量（L）和两个色度分量组成，这两个分量即a分量（从绿到红）和b分量（从蓝到黄）。Lab色彩模式与设备无关，不管使用什么设备（如显示器、打印机或扫描仪）创建或输出图像，这种色彩模式产生的颜色都保持一致。

Lab色彩模式通常用于处理Photo CD（照片光盘）图像，单独编辑图像中的亮度和颜色值，在不同系统间转移图像，以及打印到PostScript（R）Level 2和Level 3打印机。

（4）在报纸的排版中以何种模式处理彩色图片最好？

答：在报纸或杂志的排版过程中，经常会遇到对彩色图片的处理，当打开某一个彩色图片时，它可能是RGB模式的，也可能是CMYK模式的。那么在使用Photoshop时，是使用RGB模式，还是使用CMYK模式进行彩色图片处理呢？

在使用CorelDRAW处理图片的过程中，首先应该注意一点，对于所打开的一幅图片，无论是CMYK模式的图片，还是RGB模式的图片，都不要在这两种模式之间进行相互转换，更不要将两种模式转来转去。因为，在点阵图片编辑软件中，每进行一次图片色彩空间的转换换，都将损失一部分原图片的细节信息。如果将一幅图片一会儿转换成RGB模式，一会儿转换成CMYK模式，则图片的信息损失将是很大的。这里应该说明的是，彩色报纸出版过程中，用于制版印刷的图片模式必须是CMYK模式的图片，否则将无法进行印刷。但并不是说在进行图片处理时，以CMYK模式处理图片的印刷效果就一定很好，这要根据具体情况而定。其实用 Photoshop处理图片选择RGB模式的效果要强于使用CMYK模式的效果，只要以RGB模式处理好图片后，再将其转换为CMYK模式的图片后，输出胶片就可以制版印刷了。

1.7.2 操作习题

1. 选择题

（1）CorelDRAW X6是（　　　）年发布的。

A.2010　　　　B.2011　　　　C.2012　　　　D.2013

（2）用于印刷的是（　　　）色彩模式。

A.RGB   B. HSB   C. Lab   D. CMYK

（3）图像色板越丰富，越能表达颜色的真实感，是由（　　　　）决定的。

A.分辨率   B.像素   C.噪点   D.A和B

2. 填空题

（1）矢量图是根据几何特性来绘制图形，矢量可以是_____或_____，矢量图只能靠软件生成，文件占用内存空间较小，因为这种类型的图像文件包含独立的分离图像，可以自由无限制地重新组合。它的特点是放大后图像不会_____，和_____无关，文件占用空间较小，适用于图形设计、文字设计和_____、_____等。

（2）分辨率就是屏幕图像的_____，是指显示器所能显示的_____的多少。由于屏幕上的点、线和面都是由像素组成的，显示器可显示的_____越多，画面就越_____，同样的屏幕区域内能显示的信息也越多，所以分辨率是个非常重要的性能指标。

（3）在数字世界中，为了表示各种颜色，人们通常将颜色划分为若干分量：_____、_____、_____、_____、_____、_____和_____等，其中常用的色彩模式为_____和_____。

（4）随着CorelDRAW X6软件的不断发展，为朝气蓬勃的广告业提供了良好优质的实际展示平台。使用该软件可绘制矢量图形并对各种图像进行互补处理，实现多领域的运用，如_____、_____、_____、_____及_____等，更大程度地满足了人们对视觉艺术的追求。

3. 操作题

安装CorelDRAW X6软件。

操作提示：

（1）运行CorelDRAW X6的安装程序，软件将自动检测系统配置文件，此时弹出相应的安装界面软件会自动下载一些必备的组件。将滑块移动到最下端，单击"我同意"按钮，然后单击"下一步"按钮。

（2）输入授予的序列号并应用序列号，即可对软件的安装进行设置。

（3）选择需要安装的类型，然后进入安装软件等待状态，安装完成并启动软件。

（4）详细操作请参见"1.4.2 实战：安装CorelDRAW X6"。

第2章

CorelDRAW X6基本操作

本章重点：

　　本章详细介绍了CorelDRAW X6的基本操作和常用解决方法，主要讲解了CorelDRAW X6工作界面、文件的设置与管理、页面的设置与管理、视图显示控制、辅助工具选项的应用与设置的知识，使用户对CorelDRAW X6的基本操作有个初步了解。

学习目的：

　　通过对本章的学习，使读者掌握CorelDRAW X6最常用的基本操作。

参考时间：35分钟

主要知识	学习时间
2.1　了解CorelDRAW X6工作界面	5分钟
2.2　文件的设置与管理	5分钟
2.3　页面的设置与管理	10分钟
2.4　视图显示控制	5分钟
2.5　辅助工具选项的应用与设置	10分钟

2.1 了解CorelDRAW X6工作界面

CorelDRAW X6作为一款较为常用的矢量图绘制软件，广泛地应用于平面设计的制作和矢量图像的绘制当中，了解CorelDRAW X6的界面，以及基本操作及其菜单栏、工具箱、泊坞窗等要素，才能更方便、更快捷地进行图像编辑制作。

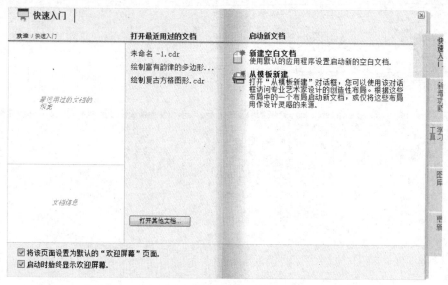

欢迎界面

启动CorelDRAW X6后选择"新建空白文档"选项，新建所需的空白文档，即可打开CorelDRAW X6的工作界面，CorelDRAW X6同样有菜单栏、工具箱、工作区、状态栏等构成元素，也增加了新的构成元素。

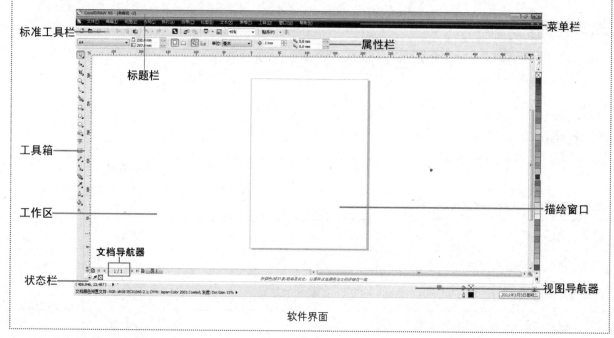

软件界面

2.1.1 了解标题栏

CorelDRAW X6的标题栏主要显示了文件的名称，便于用户编辑图像时进行辨认，显示当前打开的绘图的标题的区域。

2.1.2　了解菜单栏

菜单栏中的各个菜单控制整个界面的状态和图像处理要素。在菜单中单击任何一项菜单即可弹出该菜单列表。菜单列表中有的命令包含箭头，把光标移动至该命令上时，将弹出该命令的子菜单。

菜单栏

❶ **"文件"菜单**："文件"是最基本的操作命令的集合，它管理着与文件相关的基本设置、文件信息及后期处理等操作，包括文件的导出和导入，文件的存储和关闭，文件的打印设置及最近使用文件和文件信息的查看等操作。

❷ **"编辑"菜单**：控制图像部分的属性和基本编辑的命令菜单。包括复制、粘贴图像，控制图像的轮廓和颜色，查找或替换指定对象，插入对象等操作。

❸ **"视图"菜单**：用于控制工作界面中部分版面的视图显示，如辅助线、网格、标尺。

❹ **"布局"菜单**：用于管理文件的页面，包括新建页面，重命名页面，切换页面方向，页面背景及页面基本设置等。

❺ **"排列"菜单**：用于排列组织对象，可同时控制一个或多个对象。包括变换对象，对齐和分布对象，排列对象顺序，重组或拆分对象，修整对象等。

❻ **"效果"菜单**：用于为对象添加特殊的效果，如艺术笔、轮廓图、立体化等。

❼ **"位图"菜单**：用于编辑位图图像，在将适量的图像转换成位图以后，才可以应用该菜单对其进行编辑。

❽ **"文本"菜单**：用于排列编辑文本信息，并可结合图形对象制作出形态丰富的文本效果。

❾ **"表格"菜单**：用于绘制和编辑表格，也可以在表格和文本之间互相转换。

❿ **"工具"菜单**：用于设置软件基本功能和管理对象颜色图层等。

⓫ **"窗口"菜单**：用于管理工作界面的显示内容，包括设置工具栏、调色板、泊坞窗及工作窗口的显示状态。

⓬ **"帮助"菜单**：针对用户的某些疑问集合了一些帮助功能，用户可以在网上得到帮助，也可以了解有关CorelDRAW X6的信息。

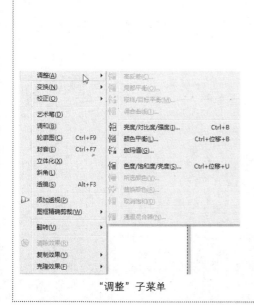

"调整"子菜单

"位图 | 三维效果"效果

"帮助"菜单

2.1.3 了解标准工具栏

CorelDRAW X6的工具栏秉承了之前版本的构成元素，在其中集中了新建、打开、打印、复制、粘贴、导入、导出等多种按钮。

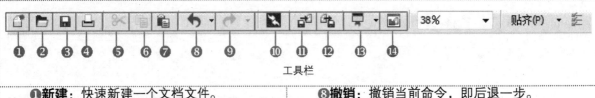

工具栏

❶新建：快速新建一个文档文件。

❷打开：快速打开需要进行编辑的文件或者需要再次编辑的文件。

❸保存：快速保存当前文件。

❹打印：快速打印工作区内的当前文件。

❺剪切：快速剪切文件。

❻复制：快速复制选中文件。

❼粘贴：快速粘贴选中文件。

❽撤销：撤销当前命令，即后退一步。

❾重做：重做当前命令，即前进一步。

❿搜索：搜索文件。

⓫导入：将需要进行编辑的文件或者素材快速导入到当前图形文件中。

⓬导出：将需要进行编辑的文件或者素材快速导出文档，并进行存储。

⓭应用程序启动器：再次启动软件。

⓮欢迎屏幕：弹出版本新功能解说界面。

2.1.4 了解属性栏

属性栏提供了对于图像制作状态的客观查看或控制，以便图像的再次处理和编辑。在属性栏上设置相关参数可以使所选对象产生相应变化，在没有选择对象的情况下，属性栏默认提供文档的一些版面布局信息。它包含与活动工具或对象相关的命令的可分离栏。

选择不同的对象在属性栏上的显示也会不一样。例如，在新建空白文档的情况下，显示为文档纸张大小，尺寸及页面相关设置等，而选择文本工具为活动状态时，文本属性栏上将显示创建和编辑文本的命令。在不选中对象时也可以快速设置页面大小。

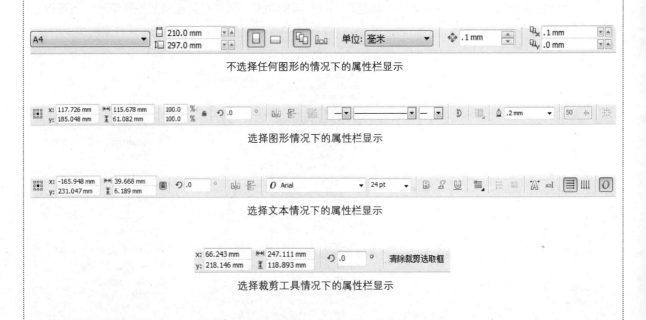

不选择任何图形的情况下的属性栏显示

选择图形情况下的属性栏显示

选择文本情况下的属性栏显示

选择裁剪工具情况下的属性栏显示

> **提示**：
> 属性栏主要针对所选择图形对象的不同而产生变化，是针对所选对象进行设置的，便于对所选择的图形进行有针对性的参数设置与调整。

2.1.5　了解工具箱

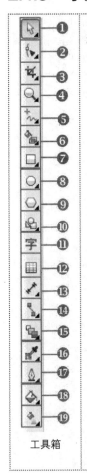

工具箱

❶**选择工具**：用于选择一个或多个对象并进行移动或大小调整。

❷**形状工具**：用于调整对象轮廓的形状。若对象为转曲后的图形，可利用该工具对图形轮廓进行任意调整。

❸**裁剪工具**：用于裁剪对象中不需要的部分图像。

❹**缩放工具**：用于放大或缩小图像，在页面中单击左键可放大图像，单击右键可缩小图像。

❺**手绘工具**：利用该工具在页面中单击，移动光标至任一点，然后再次单击鼠标即可绘制线段。

❻**智能填充工具**：可对包括位图在内的任意封闭图像进行填充颜色。

❼**矩形工具**：用于绘制矩形和正方形。

❽**椭圆形工具**：用于绘制椭圆形和正圆。

❾**多边形工具**：用于绘制多边形对象。

❿**基本形状工具**：用于绘制软件中的预设形状。

⑪**文本工具**：用于绘制美术文字和段落文字。

⑫**表格工具**：用于绘制表格对象。

⑬**平行度量工具**：用于度量对象的尺寸和角度。

⑭**直线连接器工具**：用于连接对象的锚点。

⑮**调和工具**：将两个对象进行交互式调和，若两个对象是不同颜色，则调和后的区域为渐变颜色效果。

⑯**颜色滴管工具**：用于取样对象中的颜色，取样后的颜色可利用填充工具填充到指定对象。

⑰**轮廓笔工具**：用于调整对象的轮廓状态，包括轮廓宽度和颜色等。

⑱**填充工具**：用于填充对象的颜色、图案和纹理等。

⑲**交互式填充工具**：可对对象进行任意角度的渐变填充并调整。

2.1.6　了解描绘窗口

创建新的文档后会弹出一个页面，即为描绘窗口，是在工作窗口中执行描绘、制作等操作的界面。CorelDRAW X6版的描绘窗口继续继承了之前版本的优点，用户可以使用绘图工具在该区域进行不同类型的绘制。

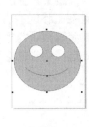

描绘窗口

2.1.7　了解状态栏

状态栏显示有关选定对象，包含关于对象属性（如类型、大小、颜色、填充和分辨率的信息）的信息。状态栏也显示当前光标位置及相关命令。此外，它还显示了文档颜色信息，如文档颜色预置文件和颜色校样状态。可以通过更改显示的信息和调整其大小来自定义状态栏。如果要查看应用程序窗口的更多部分，可以隐藏状态栏。也可以通过添加和移除工具栏项目以调整工具栏项目的大小来自定义状态栏。

（167.570, 115.129）▶

文档颜色预置文件: RGB: sRGB IEC61966-2.1; CMYK: Japan Color 2001 Coated; 灰度: Dot Gain 15% ▶

状态栏

2.1.8　了解泊坞窗

　　所谓泊坞窗就是包含关于某个工具或任务可以使用的命令和设置的窗口。泊坞窗即编辑调整对象时所应用到的一些功能名、选项设置面板，执行"窗口|泊坞窗"命令，将弹出泊坞窗子菜单，其中包含了所有泊坞窗，从中选择一个选项后，工作界面右边就会显示相应的泊坞窗，该窗口在停放在多个泊坞窗之后，侧栏将显示选项卡，单击某一选项卡标签即切换至该泊坞窗界面。

　　要调整泊坞窗并将其拖曳至浮动状态，可拖动标签至工作界面，将其分离出来；要将泊坞窗调整为上下滚动式显示状态，可拖动某一个泊坞窗名称所在的混色调试条至另一个泊坞窗底端，当窗口显示出深灰色条时释放鼠标。

| 泊坞窗命令 | 对象属性 | 调色板管理器 | 艺术笔 |

2.1.9　了解调色板

　　调色板是一个提供颜色选择的场所，以便用户能快速对图形对象的填充颜色和轮廓颜色进行设置，系统默认的位置在工作区的右侧，此时的调色板为默认调色板，颜色相对固定。执行"窗口|调色板"命令，可弹出或者隐藏调色板界面。在打开的子菜单中可以看到，其中包含了多种调色板类型，用户可以根据个人喜好选择相应的选项，打开相应的调色板。

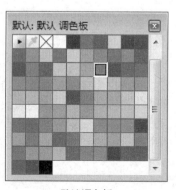

| 执行"窗口|调色板"命令 | 打开调色板子窗口 | 默认调色板 |

不同的调色板是不同的集合体，可以控制默认调色板，如默认 RGB 和默认 CMYK 调色板的显示。包含的主调色板库有印刷色和专色。用户可以使用"我的调色板"文件夹保存自己创建的所有自定义调色板，并且可以添加文件夹来保存和组织不同项目的调色板，还可以复制调色板或将调色板移动到其他文件夹。用户可以打开所有调色板并控制其显示。

调色板管理器的"调色板库"文件夹包含预设调色板集合，可以从中选择颜色。调色板库中的任何调色板不能进行编辑，但是可以通过复制调色板库中的调色板来创建自定义调色板。

2.1.10　了解文档导航器和视图导航器

单击工作区右下角的视图导航器图标，可以打开一个含有当前文件的小窗口，用户可以通过移动窗口来显示文档的不同区域。文档导航器位于应用程序窗口左下方的区域，包含用于页面间移动和添加页的控件，可以使图像文件进行左右移动或者上下移动。

文档导航器

视图导航器

2.2 | 文件的设置与管理

文件的管理是在学习每一个软件时都会首先接触到的，也是运行软件后的首要操作。文件的管理包括文件的新建、打开、导入、导出、存储等。下面对这些功能分别进行讲解，为以后学习打下坚实的基础。

2.2.1　新建和打开图形文件

CoreIDRAW X6中新建文件的同时可以提前设置图像文件的名称、尺寸、色彩模式和图像分辨率等。启动CoreIDRAW X6之后，在欢迎界面可以快速新建一个空白文档，也可以在关闭欢迎界面后执行"文件 | 新建"命令或单击"新建"按钮 ▣（对应快捷键Ctrl+N）。在默认状态下的"快速启动"页面中，单击"新建空白文档"可新建一个空白文档。

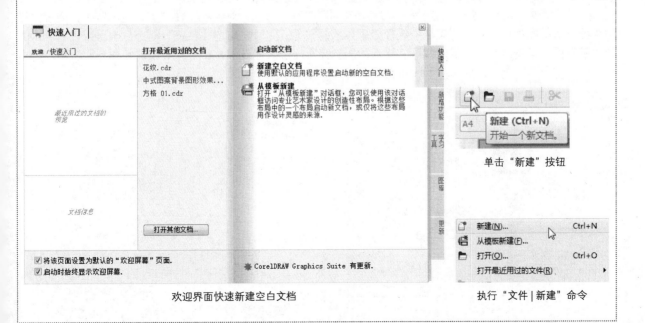

欢迎界面快速新建空白文档　　　　　执行"文件 | 新建"命令

此时新建的文档为CorelDRAW默认文档格式，在弹出的"创建新文档"的对话框中，可以根据需要设置文档的名称、像素、尺寸或页面类型等选项参数，最后单击"确定"按钮，即可新建一个空白的图像文档。执行"文件 | 打开"命令即可打开文件。

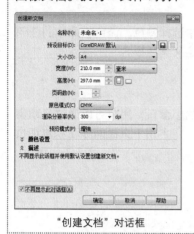

| "创建文档"对话框 | 出现工作界面 | 打开文件窗口 |

2.2.2 查看文件信息

执行"文件 | 文档属性"即可查看当前文件的信息内容，以便对文件有个初步的了解认识。也可以通过状态栏显示的信息快速查看文件属性。

2.2.3 保存和关闭图形文件

执行"文件 | 保存"命令，或单击工具栏的"保存"按钮 🔒，即可对当前编辑的图形文件进行保存，对于较大的文件存储时间会稍长，保存完成以后，即可单击界面右上角的"关闭"按钮 ❌ 。

技巧：

保存文件可以使用快捷键Ctrl+S快速保存文件。另存为文件可以使用快捷键Ctrl+Shift+S。

2.2.4 导入和导出图形文件

在图形的绘制过程中，经常需要使用同类图形图像处理软件（如Adobe Photoshop 、Adobe Illustrator等）对图形进行编辑加工。同样，使用CorelDRAW X6绘制的图形文件有时也需要在其他软件中进行编辑，以扩大其使用范围。正因为如此，用户需要掌握如何在CorelDRAW X6导入和导出文件。

执行"文件 | 导入"命令，或按快捷键Ctrl+I即可打开"导入"对话框，在"查找范围"下拉列表中找到需要导入的图片位置，在列表框中选择需要导入的文件。此时，勾选"预览"复选框也可以查看导入的文件缩览图，单击"确定"导入即可。导入的图像会有一个光标显示，在工作界面的绘图界面中单击并拖动鼠标，即可将图像导入到CorelDRAW X6中。

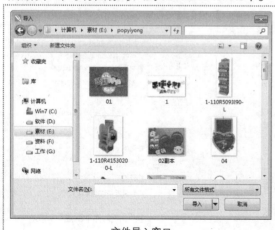

| 文件导入窗口 | 出现光标 | 导入文件 |

执行"文件丨导出"命令或者按快捷键Ctrl+E，即可弹出"导出"对话框，在下拉列表中选择导出文件的存储路径，在"保存类型"中选取需要保存的文件格式。值得注意的是CorelDRAW X6为用户提供了47种文件格式，用户可以根据需要进行设置。

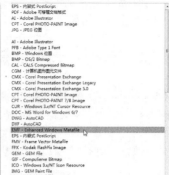

| 文件导出窗口 | EPS导出设置 | 选择文件存储类型 |

技巧：

在计算机中选择需要导入到CorelDRAW X6中的文件，将其拖动到计算机屏幕最下方的CorelDRAW X6中软件缩略条上，停留几秒，软件将自动最大化显示CorelDRAW X6窗口，此时文件已经导入文档中。

注意：

导出文件的时候，在"保存类型"下拉菜单中选择".EPS"文档文件类型，可以使存储的文件应用于Photoshop、Illustrator等常用设计软件中。

2.3 | 页面的设置与管理

CorelDRAW X6为用户提供了多种视图模式，可根据个人习惯或是需要进行调整。在页面视图预览上，也可以根据具体情况进行调整，缩放视图页面以帮助查看图像整体或局部效果。设置和调整工作窗口的预览模式，也让图像编辑处理更加便捷。

2.3.1 设置页面尺寸和方向

新建一个空白图像文件后，若需要设置页面的尺寸，可执行"布局丨页面设置"命令，打开"选项"对话框，此时自动选择"页面尺寸"选项，并显示相应的页面，在其中可以设置页面的纸张类型、页面尺寸、分辨率和出血状态等属性，也可以设置页面的方向，设置页面的方向可通过单击"选项"对话框中"页面尺寸"页面的"纵向"或"横向"按钮，以快速切换页面方向。

2.3.2 实战：设置不同的页面大小

步骤1 执行"布局丨页面设置"命令，在弹出的"选项"对话框中使用鼠标选择"页面尺寸"选项。	**步骤2** 在"页面尺寸"面板中选择不同纸张尺寸，或者手动输入页面面板参数值。	**步骤3** 设置完成以后单击"确定"按钮，即可得到设置的页面大小。

2.3.3 设置页面背景

设置页面背景和设置页面尺寸一样，通过执行"布局 | 页面背景"命令弹出对话框来完成设置，或是在已经打开的"选项"对话框的左侧选择"文档"选项下的"背景"选项，并在右侧页面进行设置，一般情况下，页面的背景默认为"无背景"，可通过选择相应的单选按钮，自定义页面背景。

2.3.4 实战：为页面添加位图背景

🔘 **光盘路径**：第2章\ Complete \添加位图背景.cdr

步骤1 执行"布局 | 页面背景"命令，在弹出的对话框中选择"背景"选项，单击"浏览"按钮，选择"添加位图背景.jpg"文件。

步骤2 在弹出的菜单中选择需要导入的文件。设置完成以后单击"确定"按钮即可。

2.3.5 页面布局的设置

设置页面布局是对图像文件的页面布局尺寸和对开页状态进行设置。在"选项"对话框中选择"布局"选项，显示出相应的页面，通过选择不同的布局选项，对页面的布局进行设置，用户可以直接更改页面的尺寸和对开页状态，便于在操作中进行排版。

2.3.6 实战：设置三折小册子页面

🔘 **光盘路径**：第2章\ Complete \三折页.cdr

步骤1 执行"布局 | 页面设置"命令，在弹出的"选项"对话框中使用鼠标选择"页面尺寸"选项。在"页面尺寸"面板中设置页面参数，完成以后单击"确定"按钮。

步骤2 执行"布局 | 插入页面"命令，在弹出的"插入页面"对话框的"大小"下拉菜单中选择"三联单"选项，然后单击"确定"按钮即可。

2.3.7 设置多页空白

执行"布局 | 插入页面"命令，在弹出的对话框中设置需要插入的页数，即可快速插入指定数目的页面，也可以单击"文档导航器"界面的"添加新的页面"按钮 ，通过多次点击，也可以添加多个空白页面。

2.3.8 插入、删除和重命名页面

插入新页面是在现有的图形文件中增加新的页面。在工作界面左下方位单击"插入新页面"按钮，可直接在当前页面之前或之后插入新的页面，也可以执行"布局 | 插入页面"命令，在弹出的对话框中设置插入页的数量，位置和尺寸等，通过更改对话框中插入页的尺寸和方向，可插入属性与当前页不同的新页，如当前为A4页面，也可以插入A6页面，两者互不影响。插入页面后单击页面的名称标签或页面切换快捷箭头，可随时查看各个页面的图像。删除与重命名页面的方法同理。

"插入页面"菜单

"插入页面"对话框

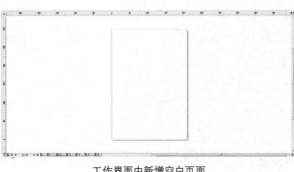
工作界面中新增空白页面

2.3.9 实战：插入并重命名页面

◉ 光盘路径：第2章 \ Complete \ 插入并重命名页面.cdr

步骤1 执行"布局 | 插入页面"命令，在弹出的对话框设置参数。

步骤2 在弹出的对话框设置参数以新建页面或者重命名页面。

2.3.10 页面跳转

在图形的绘制过程中，对于多页面图形绘制，用户往往很难快速切换到指定页面，这时可以执行"布局 | 转到某页"命令，在弹出的对话框中输入指定页面数后，就可以快速跳转到该页面了。

执行"布局 | 转到某页"命令

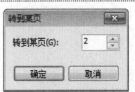
弹出对话框

📖 **技巧：**

在文档导航器中单击 ◀ 可以转到前一页，单击 ▶ 可以转到后一页；单击 ◀ 可以转到最前页，单击 ▶ 可以转到最后一页。

2.4 视图显示控制

在CorelDRAW X6中，有许多种视图模式，可根据个人习惯或是需要进行调整，在页面视图预览上，也可以根据具体情况进行调整，缩放视图页面以帮助查看图像整体或局部效果。设置和调整工作窗口的预览模式，也让图像编辑处理更为快捷。

2.4.1 视图的显示模式

CorelDRAW X6充分考虑了用户的各种不同需要，为其提供了简单线框、线框、草稿、正常、增强和像素6种图像文件显示模式，以方便用户对图像进行查看。

在默认情况下，使用正常视图模式进行显示。在不同的视图模式下，图形图像的画面内容、品质也会有所不同。用户可在"视图"菜单中选择相应的命令里的视图模式。

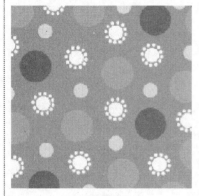
正常模式

线框模式

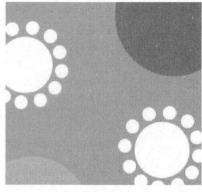
像素模式

2.4.2 使用缩放工具查看图层

缩放工具🔍主要用于查看图像细节或整体效果，具体操作根据缩放工具的属性栏设置和视图管理器的选项设置而定。使用缩放工具可按照比例缩放画面，在属性栏中设置"缩放级别"选项，将根据指定的画面百分比进行查看，单击相应按钮可根据页面尺寸、图像尺寸等进行查看。查看图像大小时可以按住F2、F3并结合鼠标左键创建虚线框选中需要放大或缩小的部分，也可以使用缩放工具直接进行放大或者缩小。

2.4.3 使用"视图显示器（管理器）"查看对象

执行"窗口｜泊坞窗｜视图管理器"命令，可以在界面的右侧弹出"视图管理器"窗口，在视图管理器中单击"添加当前视图"按钮➕，可保存当前视图位置，同时也可以对保存的视图重命名，添加多个不同位置的视图之后，可查看保存的该视图位置。

打开"视图管理器"

添加当前视图并重命名

2.4.4　实战：调整合适的视图

光盘路径：第2章\ Complete \调整合适的视图.cdr

步骤1　打开"第2章\ Media \调整合适的视图.cdr"文件。	步骤2　使用鼠标按住在图形文件的四周的任意一个黑色方块，当鼠标变成箭头的形状，向内拖曳鼠标以将图像缩小，并移动到页面中。

 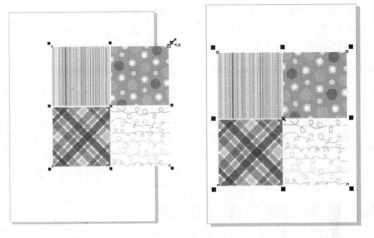

2.5 | 辅助工具选项的应用与设置

　　在CorelDRAW X6中还可以使用一些辅助工具的参数，如标尺、网格。它们能帮助用户在作图的过程更加精确地进行绘制。为方便读者掌握和了解相关的设置操作，下面分别介绍其设置的方法。

2.5.1　标尺的设置

　　在"视图"选项中用户可以根据需要勾选或取消"标尺"选框。在绘图窗口中显示标尺，可以帮助用户精确地绘制、缩放和对齐对象。用户也可以隐藏标尺或将标尺移动到绘图窗口的其他位置，还可以根据需要来自定义标尺的设置。例如，可以设置标尺原点，选择测量单位，以及指定每个完整单位标记中显示标记或记号的数目。在默认情况下，CorelDRAW X6对再制和微调距离应用标尺单位。用户也可以更改默认值，并为这些设置和其他设置指定不同的单位。

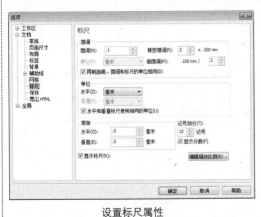 

设置标尺属性　　　　　　　　　　有标尺

2.5.2　网格的设置

　　在"视图"选项中用户可以根据需要勾选或取消"网格"复选框，网格有文档网格、像素网格、基线网格选项。网格能帮助用户更加精准地绘制图形。

2.5.3 实战：设置不同的网格分布

光盘路径：第2章\ Complete \设置不同的网格分布.cdr

步骤1 执行"文件｜导入"命令，导入"设置不同的网格分布.jpg"文件，执行"视图｜网格｜文档网格"命令，勾选"文档网格"复选框，工作界面将全部被网格覆盖。

步骤2 取消勾选"文档网格"复选框，执行"视图｜网格｜基线网格"命令，勾选"基线网格"复选框，只有工作区域被网格覆盖。

步骤3 使用相同方法，同时勾选"文档网格"、"基线网格"复选框，工作页面出现双重网格覆盖。

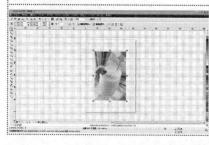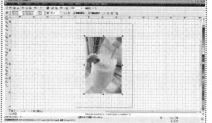

2.5.4 辅助线的应用和设置

　　辅助线是绘制图形时非常实用的工具，辅助线也称为导线，用于帮助用户对齐绘制的对象，以达到更精确的绘制效果，它包括水平、垂直和倾斜方向的辅助导线。执行"视图｜辅助线"命令，可显示或隐藏辅助线，显示的辅助线不会被导出或打印，但是会随着文件的保存而保存。

　　设置辅助线可执行"工具｜选项"命令，弹出"选项"对话框，在对话框左栏选择"文档｜辅助线"选项，即可对辅助线进行设置，除此之外，在工作窗口中用鼠标双击辅助线也可以快速弹出辅助线设置对话框。

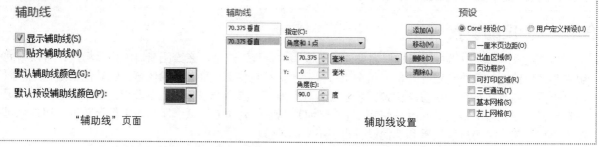

"辅助线"页面　　　　　　　　　　　　　　　　　　辅助线设置

2.5.5 实战：设置倾斜的辅助导线

光盘路径：第2章\Complete \倾斜的辅助导线.cdr

步骤1 打开"倾斜的辅助导线.cdr"文件，执行"视图｜辅助线"命令，勾选"辅助线"复选框，在工作界面标尺处拖动鼠标，拖出导线以创建辅助线。

步骤2 单击选择工具，使用鼠标左键单击辅助线，出现旋转箭头，对导线进行旋转，即可创建倾斜的辅助导线。

专家看板："选项"对话框

在CorelDRAW X6中可以对操作界面进行更改,为了保证操作的舒适性,可以对界面对象的工作区、文档、全局进行精确的变换调整,下面分别对各种方法进行介绍。

1. 设置工作区属性

工作区分为常规、显示、编辑、PowerClip图文框、贴齐对象、动态辅助线、对齐辅助线、VBA、保存、文本、工具箱、自定义等。

提示:

"选项"对话框的功能包括了很多用户日常需要设置的选项,包括对辅助线的显示与隐藏设置,保存属性设置,工具箱、文本框等相关设置,也包括页面尺寸设置等,可满足用户个性化的工作环境。除了使用执行"工具 | 选项"命令可以打开该对话框外,按快捷键Ctrl+J也可以快速打开该对话框。

调整图形贴齐方式

2. 设置文档属性

执行"工具|选项"命令,弹出"选项"对话框,在对话框左栏选择"文档"选项,可对其下属各项进行设置,改变文档属性,还可以设置辅助线、网格、标尺、保存模式的相关属性。

设置辅助线颜色

设置标尺间距

3. 设置全局属性

全局属性可以分别对打印、位图效果、过滤器、颜色设置相关属性。

❶**打印:** 打印相关参数的设置,如预览颜色默认值、预览分色默认值、预览图像默认值等。

❷**位图效果:** 设置位图效果的预览方式。

❸**过滤器:** 用于转换文件格式,分为点阵、矢量、动画和文本4类。可以通过添加或移除过滤器来自定义过滤器设置,这样就可以只装入需要的过滤器,也可以改变过滤器列表顺序,以及将其重置为默认设置。

❹**颜色:** 设置默认调色板。

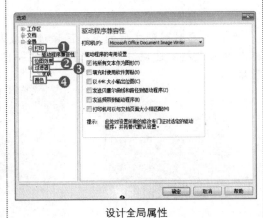

设计全局属性

2.6 操作答疑

2.6.1 专家答疑

（1）存储文件时选择版本有什么用，为什么要这样做？

答：在存储文件时，若存储的图形文件需要进行印刷出版，则需要考虑印刷公司等加工商处的CorelDRAW X6软件的版本。图形图像类处理软件的共性是中低版本软件不能打开高版本创建的存储文件，所以在存储文件时，一般在"保存绘图"对话框的版本下拉列表中选择8.0版本选项，将其存储为8.0格式的图形文件，便于使用。

存储时选择8.0版本

在其他版本中导入或者打开文件也不会丢失文件信息

（2）如何使用放大缩小工具？

答：缩放工具主要用于对图像的预览，用户可以利用缩放工具对图像进行放大、缩小操作，在单击"缩放工具"按钮🔍后，即可在属性栏中单击"放大"按钮或"缩小"按钮，页面将被放大或缩小，另外还有其他一些按钮可调整图像的视图区域，它们分别是"缩放指定对象"按钮、"缩放全部对象"按钮、"显示页面"按钮、"按页宽显示"按钮和"按页高显示"按钮。

打开一个文件

缩小全局视图

放大全局视图

如果需要对图形文件的某一区域进行放大，则需使用鼠标单击一个点后拖曳一个虚线框，释放鼠标即可放大指定区域。如果需要缩小某一区域则按住Shift键，拖动或者单击鼠标即可缩小图形指定区域。

拖曳放大虚线框

放大图像

按住Shift键缩小页面

（3）如何使用像素预览功能？

答：CorelDRAW X6中秉承X5版本可以更改视图模式对位图图像进行查看像素的功能，在CorelDRAW X6中导入位图文件，执行"视图 | 像素"命令，将视图效果转换为像素预览状态，图形边缘变得像素化。在放大图像的时候可看到位图的像素分布状态。

 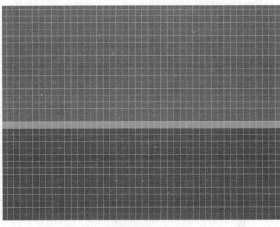

正常视图　　　　　　　　　　　　　　　　　　　像素视图

2.6.2　操作习题

1. 选择题

（1）在CorelDRAW X6中，导出文件的快捷键是（　　　）。

A.Ctrl+A　　　　　B.Ctrl+E　　　　　C.Ctrl+F　　　　　D.Ctrl+D

（2）在CorelDRAW X6中，新建文档文件的快捷键是（　　　）。

A.Ctrl+Z　　　　　B.Ctrl+S　　　　　C.Ctrl+N　　　　　D.Ctrl+P

（3）在CorelDRAW X6中，存储文档文件的快捷键是（　　　）。

A.Ctrl+Z　　　　　B.Ctrl+S　　　　　C.Ctrl+N　　　　　D.Ctrl+P

（4）在CorelDRAW X6中，导入文档文件的快捷键是（　　　）。

A.Ctrl+Z　　　　　B.Ctrl+S　　　　　C.Ctrl+I　　　　　D.Ctrl+P

2. 填空题

（1）CorelDRAW X6的工作界面包括_____、_____、_____、_____、_____、_____、_____、_____和_____等构成元素。

（2）常用的辅助工具包括_____、_____和_____。

（3）设置页面的方向可通过单击"选项"对话框中"页面尺寸"页面的"_____"或"_____"按钮，以快速切换页面方向。

（4）CorelDRAW X6中新建文件的同时可以提前设置图像文件的_____、_____、_____和_____等。

（5）CorelDRAW X6充分考虑了用户的各种不同需要，为其提供了_____、_____、_____、_____、_____和_____6种图像文件显示模式，以方便用户对图像进行查看。

3. 操作题

在CorelDRAW X6中新建一个图形文件，然后导入文件，将其调整合适大小后存储。

操作提示:

（1）执行"文件｜新建"命令，在弹出的对话框中设置页面大小、色彩模式、分辨率等属性。

（2）执行"文件｜导入"命令，将"动物.jpg"导入当前文件中。

（3）使用选择工具和缩放工具后将其调整到合适大小，再将其移动到工作页面中间。

（4）执行"文件｜储存为"命令，在下拉菜单中选择"8.0版"进行存储。

第 **3** 章

对象的操作与管理

本章重点：

    本章详细介绍了有关图形对象的操作与管理等知识，包括对象的选择、对象的复制、对象的变换、对象的排列，以及对象的对齐与分布等。

学习目的：

    通过对本章的学习，使读者掌握最常用的对象操作和管理方法，在实际的操作过程中能够独立且有效地对图形对象执行选择、复制、变换、排列及对齐与分布等编辑操作。

参考时间：45分钟

主要知识	学习时间
3.1　对象的选择	10分钟
3.2　对象的复制	10分钟
3.3　对象的变换	10分钟
3.4　对象的排列	10分钟
3.5　对象的对齐与分布	5分钟

3.1 | 对象的选择

在CoreIDRAW X6中需要先选择相应的图形对象，然后再执行其他相应的编辑操作。它主要通过选择工具 ▯ 来对单一对象、多个对象、重叠对象或全部对象进行选择。根据矢量图形与位图图像的不同，选择工具 ▯ 的属性栏也有所区别，下面主要针对选择矢量图形后选择工具 ▯ 的属性栏进行介绍。

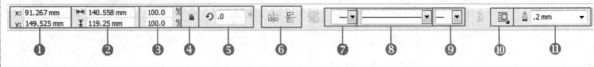

选择矢量图形后选择工具的属性栏

❶**对象位置**：用于设置图形对象在工作区域中水平和垂直方向的位置，在其右侧文本框中输入数值即可。

❷**对象大小**：用于设置图形对象的高度和宽度，从而调整对象的大小，在其右侧文本框中输入数值即可。

❸**缩放因素**：用于设置图形对象的水平和垂直方向的缩小和放大效果，在其文本框中输入数值即可。

❹**"锁定比率"按钮**：单击该按钮，即可锁定图形对象的比率，对图形对象进行位置、大小和缩放的调整时，对象以等比例进行变换。再单击该按钮，则可以自由调整对象。

| 原图形 | "对象位置"参数值分别为90mm和96mm | "缩放因素"参数值分别为100%和200% |

❺**旋转角度**：用于调整图形对象的旋转角度，在其文本框中输入数值即可。

❻**"水平翻转"/"垂直翻转按钮"**：用于对图形对象执行对称性的操作，单击相应按钮，即可对图形对象执行水平或垂直方向的翻转操作。

❼**起始箭头选择器**：用于设置不闭合线段的起始节点效果，单击右侧下拉按钮，在弹出的快捷菜单中选择相应箭头样式，即可为线段的起始位置添加箭头效果。

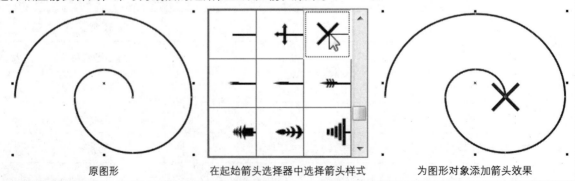

| 原图形 | 在起始箭头选择器中选择箭头样式 | 为图形对象添加箭头效果 |

📝 **提示：**

单击"起始箭头选择器"右侧下拉按钮，在弹出的快捷菜单中通过拖动右侧滑块或单击上下箭头即可快速预览箭头样式，单击相应的箭头即可应用至图形对象的起始节点。

❽**轮廓样式选择器**：用于设置图形对象的轮廓样式，单击右侧下拉按钮，在弹出的快捷菜单中选择相应轮廓样式，即可调整图形的轮廓效果。

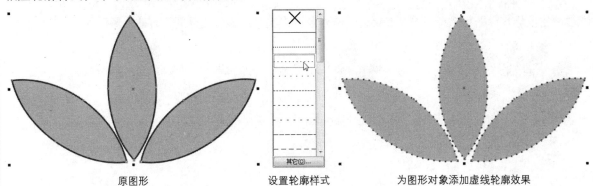

原图形　　　　　　　　　　　　　设置轮廓样式　　　　　　　　　为图形对象添加虚线轮廓效果

❾**终止箭头选择器**：用于设置不闭合线段的终止节点效果，单击右侧下拉按钮，在弹出的快捷菜单中选择相应箭头样式，即可为线段的终止位置添加箭头效果。

❿**段落文本换行**：单击该按钮可弹出文字排列方式菜单，选择相应菜单即可对文字排列方式进行设置。

⓫**轮廓宽度**：用于设置图形对象的轮廓宽度粗细，单击右侧下拉按钮，在弹出的快捷菜单中选择相应参数，即可调整图像对象的轮廓粗细，也可以通过直接在文本框中输入数值来调整。

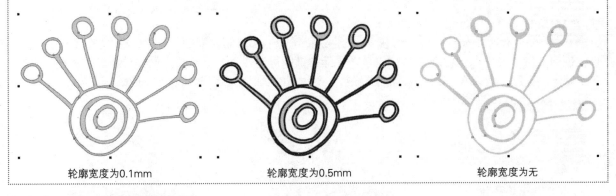

轮廓宽度为0.1mm　　　　　　　　　轮廓宽度为0.5mm　　　　　　　　　轮廓宽度为无

3.1.1　单一对象的选择

打开图形后，在工具箱中单击选择工具 ，在该图形上单击即可将其选中，单击工作区的空白区域即可取消对图形的选择。

3.1.2　多个对象的选择

需要选择多个图形时，首先在工具箱中单击选择工具 ，在某个图形上单击以选择该对象，然后在按住Shift键的同时单击其他要选择的图形，即可添加其他对象。另外，还可以使用选择工具 在工作区中单击并拖动鼠标，拖曳出一个矩形框，释放鼠标即可框选要选择的多个图形对象。

选择单一图形对象　　　　　　　　使用选择工具拖曳矩形框　　　　　　　选择多个图形对象

3.1.3 重叠对象的选择

在CorelDRAW X6中图形对象过多的情况下，经常会有多个对象重叠排列，单击选择工具 ，按住Alt键单击鼠标左键即可选择下方被遮挡的重叠对象，再次单击即可选择更下方的图形对象。

选择一个对象

按住Alt键单击鼠标左键选择下方对象

多次单击以选择最下方对象

技巧：

在需要选择重叠对象中的某一个图形对象时，可以先选择最上方的图形对象，然后按下Tab键选择重叠下一层的对象，多次按下Tab键可以选择重叠在下方的图形对象。

3.1.4 实战：制作个性标签

光盘路径：第3章\Complete\制作个性标签.cdr

步骤1 执行"文件 | 新建"命令，使用贝塞尔工具 ，在画板中绘制一个颜色为橙黄色（C0、M60、Y100、K0）的标签图形。

步骤2 按住快捷键Ctrl+C复制并按Ctrl+V原位粘贴2个图形，按住Alt键单击鼠标左键即可选择下方被遮挡的重叠对象，分别更改图形颜色并在按住Shift键的同时缩小图形，制作标签重叠效果。

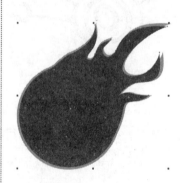

步骤3 单击贝塞尔工具 ，在标签的左侧绘制黑色手势，继续采用相同的方法在画面中绘制红色手势，并合并红色图形。

步骤4 单击文本工具 字 ，在"字符"面板中设置文字属性，并在画板中输入黑色文字。

步骤5 按快捷键Ctrl+Q将文字转曲，结合形状工具 文字并调整文字的角度与位置，然后结合描边为文字图形制作红色底 色，并采用相同的方法制作白色描边，重叠编排文字。	**步骤6** 继续单击文本工具 字， 在图形上输入黑色与红色文字， 丰富标签图形。

3.1.5 全部对象的选择

打开图形后，在工具箱中单击选择工具 ，执行"编辑丨全选丨对象"命令，即可将页面中的全部图形对象都选中。也可以按快捷键Ctrl+A对页面中的图形对象进行全选，或者双击选择工具 ，即可全选页面中的图形对象。

3.1.6 实战：图形对象的选择

光盘路径：第3章\Complete\选择图形对象.cdr

步骤1 执行"文件丨打开"命令，打开"第3章\Media\选择图形对象.cdr"文件，使用选择工具 选择任意树叶图形。	**步骤2** 在按住Shift键的同时单击其他树叶图形，即可添加其他对象，从而选择多个图形对象。	**步骤3** 使用选择工具 在页面空白区域单击以取消对图形的选择。

步骤4 使用选择工具 选择左侧小鸟上方的树叶图形，按住Alt键单击鼠标左键即可选择下方被遮挡的小鸟图形。	**步骤5** 多次按下Tab键以选择重叠在下方的图形对象，最后选中的是底层的背景图形。	**步骤6** 执行"编辑丨全选丨对象"命令，即可将页面中的全部图形对象都选中。

3.2 对象的复制

复制对象就是复制出一个与之前的图形完全相同的图形对象，在CorelDRAW X6中提供了多种复制图形对象的方法，既可以剪切、粘贴和复制图形对象，也可以对图形对象进行再次复制和多重复制。

3.2.1 对象的基本复制

对象的基本复制有3种方法。一是使用命令复制对象，即使用选择工具 单击需要复制的图形对象，通过执行"编辑|复制"命令，然后执行"编辑|粘贴"命令即可在图形原有位置上复制出完全相同的图形对象。二是使用快捷键复制对象，使用选择工具 选择图形对象后，按快捷键Ctrl+C对其进行复制，再按快捷键Ctrl+V快速对其进行原位粘贴。三是使用鼠标右键复制对象，选择图形对象后，按住鼠标左键不放，拖动对象至页面其他位置，出现蓝色线条显示的图形对象的线框效果后，单击鼠标右键即可复制该图形对象。

技巧：

在拖动对象时按住Shift键，可以在水平或垂直方向上移动或复制对象，也可以在选择对象后按下+键在原位快速复制对象。

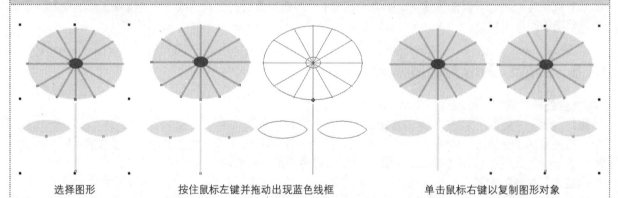

| 选择图形 | 按住鼠标左键并拖动出现蓝色线框 | 单击鼠标右键以复制图形对象 |

提示：

复制对象还可以使用选择工具先选择该图形对象，单击鼠标右键在弹出的快捷菜单中选择"复制"命令，再在页面其他位置单击鼠标右键在弹出的快捷菜单中选择"粘贴"命令即可。

知识链接：对象的剪切与粘贴

对对象应用剪切和粘贴操作能够更方便地对图形执行编辑操作。剪切对象有两种方法。一种是在选择对象后，在对象上单击鼠标右键，在弹出的快捷菜单中选择"剪切"命令，再在页面其他位置单击鼠标右键在弹出的快捷菜单中选择"粘贴"命令即可。另一种是通过按快捷键Ctrl+X将对象剪切至剪贴板中，再按快捷键Ctrl+V粘贴对象即可。剪切和粘贴对象还可以在不同的图形文件或页面间进行。

| 选择图形对象 | 剪切后的图形对象 | 粘贴至另一个图形对象中的效果 |

3.2.2 对象的再次复制

在CorelDRAW X6中再次复制对象与基本复制对象类似，但也有所区别。再制对象是直接将对象副本放置在绘图页面中而不通过剪贴板进行中转，所以不需要进行粘贴操作。而且再制的图形对象不是直接出现在原图形对象的位置，而是与初始位置之间有一个默认的水平或垂直方向的位移。

对象的再次复制有两种方法，一是使用命令再制对象，即使用选择工具 🖑 单击需要再制的图形对象，通过执行"编辑 | 再制"命令，或者按快捷键Ctrl+D即可在原图形对象的右上方再制出一个与原对象完全相同的图形，将再制的图形对象移动至页面合适位置后，连续按快捷键Ctrl+D即可将调整后的距离作为再制对象默认的距离。二是使用快捷菜单，选择图形对象后，按住鼠标右键拖动该对象至合适的位置，释放鼠标右键后在弹出的快捷菜单中选择"复制"命令即可对图形对象进行再次复制。

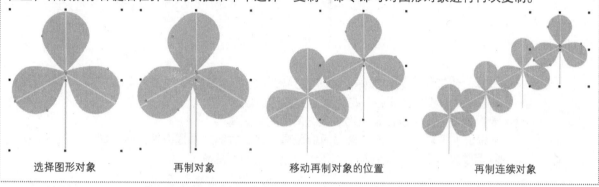

| 选择图形对象 | 再制对象 | 移动再制对象的位置 | 再制连续对象 |

3.2.3 实战：复制对象制作简单插画

💿 **光盘路径**：第3章\Complete \复制对象制作简单插画.cdr

步骤1 执行"文件 | 打开"命令，打开"第3章\Media\复制对象制作简单插画.cdr"文件，使用选择工具 🖑 选择需要复制的图形。

步骤2 在该图形上再次单击鼠标左键显示旋转控制框，将旋转中心拖曳至正下方的中心位置。

步骤3 按下小键盘上的+键复制对象，在属性栏中设置"旋转角度"为30°，按Enter键确定变换。

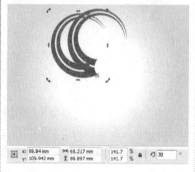

步骤4 按快捷键Ctrl+D在该图形左侧再制出一个与原对象完全相同的图形。

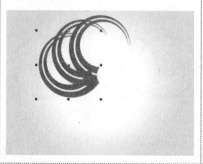

步骤5 按照相同的方法，再次按下9次快捷键Ctrl+D，以再制出多个图形，形成一个简单的插画图形效果。

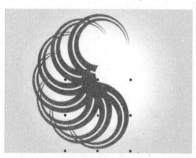
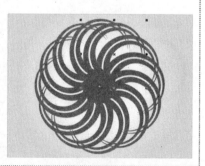

3.2.4 对象的多重复制

除了对图形对象进行简单的复制和有规律的再制以外，还可以使用"步长和重复"命令快速复制出多个有一定规律的图形对象。使用选择工具 选择图形对象后，通过执行"编辑 | 步长和重复"命令或者按快捷键Ctrl+Shift+D即可弹出"步长和重复"泊坞窗，在其中可以设置要复制的图形对象的水平或垂直方位，还可以对图形对象的偏移或间隔距离进行设置，下面对"步长和重复"泊坞窗进行介绍。

"步长和重复"泊坞窗

❶偏移：单击其右侧下拉按钮，在弹出的下拉列表中包括"无偏移"、"偏移"和"对象之间的间距"3个选项，选择"偏移"选项后，在设置复制图形对象时，对象会以一定的角度进行倾斜；选择"对象之间的间距"选项后，可以设置图形对象之间的间隔距离。

❷距离：用于设置水平复制的图形对象之间的距离，在其右侧文本框中输入数值即可，数值越大则图形对象之间的距离越大，反之，数值越小则图形对象之间的距离越小。

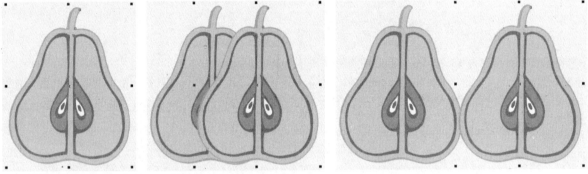

选择图形对象　　　水平设置的"距离"为20mm　　　水平设置的"距离"为50mm

❸方向：用于设置复制出的图形位于原图形的右部或左部，当在"偏移"下拉列表中选择"对象之间的间距"选项时，会激活该选项，单击其右侧下拉按钮，在弹出的下拉列表中包括"右"和"左"两个选项。

❹份数：用于设置复制图形对象的数量，通过单击该文本框右侧上下箭头即可设置，或者直接在文本框中输入数值也可，数值越大，复制的数量越多。

❺应用：单击该按钮即可对图形对象应用以上的设置。

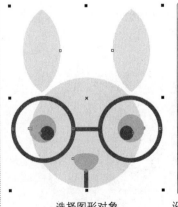  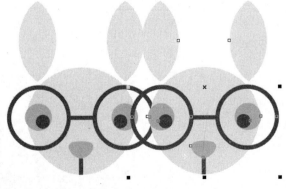

选择图形对象　　　　设置参数并单击"应用"按钮　　　　应用后的图形对象

3.2.5 实战：多重复制对象制作图案效果

⊙ 光盘路径：第3章\Complete\复制对象制作图案效果.cdr

步骤1 执行"文件｜打开"命令，打开"第3章\Media\复制对象制作图案效果.cdr"文件，使用选择工具 ▾ 选择葡萄图形。

步骤2 按快捷键Ctrl+Shift+D弹出"步长和重复"泊坞窗，在其中设置水平位置的"偏移"为"偏移"，"距离"为50mm，垂直位置的"偏移"为"无偏移"，完成设置后单击"应用"按钮，以多重复制该图形。

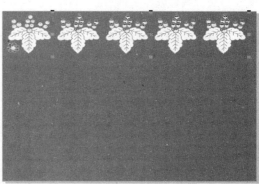

步骤3 使用选择工具 ▾ 选择左上角的葡萄图形，在"步长和重复"泊坞窗中设置水平位置的"偏移"为"无偏移"，垂直位置的"偏移"为"对象之间的间距"，"距离"为3mm，"方向"为"向下"，完成设置后单击"应用"按钮，使该图形在垂直方向上多重复制。

步骤4 使用选择工具 ▾ 依次选择页面上方的其他葡萄图形，在"步长和重复"泊坞窗中单击"应用"按钮，使其在垂直方向上多重复制，形成具有规律的图案图形效果。

步骤5 使用选择工具 ▾ 选择页面右上角的花朵图形，在"步长和重复"泊坞窗中设置垂直位置的"距离"为40mm，完成设置后单击"应用"按钮，使该图形在垂直方向上多重复制。

步骤6 使用选择工具 ▾ 框选页面左侧的花朵图形，多次复制并调整其位置，形成完整的图案效果。

3.2.6　选择性粘贴

在实际工作中，有时会遇到需要将Microsoft Office Word、Microsoft Office Excel文件中的内容复制并粘贴到CorelDRAW软件中的情况，这时需要用到CorelDRAW X6中的选择性粘贴功能，下面来介绍选择性粘贴的具体操作方法。

打开配套光盘"第3章\Media\选择性粘贴.doc"文件，然后将要粘贴的内容选中，并按快捷键Ctrl+C复制选择内容。在CorelDRAW X6中新建一个文件，执行"编辑|选择性粘贴"命令，弹出"选择性粘贴"对话框，选择"Microsoft Office Word文档"选项，完成设置后单击"确定"按钮，将复制的内容粘贴到页面中。

复制Microsoft Office Word中内容　　　　　　　　粘贴进CorelDRAW X6中

> **提示：**
> 在实际工作中可以使用"选择性粘贴"命令将Microsoft Office Word文件中的表格内容粘贴进CorelDRAW软件中，在选择方式的时候，选择"图片（图元文件）"选项即可。

3.2.7　插入新对象

当出现在CorelDRAW X6中不能制作的数据时，可以利用"插入新对象"命令来完成。直接选择可制作所需数据的软件进行插入即可。

在CorelDRAW X6中新建一个空白文档，执行"编辑|插入新对象"命令，弹出"插入新对象"对话框，选择"对象类型"列表框中的"Microsoft Office Excel图标"选项，完成后单击"确定"按钮，CorelDRAW X6窗口切换为Microsoft Office Excel图标窗口，在"图表"工具栏中单击图标类型下拉按钮，选择图表样式，页面中的图表将更改为选择的样式，单击页面中图表的其他位置后，将切回到CorelDRAW X6窗口。

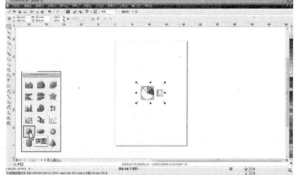

切换为Microsoft Office Excel图标窗口　　　　　　插入Microsoft Office Excel图表

> **提示：**
> 使用"插入新对象"命令也可以插入Microsoft Office PowerPoint 幻灯片等。

3.2.8 重复命令

"重复"命令是在CorelDRAW X6中将当前选中对象制作一个相同副本的功能，在绘制有相同元素的一些图案的过程中，此操作在CorelDRAW X6经常使用，下面就来介绍"重复"命令的操作方法。

打开配套光盘"第3章\Media\重复命令的应用. cdr"文件，单击选择工具 后，双击图形对象，出现控制柄，将中心点下移，移动到叶子的茎处，按住Ctrl键的同时拖动控制柄，在右边复制一个图形，然后执行"编辑 | 复制再制"命令，连续执行22次该命令，即可得到如下图形。

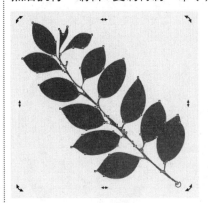
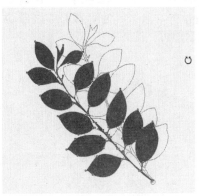

将中心点下移　　　　　　　　　拖动控制柄　　　　　　　　　复制再制图像

📖 **技巧：**

"重复"命令的快捷键为Ctrl+R，通过该命令不仅可以复制图像，也可以对文字、大小、移动位置等执行重复命令。

3.2.9 实战：使用重复命令制作图形

💿 **光盘路径：** 第3章\ Complete \使用重复命令制作图形.cdr

步骤1 执行"文件 | 打开"命令，打开"第3章\Media\使用重复命令制作图形.cdr"文件，使用选择工具 选择需要复制的图形。

步骤2 在该图形上再次单击鼠标左键显示旋转控制框，将旋转中心拖至正下方的中心位置。

步骤3 在按住Ctrl键的同时拖动控制柄，向右边移动，单击鼠标右键复制一个图形。

步骤4 按下4次快捷键Ctrl+R，以此为中心点并以相同角度重复复制图形，可得到旋转的蝴蝶图案效果。

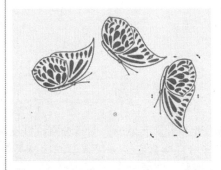
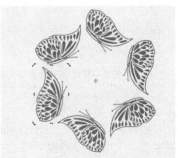

专家看板：复制对象属性

在CorelDRAW X6中还可以将一个对象的属性复制至另一个对象，如复制对象的填充、轮廓或文本属性，复制对象的大小、位置或旋转等变换属性，还可以复制应用于对象的效果属性等，下面分别对各种方法进行介绍。

1. 复制对象的填充、轮廓或文本属性

将图形对象的填充、轮廓或文本属性从一个对象复制至另一个对象时，先在工具箱中单击属性滴管工具 ，然后在其属性栏中单击"属性"按钮，在弹出的"属性"展开工具栏中勾选任一复选框，并单击"确定"按钮，单击要复制属性的对象，属性滴管工具 自动切换至应用对象属性模式，选择要应用复制属性的对象，单击鼠标左键即可。

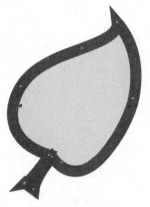

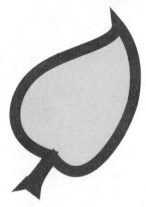

勾选"轮廓"复选框　　　　在图形的轮廓上单击　　　　选择要应用复制属性的对象　　　　单击鼠标左键应用轮廓属性

2. 复制对象的大小、位置或旋转属性

将图形对象的大小、位置或旋转属性从一个对象复制至另一个对象时，与复制对象的填充、轮廓或文本属性方法相同，需要单击属性滴管工具 ，在其属性栏中单击"变换"按钮，在弹出的"变换"展开工具栏中勾选任一复选框，并单击"确定"按钮，单击要复制属性的对象以应用对象属性模式，然后单击要应用复制变换的对象即可。

3. 复制对象的效果属性

将图形对象的效果从一个对象复制至另一个对象时，与复制对象的属性和变换方法相同，单击属性滴管工具 ，在其属性栏中单击"效果"按钮，在弹出的"效果"展开工具栏中勾选任一复选框，并单击"确定"按钮，单击要复制属性的对象以应用对象属性模式，然后单击要应用复制效果的对象即可。

勾选"阴影"复选框 在图形的阴影上单击　　　　选择要应用复制属性的对象　　　　单击鼠标左键应用阴影效果属性

技巧：

要复制对象属性，还可以使用选择工具选择一个图形对象，按住鼠标右键的同时将其拖动至另一个对象上，当鼠标光标变为圆圈时，释放鼠标右键，在弹出的快捷菜单中选择"复制填充"、"复制轮廓"或"复制所有属性"，即可快速复制对象属性。

3.3 对象的变换

在CorelDRAW X6中可以对对象执行一定的变换操作，主要包括对象的旋转、对象的缩放与镜像及对象的倾斜等，掌握这些操作可以使用户有效地完成对图形对象的变换，快速改变对象的位置、大小、长、宽、倾斜度及旋转角度等，下面分别对各种方法进行介绍。

3.3.1 对象的移动

选择图形后，在工具箱中单击选择工具 ▷，拖动该图形即可改变对象的位置，按住Ctrl键的同时拖动图形即可使对象在水平或垂直方向移动。

3.3.2 对象的旋转

选择图形后，在工具箱中单击选择工具 ▷，在该图形上再次单击鼠标左键显示旋转控制框，将鼠标指针移动至双箭头形状 ↗ 上，当指针变为旋转箭头 ↻ 时，按住左键拖动即可旋转对象角度。或者在选择图形后，在属性栏中设置"旋转角度"文本框的参数值，然后按Enter键确定即可。

选择图形并单击鼠标左键

按住鼠标左键拖动旋转箭头

释放左键以旋转图形

3.3.3 对象的倾斜

选择图形后，在工具箱中单击选择工具 ▷，在该图形上再次单击鼠标左键显示旋转控制框，将鼠标指针移动至4个边的控制节点上，当指针变为 ⇄ 符号时，按住左键拖动即可倾斜对象。

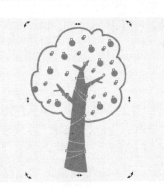
选择图形并单击鼠标左键

按住鼠标左键拖动上方边上控制节点

释放左键以倾斜图形

> **提示：**
> 对图形的倾斜可以调整其透视角度，并且可以快速对图形效果进行调整，以便大幅度缩短设计时间。

3.3.4 对象的缩放与镜像

对象的缩放即图形对象大小的变化，在选择图形后，在工具箱中单击选择工具 ，按住鼠标左键拖动控制节点的边角节点，即可使图形对象在保持成比例的情况下改变大小；按住鼠标左键拖动4个边上的控制节点，可以改变图形对象单个方向的大小；按住Shift键拖动边角节点即可对图形对象进行等比例缩小或放大。

按住鼠标左键拖动任意边角节点　　　按住鼠标左键拖动4个边上的任意节点　　　按住Shift键拖动任意边角节点

对象的镜像即对图形对象执行对称性的操作，有水平镜像和垂直镜像之分。选择图形后，在选择工具 的属性栏中单击"水平镜像"按钮或"垂直镜像"按钮，即可对图形执行相应的操作。

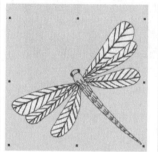  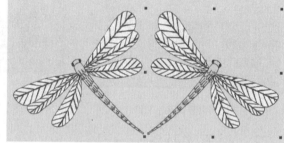

选择图形　　　　　　　执行垂直镜像操作　　　　　复制图形并应用水平镜像操作

🔖 **提示：**

水平镜像指图形沿着垂直方向的直线执行标准180°的旋转操作，能够快速得到水平翻转的图形效果；垂直镜像指图形沿着水平方向的直线执行标准180°的旋转操作，能够快速得到上下翻转的图形效果。

3.3.5 使用自由变换工具

使用自由变换工具可以对图形对象执行自由旋转、自由镜像、自由调节和自由扭曲操作。选择图形后，按住鼠标左键单击工具箱中的形状工具 ，在弹出的工具组选项中选择自由变换工具 ，在属性栏中单击相应的工具按钮并设置其参数后，在页面中确定变换的中心点，拖动鼠标即可对图形对象进行自由变换，下面对自由变换工具的属性栏进行介绍。

自由变换工具的属性栏

❶自由旋转工具：单击该工具，在图形上任意位置单击以定位旋转中心点，拖动鼠标后，出现蓝色线框图形，旋转至合适位置后释放鼠标，即可使图形沿着中心点进行任意角度的自由旋转。

❷**自由角度镜像工具**：单击该工具，在图形上任意位置单击以定位镜像中心点，拖动鼠标出现蓝色线框图形，旋转至合适位置后释放鼠标，即可使图形沿着中心点进行任意角度的自由镜像。使用该工具时，可以结合"应用到再制"按钮的使用，快速复制出镜像图形效果。

❸**自由调节工具**：该工具与自由角度镜像工具的使用方法类似，也可以结合"应用到再制"按钮来使用。

❹**自由扭曲工具**：单击该工具，在图形的任意位置单击以定位扭曲中心点，拖动鼠标以使图形沿着中心点进行任意角度的自由扭曲。

| 选择图形 | 旋转至蓝色线框图形显示的位置 | 释放鼠标即可对图形自由变换 |

❺**旋转中心的位置**：用于设置旋转中心在水平或垂直方向的坐标，在其文本框中输入数值即可。

❻**倾斜角度**：用于调整图形对象在水平或垂直方向的倾斜角度，在其文本框中输入数值即可。

❼**"应用到再制"按钮**：单击该按钮，对图形执行自由变换操作的同时，可以自动生成一个新的图形，即变换后的图形，而原图形则保持不变。

| 选择图形 | 单击"应用到再制"按钮并旋转 | 生成新图形并保持原图形不变 |

❽**"相对于对象"按钮**：单击该按钮，即可以对象为基准应用变换参数值，取消该选项后，变换中心会以页面为基准进行应用。

3.3.6　实战：对对象进行自由变换

💿 **光盘路径**：第3章\Complete\对对象进行自由变换.cdr

步骤1 执行"文件 | 打开"命令，打开"第3章\Media\对对象进行自由变换.cdr"文件，使用选择工具选择小鸟图形。

步骤2 单击自由变换工具，单击属性栏自由扭曲工具，在小鸟右下角单击以定位扭曲中心点，拖动鼠标以使小鸟图形自由扭曲。

x: 120.388 mm　158.75 mm　100.0 %　　120.388 mm　.0
y: 102.835 mm　165.778 mm　100.0 %　　102.835 mm　.0

专家看板：精确变换对象

在CorelDRAW X6中对图形对象执行变换操作时，为了保证变换的精确度，可以对图形对象的位置、大小和旋转角度等进行精确的变换调整，下面分别对各种方法进行介绍。

1. 使用属性栏变换图形对象

使用选择工具选择图形对象后，在其属性栏中通过设置"对象位置"、"对象大小"和"缩放因素"等参数值，即可精确变换图形对象，还可以单击"锁定比率"按钮对图形对象的比率进行锁定。

| 选择图形 | 单击"锁定比率"按钮，并设置"缩放因素"为50% | 取消单击"锁定比率"按钮，并设置垂直"缩放因素"为25% |

2. 使用鼠标直接变换图形对象

使用鼠标直接变换图形对象是较为常用且随意的方法，通过鼠标直接拖动可以任意调整图形对象的位置和大小。选择图形对象后，出现黑色的控制节点，拖动控制节点即可调整图形对象的高度和宽度，并对其执行旋转、放大和锁定等操作，完成后在工作界面中的任意位置单击鼠标即可确定变换，并同时取消对该图形对象的选择。

| 选择图形 | 等比例放大图形对象后的效果 | 旋转图形对象后的效果 |

3. 使用"变换"泊坞窗精确变换对象

在CorelDRAW X6中还可以使用"变换"泊坞窗来精确变换图形对象。执行"窗口 | 泊坞窗 | 变换 | 位置"命令，即可打开"变换"泊坞窗。在其中通过单击"位置"按钮、"旋转"按钮、"缩放和镜像"按钮、"大小"按钮及"倾斜"按钮，即可切换至相应面板。在面板中设置相应参数，即可精确调整图形对象的位置、旋转、缩放和镜像、大小及倾斜角度，完成设置后单击"应用"按钮即可。

"位置"面板

"旋转"面板

"缩放和镜像"面板

"大小"面板

"倾斜"面板

提示：

通过按快捷键Alt+F7也可以打开"变换"泊坞窗，一般停靠在工作界面右侧的颜色面板旁，通过拖动泊坞窗即可成为一个单独的浮动面板。

原图形

精确调整图形位置

精确调整图形旋转角度

精确调整图形大小比例

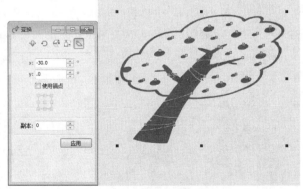
精确调整图形倾斜角度

注意：

通过在"变换"泊坞窗中单击相应按钮以切换面板，在每个面板下方都有相应的快速定义区域，勾选相应的复选框即可激活下方的位置定位框，在其中可以分别设置图形对象在整个工作区中的相对位置、图形对象的相对中心、图形对象缩放的比例，以及倾斜的锚点位置。通过单击相应方向的定位框，并单击"应用"按钮，即可将图形对象快速调整至某个方向。

3.4 | 对象的排列

在CorelDRAW X6中可以对对象执行一定的排列操作，主要包括对象的锁定与解除锁定、对象的群组与取消群组、对象的合并与拆分及对象的顺序排列等，通过使用这些操作能够进一步组织编辑对象，在最大程度上符合对象的使用环境，形成贴合使用环境的图形对象效果。下面分别对各种方法进行介绍。

3.4.1 对象的锁定与解除锁定

锁定对象可以防止在编辑和操作对象时，无意中移动、调整大小、变换、填充或以其他方式更改对象。对象的锁定既可以锁定单个对象和多个对象，也可以锁定分组的对象。锁定对象的方法有两种，一是使用菜单命令，使用选择工具选择图形对象，然后执行"排列|锁定对象"命令，即可将对象锁定在页面中。二是使用快捷菜单，在选择图形对象后，单击鼠标右键在弹出的快捷菜单中选择"锁定对象"命令，即可锁定对象。

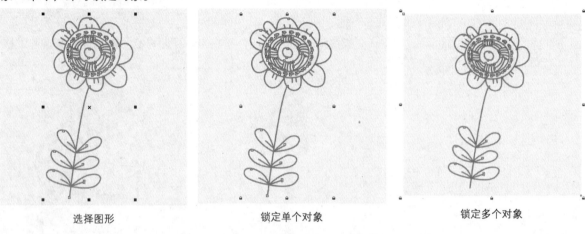

选择图形　　　　锁定单个对象　　　　锁定多个对象

> **注意：**
>
> 锁定对象后，图形对象的周围会出现锁定边框，此时不能对图形对象执行任何编辑和操作。而部分图形对象不能执行锁定操作，如调和、轮廓图或对象中的文本，也不能锁定群组中的对象或链接的群组。

要更改锁定的对象，必须先解除锁定，解除锁定可以一次解除锁定一个对象，也可以同时解除对所有锁定对象的锁定。使用选择工具选择已锁定的对象或群组对象，执行"排列|解锁对象"或"排列|对所有对象解锁"命令，即可解除锁定。另外通过单击鼠标右键在弹出的快捷菜单中选择"解锁对象"命令，也可以解除锁定对象。

选择锁定的图形对象　　　　解锁单个对象　　　　解锁全部对象

3.4.2 对象的群组与取消群组

在绘制图形时可以对图形对象执行群组操作，从而在不改变对象属性的前提下，将多个图形对象组合在一起，形成一个临时的整体，以便对图形进行编辑和操作。

在CorelDRAW X6中有4种群组对象的方法。一是使用菜单命令，选择需要群组的对象后，执行"排列 | 群组"命令，即可将选择的对象群组。二是使用属性栏中的"群组"按钮，使用选择工具 选择需要群组的对象后，单击其属性栏中的"群组"按钮 即可将选择的对象群组。三是使用快捷菜单，选择需要群组的对象后，单击鼠标右键在弹出的快捷菜单中选择"群组"命令即可。四是使用快捷键，选择相应的对象后，按快捷键Ctrl+G快速将对象群组，群组后，其属性栏中的"群组"按钮 将不可用。

群组前选择图形对象的效果

选择需要群组的对象

群组后选择图形对象的效果

> ❋ **注意：**
> 单个对象被分组后仍保留其属性，既可以将对象添加到群组，又可以从群组中移除对象及删除群组中的对象。还可以编辑群组中的单个对象，而无须取消对象群组。如果要同时编辑群组中的多个对象，必须先取消对象群组。如果群组中包含嵌套群组，可以同时取消嵌套群组中所有对象的群组。

取消群组与群组对象的方法类似，一是使用菜单命令，选择需要取消群组的对象后，执行"排列 | 取消群组"或"排列 | 取消全部群组"命令，即可取消对象群组。二是使用属性栏中的"取消群组"按钮，使用选择工具 选择群组的对象后，单击其属性栏中的"取消群组"按钮 或"取消全部群组"按钮 即可取消群组对象。三是使用快捷菜单，选择需要取消群组的对象后，单击鼠标右键在弹出的快捷菜单中选择"取消群组"或"取消全部群组"命令即可。四是使用快捷键，选择相应的对象后，按快捷键Ctrl+U快速取消群组。

取消群组前选择图形对象的效果

取消群组后选择图形对象的效果

取消全部群组后选择图形对象的效果

> ❋ **注意：**
> 取消群组有"取消群组"和"取消全部群组"两种形式，在实际操作中通常会将群组后的对象与其他图形进行再次或多次群组，若选择包含多次群组的对象并单击属性栏"取消群组"按钮 ，只能取消最后执行的群组操作，前面执行了群组操作的对象仍然处于群组状态。若单击属性栏中的"取消全部群组"按钮 则可以取消对象包含的所有群组关系，使对象形成单独的个体。所以在执行操作时，尽量在调整好图形对象后执行群组操作，谨慎执行取消全部群组的操作，避免多次调整影响工作效率。

3.4.3 对象的合并与拆分

　　对象的合并与拆分在很大程度上整合了图形对象的修整和群组功能，通过合并对象，能够将多个对象合并为一个对象，而拆分对象则可以把合并的对象拆分为相同属性的多个对象，从而更加便捷地调整图形对象。

　　合并两个或多个对象可以创建带有共同填充和轮廓属性的单个对象，如合并矩形、椭圆形、多边形、星形、螺纹、图形或文本，以便将这些对象转换为单个曲线对象。合并对象有4种方法。一是使用菜单命令，选择需要合并的对象后，通过执行"排列 | 合并"命令，即可将图形合并。二是使用属性栏中的"合并"按钮，选择需要合并的对象后，直接在属性栏中单击"合并"按钮 即可将图形合并。三是使用快捷菜单，选择需要合并的对象后，单击鼠标右键在弹出的快捷菜单中选择"合并"命令即可。四是使用快捷键，选择相应的对象后，按快捷键Ctrl+L即可快速合并图形。

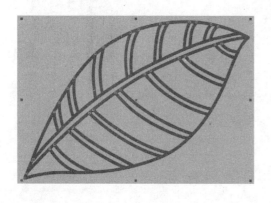 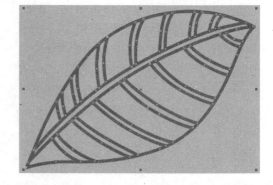

合并前的图形效果　　　　　　　　　　　　　　　　　合并后的图形效果

提示：

　　合并对象是焊接功能的延伸，但当一个对象的边缘超出另一个对象的边缘时，多出的部分会自动使用与下层图形相同的颜色进行填充。

　　如果需要修改从独立对象合并而成的对象的属性，可以拆分合并的对象。选择需要拆分的图形对象后，执行"排列 | 拆分曲线"命令即可将对象拆分，也可以通过单击属性栏中的"拆分"按钮 或者按快捷键Ctrl+K快速拆分图形对象。

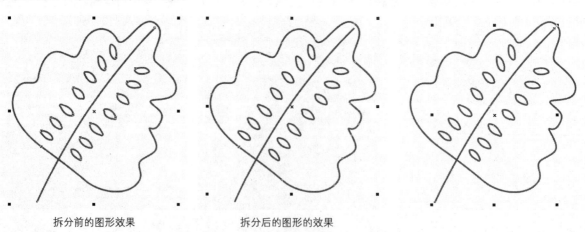

拆分前的图形效果　　　　　　　　　拆分后的图形的效果

注意：

　　如果拆分的合并对象包含美术字，则美术字首先会拆分为行，然后拆分为字。而段落文本则拆分为独立的段落。

3.4.4　对象的顺序排列

在CorelDRAW X6中绘制图形文件，实际上就是将图形对象一层一层地叠加起来，组合在一起而成的，因此通过调整对象的顺序排列就可以轻松地改变图形的显示效果，对象的顺序排列是在图形对象编辑操作过程中最为常用的操作之一。

对象的顺序排列有两种方法。一是使用命令调整对象的顺序排列，选择需要调整顺序的图形对象，通过执行"排列｜顺序"命令，在弹出的子菜单中包括"到页面前面"、"到页面后面"、"到图层前面"、"到图层后面"、"向前一层"和"向后一层"等9种不同的命令，选择相应的命令即可执行相应的操作，从而调整图形对象的顺序。二是使用快捷菜单，选择需要调整顺序的图形对象，在对象上单击鼠标右键，在弹出的快捷菜单中选择"顺序"命令，在弹出的子菜单中选择相应命令即可应用相应的操作。

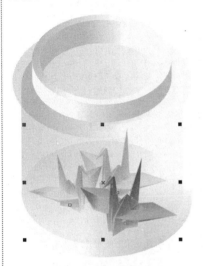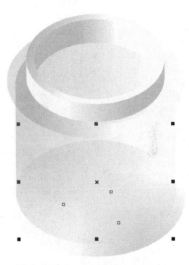

选择纸鹤图形　　　　　　　　将纸鹤图形的顺序向前一层　　　　　　将纸鹤图形的顺序排列到图层后面

注意：

调整图形对象的顺序排列时，若选择的对象已经置于最前面，则"到页面前面"、"到图层前面"和"向前一层"等命令呈现灰色显示，将不可用。此外，还可以通过使用相应的快捷键来调整图形对象的顺序排列，如按快捷键Ctrl+主页执行"到页面前面"命令，按快捷键位移+PgUp执行"到图层前面"命令，按快捷键Ctrl+PgUp执行"向前一层"命令。

知识链接："置于此对象前"和"置于此对象后"命令

在CorelDRAW X6中提供的几种排列顺序的命令中，"置于此对象前"和"置于此对象后"命令较为特殊，其使用方法有所不同。选择需要调整顺序的图形对象后，通过执行"置于此对象前"或"置于此对象后"命令，鼠标光标会变为箭头形状➡，然后单击要调整到相应对象前或后的对象即可完成操作。

选择图形对象　　　　　应用"置于此对象后"命令　　　　单击下层图形对象　　　　置于此对象后的效果

3.5 | 对象的对齐与分布

在CorelDRAW X6中还可以调整对象的对齐与分布，从而使对象互相对齐，也可以使对象与绘图页面的各个部分对齐，如中心、边缘和网格。

3.5.1 对象的对齐

互相对齐对象时，可以按对象的中心或边缘对齐排列，也可以将多个对象水平或垂直对齐在绘图页面的中心，单个或多个对象还可以沿页边排列，并对准网格上最近的点进行排列，使用选择工具 ⬚ 选择需要对齐的多个对象后，执行"编辑 | 对齐与分布"命令，在弹出的子菜单中包括左对齐、右对齐、顶端对齐、底端对齐、水平居中对齐和垂直居中对齐等6个命令，选择相应的命令即可将所选对象对齐。

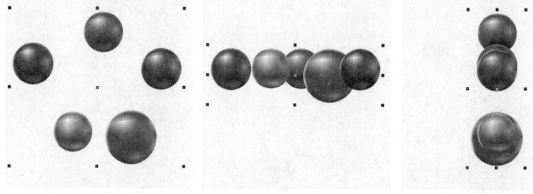

框选球体图形　　　　　　　　将所选对象顶端对齐　　　　　　将所选对象在页面水平居中对齐

另外，通过执行"编辑 | 对齐与分布 | 对齐与分布"命令，或在其属性栏中单击"对齐与分布"按钮 ⬚，即可打开"对齐与分布"对话框，在其中通过单击相应按钮即可将所选对象对齐，下面简单介绍"对齐与分布"对话框中的对齐选项。

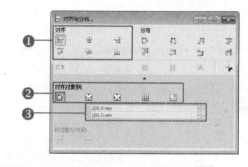

❶ "对齐"选项：该选项中包括"左对齐"按钮 ⬚、"水平居中对齐"按钮 ⬚、"右对齐"按钮 ⬚、"顶端对齐"按钮 ⬚、"底端对齐"按钮 ⬚ 和"垂直居中对齐"按钮 ⬚ 6个按钮选项，选择需要对齐的对象后，单击任一按钮即可快速对齐对象的左边缘、水平对齐对象的中心、对齐对象的右边缘、对齐对象的顶边、对齐对象的底边，以及垂直对齐对象的中心。

框选需要对齐的图形对象　　　　　垂直居中对齐所选对象　　　　　　底端对齐所选对象

❷ **"对齐对象到"选项**：该选项中包括"激活对象"按钮 🔲、"页面边缘"按钮 🔀、"页面中心"按钮 🔀、"网格"按钮 ▦ 和"指定点"按钮 🔲 5个按钮选项，选择需要对齐的对象并单击"对齐对象到"选项任一按钮即可激活该选项，用于调整对象与上一个选择的对象对齐、与页面边缘对齐、与页面中心对齐、与网格对齐以与指定参考点对齐等方式。

❸ **指定坐标**：用于设置指定参考点的X轴和Y轴的坐标，从而精确对齐对象，激活"对齐对象到"选项并单击"指定点"按钮 🔲 后，方可激活该选项。

框选需要对齐的图形对象

垂直居中对齐所选对象

设置参考点的Y轴为0mm

3.5.2　对象的分布

自动分布对象时，将会根据对象的宽度、高度和中心点在对象之间增加间距，使需要分布的对象间的中心点或选定边缘（例如，上边缘或右边缘）以相等的间隔出现。另外还可以使分布的对象超出对象边框的范围或整个绘图页面。

选择需要分布的对象并打开"对齐与分布"对话框后，在其中通过单击"分布"选项的相应按钮即可有规律地分布所选对象，下面简单介绍"对齐与分布"对话框中地分布选项。

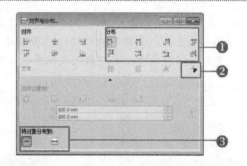

❶ **"分布"选项**：该选项中包括8个按钮选项，"左分散排列"按钮 🔲，用于从对象的左边缘起以相同间距排列对象；"水平分散排列中心"按钮 🔲，用于从对象的中心起以相同间距水平排列对象；"右分散排列"按钮 🔲，用于从对象的右边缘起以相同间距排列对象；"水平分散排列间距"按钮 🔲，用于在对象之间水平设置相同的间距；"顶部分散排列"按钮 🔲，用于从对象的顶边起以相同间距排列对象；"垂直分散排列中心"按钮 🔲，用于从对象的中心起以相同间距垂直排列对象；"底部分散排列"按钮 🔲，用于从对象的底边起以相同间距排列对象；"垂直分散排列间距"按钮 🔲，用于在对象之间垂直设置相同的间距。选择需要分布的对象后，单击任一按钮即可快速分布对象的排列方式。

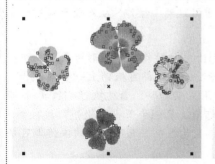

框选需要分布的图形对象

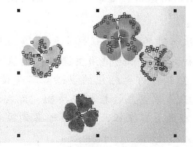

水平分散排列中心

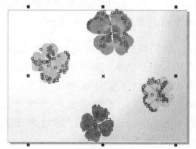

垂直分散排列中心

❷ **"轮廓"按钮**：单击该按钮即可从对象轮廓起执行对齐和分布操作。

| 3.6 | 操作答疑

3.6.1 专家答疑

（1）如何使用不规则形状的选择区域选择图形对象？

答：使用不规则形状的选择区域选择图形对象时，首先单击手绘工具 ，并在需要选择的对象周围拖动鼠标，出现蓝色线框，释放鼠标即可将其选中。如果对象只有一部分被选择区域选中，则不会选择该图形对象；如果需要选择只有一部分被选择区域选中的对象，只需在拖动鼠标的同时按住 Alt 键即可。另外，如果需要使选择区域成为不规则形状，则在拖动鼠标的同时按住 Ctrl 键即可。

| 选择的图形对象 | 拖动鼠标框选图形对象 | 选中的图形对象 |

（2）如何选择群组中的对象或群组中隐藏的对象？

答：在需要选择群组中的一个对象时，只需按住Ctrl键，单击选择工具 ，在需要选择的图形对象上单击即可将其选中。在需要选择群组中被隐藏的图形对象时，可以按快捷键Ctrl+Alt，并单击选择工具 ，然后单击群组内最顶端的对象一次或多次，直到隐藏对象周围出现选择框即可将其选中。

| 选择群组的图形对象 | 选择群组中的一个图形对象 | 选择群组中被隐藏的图形对象 |

（3）如何对图形对象执行撤销和重做操作？

答：在CorelDRAW X6中绘制图形对象时，通常会使用到撤销和重做这两个操作，从而便于对所绘制的图形对象进行修改或编辑。

撤销操作就是将这一步对图形执行过的操作默认删除，以返回到上一步操作下的图形对象效果中。在CorelDRAW X6中撤销操作有3种方法。一是使用快捷键，按快捷键Ctrl+Z即可撤销上一步的操作，多次重复按下该快捷键则可以一直撤销操作至相应的步骤。二是使用菜单命令，通过执行"编辑 | 撤销"命令，即可撤销上一步操作。三是单击属性栏相应按钮，即在标准工具栏中单击"撤销"按钮 ，即可撤销上一步操作，通过单击其右侧下拉按钮，在弹出的撤销操作显示框中，选择之前的操作即可快速执行撤销操作。

重做即对撤销的操作进行自动重做，重做操作有两种方法。一是使用菜单命令，通过执行"编辑 | 重做"命令即可实现。二是单击属性栏相应按钮，即在标准工具栏中单击"重做"按钮 即可重新执行上

一个撤销的操作，通过单击其右侧下拉按钮，在弹出的重做操作显示框中，选择之前撤销的操作即可快速执行重做操作。撤销操作是重做操作的前提，必须在执行过撤销操作之后，才能激活"重做"按钮或使用菜单命令。

| 原图形 | 填充图形颜色并群组对象 | 撤销操作显示框 |

（4）如何精确调整图形对象在页面中的位置？

答：精确调整图形对象在页面中的位置即调整图形对象的坐标，通过执行"窗口｜泊坞窗｜对象坐标"命令即可显示"对象坐标"泊坞窗。"对象坐标"泊坞窗停靠在工作界面右侧的颜色板旁边，通过拖动该泊坞窗即可使其成为一个单独的浮动面板。在其中可以分别单击"矩形"按钮、"椭圆形"按钮、"多边形"按钮、"2点线"按钮和"多点线"按钮以切换至相应的面板，在其中通过设置图形对象在页面中X轴和Y轴的位置及大小、比例等相关选项参数，即可精确调整不同图形对象在页面中的位置，完成后单击"创建对象"按钮即可。

| "矩形"面板 | "椭圆形"面板 | "多边形"面板 | "2点线"面板 | "多点线"面板 |

3.6.2 操作习题

1. 选择题

（1）在CorelDRAW X6中要对选择的单个或多个对象进行多次复制操作，需要按快捷键（ ）。

  A.Ctrl+A   B.Ctrl+L   C.Ctrl+F   D.Ctrl+D

（2）在CorelDRAW X6中要将选择的多个对象进行群组操作，需要按快捷键（ ）。

A.Ctrl+D   B.Ctrl+H   C.Ctrl+G   D.Ctrl+B

（3）在CorelDRAW X6中与大多数的图形设计软件类似，可按快捷键（　　　　）撤销上一步操作。

A.Ctrl+Z   B.Ctrl+S   C.Ctrl+T   D.Ctrl+P

2．填空题

（1）选择图形对象后按快捷键＿＿＿＿＿＿即可对对象进行剪切，而按快捷键＿＿＿＿＿＿即可快速对剪切的对象进行粘贴。

（2）通过执行"编辑｜对齐与分布｜对齐与分布"命令，即可打开"对齐与分布"对话框，其中"对齐"选项包括6个按钮，单击相应按钮即可将所选对象以相应的方式进行对齐，这6个对齐方式分别为＿＿＿＿＿＿、＿＿＿＿＿＿、＿＿＿＿＿＿、＿＿＿＿＿＿、＿＿＿＿＿＿和＿＿＿＿＿＿。

（3）自由变换工具主要用于调整图形对象的多种变换效果，使用该工具可以对图形对象执行＿＿＿＿＿＿、＿＿＿＿＿＿、＿＿＿＿＿＿和＿＿＿＿＿＿操作。

3．操作题

参照"3.2.5　实战：多重复制对象制作图案效果"，制作中式图案背景图形效果。

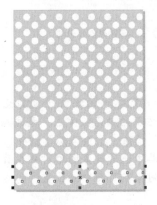   

操作提示：

（1）在新文件中绘制矩形和正圆图形，将两排正圆图形群组并对齐执行多重复制操作，形成具有韵律感的圆点背景图形效果。

（2）剪切花纹图形并粘贴至当前图形文件中，打开"步长和重复"泊坞窗，设置水平位置的参数，使其水平复制在页面上方。

（3）选择页面左上角的花纹图形，在"步长和重复"泊坞窗中设置垂直位置的参数，使其垂直复制在页面左侧。

（4）依次选择页面上方的其他两个花纹图形，再次使用相同的方法复制对象，使其均匀排列在页面中，形成中式图案背景图形效果。

（5）详细制作见"光盘\素材\第3章\Complete\中式图案背景图形效果.cdr"文件。

第**4**章

基本图形的绘制与颜色设置

本章重点：

    本章详细介绍了有关基本图形的绘制与颜色设置等知识，包括矩形和3点矩形工具、椭圆形和3点椭圆形工具、多边形工具、选择工具及图形颜色的设置等。

学习目的：

    通过对本章的学习，使读者掌握最常用的基本图形绘制方法，在实际的操作过程中能够独立且有效地对图形制作、图形颜色的设置等执行操作。

参考时间：50分钟

主要知识	学习时间
4.1 基本绘图工具的应用	25分钟
4.2 选择工具的应用	5分钟
4.3 图形颜色的设置	20分钟

4.1 | 基本绘图工具的应用

在CorelDRAW X6中绘图工具主要包括两类，即绘制直线和曲线的工具与绘制几何图形的工具，两者分别绘制不同状态的对象，绘制直线和曲线的工具包括：手绘工具、2点线工具、贝塞尔工具、艺术笔工具、钢笔工具、B样条工具、折线工具、3点线工具。绘制几何图形的工具包括：矩形工具、3点矩形工具、椭圆形工具、3点椭圆形工具、多边形工具、星形工具、复杂星形工具、图纸工具、螺纹工具、基本形状工具、箭头形状工具、流程图形状工具等。

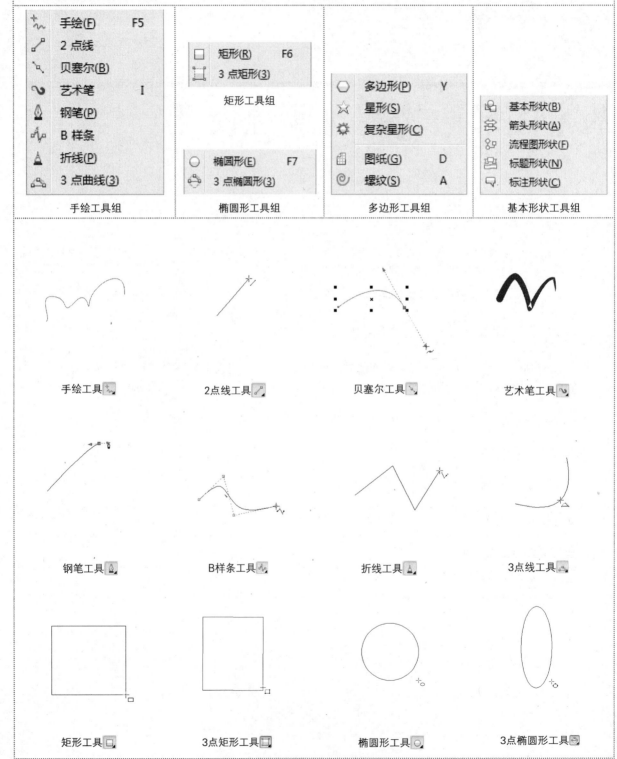

手绘(F)	F5
2 点线	
贝塞尔(B)	
艺术笔	I
钢笔(P)	
B 样条	
折线(P)	
3 点曲线(3)	

手绘工具组

| 矩形(R) | F6 |
| 3 点矩形(3) | |

矩形工具组

| 椭圆形(E) | F7 |
| 3 点椭圆形(3) | |

椭圆形工具组

多边形(P)	Y
星形(S)	
复杂星形(C)	
图纸(G)	D
螺纹(S)	A

多边形工具组

基本形状(B)	
箭头形状(A)	
流程图形状(F)	
标题形状(N)	
标注形状(C)	

基本形状工具组

手绘工具　　　　　2点线工具　　　　　贝塞尔工具　　　　　艺术笔工具

钢笔工具　　　　　B样条工具　　　　　折线工具　　　　　3点线工具

矩形工具　　　　　3点矩形工具　　　　　椭圆形工具　　　　　3点椭圆形工具

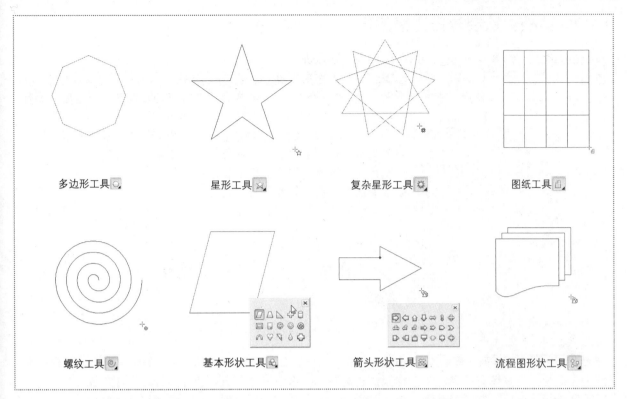

多边形工具   星形工具   复杂星形工具   图纸工具

螺纹工具   基本形状工具   箭头形状工具   流程图形状工具

4.1.1 矩形和3点矩形工具

矩形工具可以用来绘制矩形和正方形，是经常使用的几何图形绘制工具之一。单击矩形工具，在页面中单击并拖动鼠标绘制任意大小的矩形。按住Ctrl键的同时单击并拖动鼠标，绘制的则是正方形。

拖动鼠标绘制矩形   绘制好的矩形   按住Ctrl键绘制正方形

在矩形工具中还包含了一个3点矩形工具，使用该工具可以绘制出任意角度的矩形，其使用方法是单击3点矩形工具，在页面任意位置单击定位矩形的第一个点，按住鼠标不放的同时拖动鼠标到相应的位置后释放鼠标，即定位了矩形的第二个点，再拖动鼠标并单击即定位矩形的第三个点，绘制一个带有一定角度的矩形。

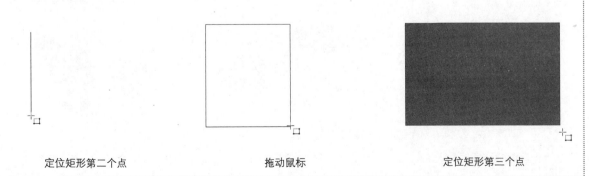

定位矩形第二个点   拖动鼠标   定位矩形第三个点

4.1.2 实战：绘制复古方格图形

⊕ 光盘路径：第4章\Complete\绘制复古方格图形.cdr

步骤1 执行"文件	新建"命令，新建A4页面，并使用横版式构图。	**步骤2** 单击矩形工具▢，在工作界面绘制一个矩形，将其填充红色（C0、M100、Y100、K0），单击选择工具🗘，将矩形移动到靠上一点的位置，在不松开鼠标的情况下，单击鼠标右键以复制图形。将其填充为洋红色（C0、M100、Y0、K0）。	**步骤3** 继续使用矩形工具▢，在工作界面绘制两个小矩形，将其填充为白色。单击选择工具🗘，将矩形移动到步骤2绘制的矩形的右上角位置和左下角位置。
步骤4 继续使用矩形工具▢绘制一个矩形，将其填充黑色，并将其复制填充白色，并调整其图层顺序移动到合适位置。	**步骤5** 单击选择工具🗘拖曳鼠标以创建虚线框，将图形全部选中，按住Ctrl键的同时移动鼠标到右边位置，单击右键将其复制。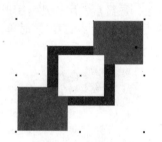	**步骤6** 将其复制以后并更改颜色，组合成复古方格。

4.1.3 椭圆形和3点椭圆形工具

椭圆形工具不仅可以绘制椭圆形、正圆形及具有旋转角度的几何图形，还可以绘制饼图及圆弧形，这在很大程度上提高了图形绘制的可变性。

1. 绘制椭圆形和正圆形

单击椭圆形工具⊙后，在其属性栏中单击"椭圆形"按钮⊙，此时在绘图页面中绘制出的是椭圆形，按住Ctrl键的同时单击并拖动鼠标，绘制的则是正圆形。

拖动鼠标绘制椭圆形

绘制好的椭圆形

按住Ctrl键绘制正圆形

2. 绘制饼图和弧

单击椭圆形工具 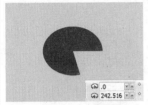 后，在其属性栏中单击"饼图"按钮 ，此时在绘图界面中绘制的是饼图，在"起始和结束角度"文本框中可以调节饼图的弧度情况。继续在椭圆形属性栏中单击"弧"按钮 ，此时在绘图界面中绘制的是带有弧度的线条，在"起始和结束角度"文本框中可以调节线条的弧度情况。同时用户也可以先使用椭圆形工具绘制图形然后在属性栏中单击相应的按钮，直接将所绘制好的图形在椭圆形、饼图、弧之间快速切换。

绘制一个饼图

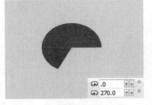
调整饼图角度

绘制一个弧

调整弧角度

> **技巧：**
>
> 控制饼图和弧的弧度也可以使用形状工具选择其中一个锚点进行拖动，向外拖动是缺口的饼形，向内拖动是扇形。

4.1.4 实战：绘制卡通动物图形

光盘路径： 第4章\Complete\绘制卡通动物图形.cdr

步骤1 执行"文件	新建"命令，新建A4页面，并使用横版式构图。	**步骤2** 双击矩形工具 ，创建一个页面大小的矩形并填充颜色为灰色（C0、M0、Y0、K10）。使用椭圆形工具 ，按住Ctrl键在工作界面绘制一个正圆，将其填充蓝色（C100、M0、Y0、K0）。	**步骤3** 继续使用椭圆形工具 ，在工作界面绘制一个椭圆形，填充灰蓝色（C51、M18、Y1、K0），使用选择工具 ，选择椭圆形，使四周出现旋转锚点，将其进行旋转，完成以后将其移动到正圆中间。

步骤4 单击贝塞尔工具 ，绘制头部分与脚，并分别填充不同的颜色。	**步骤5** 继续使用椭圆形工具 ，一层一层绘制章鱼的眼睛，并将其叠放在一起。	**步骤6** 使用选择工具 ，将眼睛的椭圆形全部选中后，将其移动到左边部分，并单击右键以复制。

4.1.5 多边形工具

在CorelDRAW X6中将多边形工具、星形工具、复杂星形工具、图纸工具、螺纹工具归总在多边形工具组中，这些工具的使用方法较为相似，但其设置却有所不同，单击多边形工具 ，在其属性栏的"点数或变数"数值框和"轮廓宽数"下拉列表中输入相应的数值或相应的选项，即可在页面中单击绘制出相应的多边形。

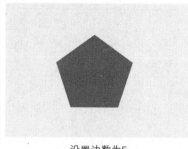
设置边数为5

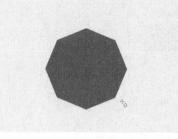
设置边数为8

设置边数为20

4.1.6 实战：绘制简单徽章

📀 光盘路径：第4章\Complete\绘制简单徽章.cdr

步骤1 执行"文件|新建"命令，新建A4页面，并使用横版式构图。

步骤2 使用多边形工具 ，在属性栏设置边数为7，完成以后在工作界面按住Ctrl键的同时拖动鼠标，将其填充红色（C0、M100、Y100、K0）。

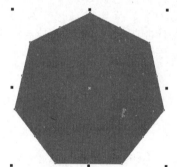

步骤3 使用形状工具 ，单击七边形以出现边上的控制节点，单击其中一条边的节点，同时按住Ctrl键，然后向内拖动鼠标，将出现多个角度虚线，完成后释放鼠标得到一个多边星形。

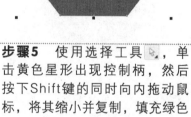

步骤4 使用选择工具 ，选中图形，在按住Shift键的同时向内拖动鼠标，同时单击鼠标右键进行复制。填充黄色（C0、M0、Y100、K0）。

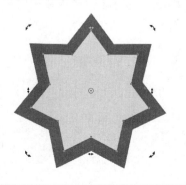

步骤5 使用选择工具 ，单击黄色星形出现控制柄，然后按下Shift键的同时向内拖动鼠标，将其缩小并复制，填充绿色（C100、M0、Y100、K0）。

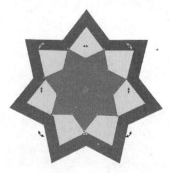

步骤6 单击标题形状工具 ，选择合适的形状后绘制一个标题形状，完成以后将其填充蓝色（C100、M0、Y0、K0），最后将轮廓去掉。

4.1.7　星形和复杂星形工具

1. 星形工具

　　使用星形工具可以快速绘制出星形图案，单击星形工具 后，在其属性栏的"点数或边数"和"锐度"数值框可以对星形的边数和角度进行设置，从而调整星形的形状，让图形的绘制更为快捷。

边数为4

边数为5

边数为6

2. 复杂星形工具

　　复杂星形工具是星形工具的升级版，其具体操作方法是，单击复杂星形工具 ，在属性栏设置相应参数后，在页面中单击并拖动鼠标，绘制出复杂星形图案。完成以后也可以在属性栏中设置相关属性参数。

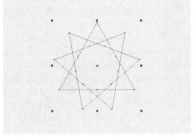

边数为9

进行颜色填充

边数为20并进行颜色填充

4.1.8　实战：绘制动感的流星图形

　📀 **光盘路径：** 第4章\Complete\绘制动感的流星图形.cdr

步骤1　执行"文件｜新建"命令，新建A4页面，并使用横版式构图。

步骤2　双击矩形工具 创建一个页面大小的矩形，将其填充为蓝色（C100、M0、Y0、K0），接着使用椭圆形工具 ，在属性栏设置"弧"按钮 ，绘制一些弧，描边为白色。

步骤3　使用复杂星形工具 ，在属性栏设置边数为9，绘制一个复制星形，并使用选择工具 将其移动到画面的正中央。

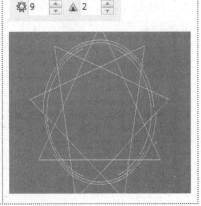

步骤4 继续使用选择工具 ▷，在9条边星形上单击，以出现移动锚点，选中其中一个锚点，按住Shift键的同时向里推进，以缩小图形，在不松开鼠标的情况下，单击鼠标右键复制图形。

步骤5 使用星形工具 ☆，在画面中按住Ctrl键的同时拖动鼠标，以创建一个正星形，然后鼠标选中对象后，单击右侧的调色板给星形填充颜色。

步骤6 继续使用选择工具 ▷，选中星形对象后，将其移动并单击鼠标右键以复制图形对象，完成以后对新的星形填充颜色。重复以上步骤多复制几个星形。

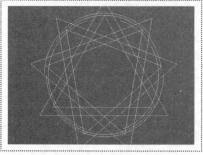

4.1.9 图纸和螺纹工具

1. 图纸工具 📊

使用图纸工具可以绘制网格，以辅助用户在编辑图形时对其进行精确的定位。单击图纸工具 📊，在其属性栏的"列数和行数"数值框中进行设置相应的数值后，在页面中单击并拖动鼠标绘制网格，取消表格编组后单击调色板中的颜色色块即可对网格进行填充颜色。

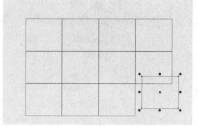
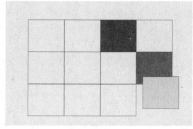

| 绘制一个网格 | 按快捷键Ctrl+U取消群组 | 分别对其上色 |

注意：

用户需在绘制网格之前先设置网格的列数和行数，以保证绘制出相应格式的图纸。在绘制图纸以后，按快捷键Ctrl+U即可对网格进行取消群组，此时网格中的每个格子成为一个独立的小矩形框，可分别对其填充颜色，同时也可使用选择工具 ▷，调整格子的位置。

2. 螺纹工具 ◎

使用螺纹工具可以绘制出两种不同的螺纹，一种是对称式螺纹，另一种是对数螺纹。这两种的区别是：在相同半径内，对数螺纹的螺纹间的间距成倍增长；而对称式螺纹的螺纹间距是相等的。

单击螺纹工具 ◎，在其属性栏的"螺纹回圈"数值框中调整绘制出螺纹的圈数。单击"对称式螺纹"按钮 ◎，在页面中单击并拖动鼠标，绘制出螺纹形状，此时绘制的螺纹十分对称，圆滑度较高。单击"对数螺纹"按钮 ◎，激活"螺纹扩展参数"选项，拖动滑块或在其文本框中输入相应的数值即可改变螺纹的圆滑度，得到螺纹效果。

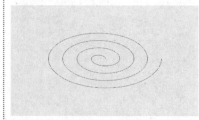
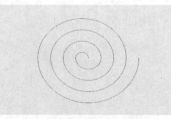
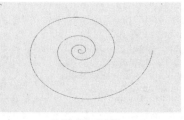

| 绘制一个对数螺纹 | 按住Ctrl键绘制一个正螺纹 | 绘制对称式螺纹 |

4.1.10 实战：绘制中式祥云图形

光盘路径：第4章\Complete\绘制中式祥云图形.cdr

步骤1 执行"文件 | 新建"命令，新建A4页面，并使用横版式构图。

步骤2 单击螺纹工具，在属性栏单击"对称型螺纹"按钮，并设置螺纹数为3，在页面中单击鼠标左键并拖动绘制一个螺纹，并将其描边为红色。

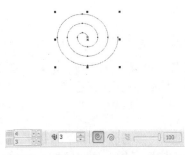

步骤3 按快捷键F12弹出轮廓笔对话框，设置描边粗细为3.0mm，轮廓颜色为红色。

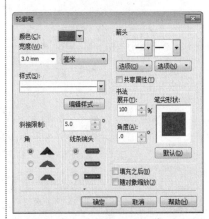

步骤4 使用选择工具，将螺纹缩小并复制一个。

步骤5 使用选择工具，将螺纹全选中后，复制并旋转方向。

步骤6 继续使用选择工具，将螺纹复制并排列，即完成效果。

4.1.11 基本形状工具

在CorelDRAW X6中，除了可以绘制一些基础的几何图形外，还为用户提供了一系列的形状工具，帮助用户快速完成图形的绘制。这些工具包括基本形状工具、箭头形状工具、流程图形状工具、标题形状工具和标注形状工具，集中在基本形状工具组中。

单击基本形状工具，在其属性栏中单击"完美形状"按钮，在弹出的面板中可对形状样式进行旋转。绘制形状后可看到，绘制的图形上有一个红色的节点，表示该图形为固定几何图形。

梯形

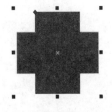

红十字

心形

4.1.12　实战：绘制可爱明信片

> ◉ 光盘路径：第4章\Complete\绘制可爱明信片.cdr

步骤1　执行"文件｜新建"命令，在新建对话框中设置参数，以新建一个明信片文件。

步骤2　使用矩形工具▢，在其属性栏设置高为100mm，宽为163mm，完成以后将其移动到工作页面当中。

步骤3　使用放大工具🔍调整到合适的视图后，继续使用矩形工具▢，按住Ctrl键的同时使用鼠标单击一个点并拖动绘制一个正方形。

步骤4　使用选择工具▯选择正方形，并将其轮廓色设置为红色，然后按住Ctrl键将其复制。

步骤5　使用椭圆形工具◯绘制两个正圆形，并分别将其填充为蓝色（C60、M0、Y20、K0）和绿色（C31、M0、Y56、K0），并移动到合适的位置。

步骤6　接着绘制一个椭圆形，然后使用螺纹工具，绘制一个螺纹，并将其轮廓色设置为橙色（C0、M20、Y100、K0）。

步骤7　结合椭圆形工具◯和选择工具▯绘制正圆形并填充黄色（C0、M0、Y100、K0）。然后结合贝塞尔工具✎绘制黄色线段。

4.1.13　实战：绘制绚丽时尚插画

> ◉ 光盘路径：第4章\Complete\绘制绚丽时尚插画.cdr

步骤1　执行"文件｜新建"命令，在新建对话框中设置参数，以新建一个空白文件。

步骤2　使用矩形工具▢，绘制一个矩形并将其充为淡蓝色（C60、M0、Y20、K0）。

步骤3　使用椭圆形工具◯，绘制一个正圆形，在属性栏单击"饼图"按钮◔，在画面底部绘制一个饼形，结合形状工具⤵进行调整，将其填充为浅棕色（C0、M60、Y60、K40）。

步骤4 单击复杂星形工具 ❀，在画面中绘制一个复杂星形形状，然后设置其点数和锐度。

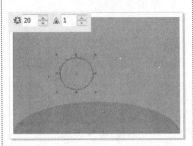

步骤5 使用选择工具 ▶ 选中后，用鼠标单击右侧的调色板，将其填充为洋红色（C0、M100、Y0、K0）。

步骤6 使用椭圆形工具 ◯，按住Ctrl键的同时拖动鼠标绘制一个正圆形将其填充为洋红色。

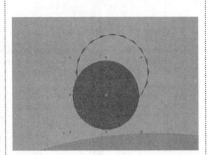

步骤7 使用选择工具 ▶，将绘制的图形全部选中后，执行"排列 | 对齐与分布 | 对齐与分布"命令，单击"水平居中对齐"和"垂直居中对齐"按钮。

步骤8 使用选择工具 ▶，将绘制的图形全部选中后按快捷键Ctrl+G群组，然后拖动鼠标，单击鼠标右键将其复制一份。

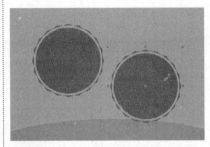

步骤9 选择一个锚点，将其缩小后移动到图中位置，并且填充粉红色（C0、M40、Y20、K0）。

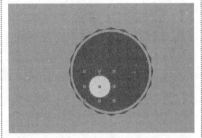

步骤10 继续在相应位置复制一个形状，并设置其相应大小与位置，填充为橙色（C0、M60、Y100、K0）。

步骤11 在画面中绘制其他形状，将其填充为不同的颜色。

步骤12 使用螺纹工具 ◎，在属性栏设置螺纹数为3，选择"对数螺纹"按钮 ◎，绘制螺纹形状。

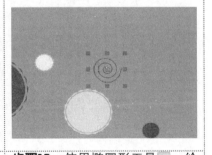

步骤13 使用轮廓笔工具将螺纹轮廓宽度设置为1mm，描边为黄色（C0、M0、Y100、K0）。

步骤14 复制图形并将其移动到合适位置。

步骤15 使用椭圆形工具 ◯，绘制椭圆形，作为阴影，完成整个画面的制作。

4.2 | 选择工具的应用

不论是绘制图形还是对图形执行编辑操作，首先要学会的是选择图形对象。选择图形对象有两种形式，一是选择单一的图形对象，二是同时选择多个图形对象。

1. 选择单一图形

在CorelDRAW X6中导入图形文件后单击选择工具，在页面中单击图形，此时图形四周出现了8个黑色控制点，表示选择了该图形对象。

选择一个对象

注意：

使用选择工具可以快速选择指定区域的图形对象，但不会选中被锁定后的对象。对象被锁定后，使用选择工具不能将其选中，但是可以使用鼠标单击右键对对象执行解锁操作，然后才可以选中。

2. 选择多个图形

选择多个图形的方法有两种。一种是在按住Shift键的同时逐个单击需要选择的对象，即可同时选择多个对象。另外一种是单击选择工具，在页面中单击并拖动出一个虚线框，将所需要选中的图形对象选中，此时再释放鼠标，则虚线框内的对象被全部选中。

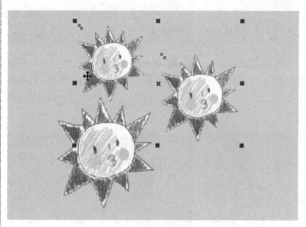
按住Shift键选择其他对象

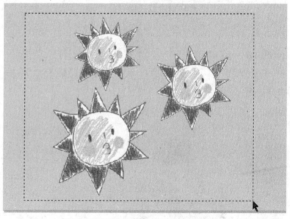
拖动鼠标创建虚线框选择多个对象

在图形的制作处理中，对于不规则的图形对象或者是对象比较多比较杂乱的图形对象，可以使用手绘工具，自由进行描绘后将对象选中。

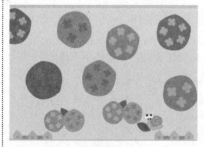
打开文件

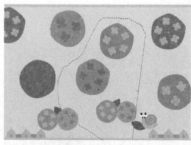
使用手绘工具拖曳鼠标创建不规则虚线框

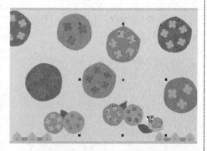
释放鼠标后选中图形对象

4.3 | 图形颜色的设置

　　颜色系统主要指颜色标准、颜色管理、颜色检测这三项为一体的综合系统，而在CorelDRAW X6中，颜色系统含义比较广泛，包括颜色系统的演示设置、调色板的编辑、颜色的自定义、颜色模式的概念，以及"颜色泊坞窗"的运用等。

　　对于颜色系统样式的设置是在软件中的一种表现形式，更类似于一种计算机的颜色表现方式。CorelDRAW X6版本中的颜色系统更为强大，可以与Photoshop、Illustrator等Adobe程序的颜色保持一致。可在"默认颜色管理设置"对话框中进行颜色系统的设置。

　　在CorelDRAW X6中执行"工具｜颜色管理｜默认设置"命令，可以打开"默认颜色管理设置"对话框。用户根据使用情况的不同，可在"默认颜色设置"、"颜色转换设置"、"颜色管理策略"栏进行颜色调整和设置，以便校对各个软件的颜色差，完成后单击"确定"按钮，即可应用相应的色彩模式。

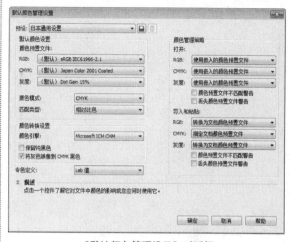

"默认颜色管理设置"对话框

4.3.1 使用均匀填充和轮廓色工具

　　CorelDRAW X6中可对图形对象进行颜色填充的工具有很多种，包括填充工具、颜色滴管工具、属性滴管工具和智能填充工具。其中填充工具是一个工具组，在该工具组中包括了均匀填充、渐变填充、图样填充等多种填充选项，最常使用的为均匀填充。

均匀填充

　　在CorelDRAW X6中，填充工具可用来填充对象的颜色、图样和底纹等，也可取消对象的填充内容。在未选择任何对象的情况下，选择填充工具填充演示后，可弹出"均匀填充"询问对话框，询问的是"图形"、"艺术效果"、"段落文字"，勾选相应的复选框后单击"确定"按钮即可弹出"均匀填充"对话框，我们可以分别选择"模型"、"混合器"、"调色板"选项卡设置颜色。可在各选项卡设置颜色的不同模式，也可以通过单击拾色器中的滴管工具取样页面中的颜色。设置完成后单击"确定"按钮，在之后所绘制的图形或输入的文本中，将直接使用该设置颜色。

"模型"选项卡

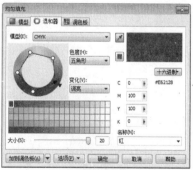

"混合器"选项卡

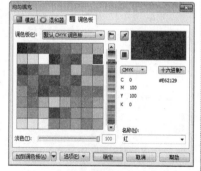

"调色板"选项卡

　🔆 **注意：**

　　在CorelDRAW X6中绘制图形，在状态栏中会显示出所编辑对象的相关信息参数，在状态栏右下角显示出了所选对象的填充颜色和轮廓色，此时，若此种颜色不能满足用户需求，可选择图形对象后双击状态栏中颜色图标，可以打开"均匀填充"对话框；也可以使用快捷键Shift+F11。

4.3.2 实战：绘制可爱金鱼

💿 光盘路径：第4章\Complete\绘制可爱金鱼.cdr

步骤1 执行"文件丨新建"命令，新建一个A4横向的文档，使用矩形工具▢绘制一个矩形，并且填充颜色（C0、M34、Y51、K0）。 	**步骤2** 使用选择工具▨选中矩形对象后，在按住Ctrl键的同时选中左边的锚点向右拖动，单击鼠标右键以复制矩形作为金鱼的身体。使用同样的方法绘制鱼鳍。 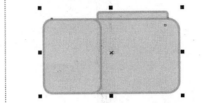	**步骤3** 使用选择工具▨选中鱼鳍对象后，填充为淡蓝色（C36、M12、Y0、K0），使用椭圆形工具◯，在属性栏选中"饼图"按钮◔，设置角度后制作鱼尾部分。 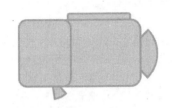
步骤4 使用椭圆形工具◯，在属性栏选中"饼图"按钮◔，设置角度后制作成扇形， 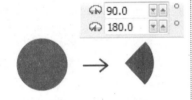	**步骤5** 使用选择工具▨选中扇形后按住Ctrl键进行复制，按住快捷键Ctrl+Shift+A弹出"排列与分布"对话框，将其垂直排列在一条直线上。并填充为红色（C0、M100、Y100、K0）。 	**步骤6** 使用选择工具▨选中扇形后按快捷键Ctrl+G将其群组，向右复制一个后填充橘色（C60、M0、Y100、K0），按快捷键Ctrl+D进行再制，分别填充不同的颜色。 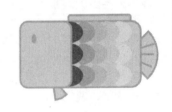

4.3.3 使用彩色工具

单击填充工具◆，在下拉菜单中选择"彩色"选项，即可弹出"颜色泊坞窗"窗口，在其中可快速设置对象的相关填充颜色和轮廓色。

打开"颜色泊坞窗"窗口

快速改变图形对象颜色和轮廓色

4.3.4　实战：绘制不同颜色的花朵

💿 光盘路径：第4章\Complete\绘制不同颜色的花朵.cdr

步骤1　新建图形文件，单击贝塞尔工具，在画板中绘制花朵图形，并打开"颜色泊坞窗"窗口设置填充色为红色，单击"填充"按钮，为花朵上色。

步骤2　继续使用贝塞尔工具，在花朵的中心绘制花蕊图形，完成后填充花蕊颜色为黄色（C0、M21、Y94、K0）。

步骤3　使用选择工具，将图形全部选中，移动并复制图形，然后调整其大小与位置。并结合"颜色泊坞窗"窗口填充其他花朵颜色。

4.3.5　使用颜色滴管工具

颜色滴管工具主要用于吸取画面中图形的颜色，包括桌面颜色、页面颜色、位图图像颜色和适量图形颜色。单击颜色滴管工具，即可查看其属性，下面分别对其中的相关选项进行介绍。

颜色滴管工具的属性栏

❶ **"选择颜色"按钮**：在默认情况下选择该按钮，可以从文档窗口进行颜色取样。

❷ **"应用颜色"按钮**：单击该按钮，可将所选颜色直接应用到对象上。

❸ **"从桌面选择"按钮**：单击该按钮，表示可以对程序外的对象进行颜色取样。

❹ **"1x1"按钮**：表示对单像素颜色进行取样。

❺ **"2x2"按钮**：表示对2x2像素区域中的平均颜色值进行取样。

❻ **"5x5"按钮**：表示对5x5像素区域中的平均颜色值进行取样。

❼ **"所选颜色"预览框**：预览所选取的颜色。

❽ **"添加到调色板"按钮**：单击该按钮，表示把选取的颜色添加到文档调色板中。

选择图形

吸取颜色

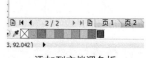

添加到文档调色板

4.3.6 实战：制作斑驳的星光

💿 光盘路径：第4章\Complete\制作斑驳的星光.cdr

步骤1 执行"文件	新建"命令，新建A4文件。执行"布局	页面背景"命令，设置填充背景为蓝色。	步骤2 单击星形工具 ，在属性栏设置边数为4，在画面中绘制星形，填充黄色（C0、M0、Y100、K0）。	步骤3 使用选择工具 ，选中对象后移动至合适的位置。单击鼠标右键进行复制。

4.3.7 使用智能填充工具

智能填充工具可对任意闭合的图形填充颜色，也可同时对两个或多个叠加图形的相交区域填充颜色，或者在页面中任意单击，即可对页面中的镂空图形进行填充。单击智能填充工具 ，即可查看其属性栏。

智能填充工具的属性栏

❶ **"填充选项"下拉列表框**：在其中可设置填充状态为"使用默认值"、"指定"和"无填充"选项，可通过指定的颜色值进行填充。

❷ **"填充色"下拉列表框**：在其中可设置预定的颜色，也可以自定义颜色并进行设置。

❸ **"轮廓选项"下拉列表框**：在其中对填充对象轮廓属性进行设置，也可以不添加填充时的对象轮廓。

❹ **"轮廓宽度"下拉列表框**：在其中对填充对象轮廓宽度进行设置。

❺ **"轮廓色"下拉列表框**：在其中对填充对象轮廓颜色进行设置。

其使用方式是，打开或导入图形文件，单击智能填充工具 ，在其属性栏中设置相关选项和颜色，完成后在图形中需要填充的部分单击鼠标左键，即可对该部分图形进行填充，此时填充的图形为设置的颜色和样式。使用旋转工具还可以移动所填充图形的位置。移动以后发现，原来的图形依然不变，只是填充后的图形发生了位置的移动。

打开文件

填充颜色

移动填充图形的位置，原图像的信息不变

🌴 **注意：**
使用智能填充工具填充的图形，是在该图形的基础上重新创建了一个与之大小相同的图形。

4.3.8 实战：制作个性马赛克效果

光盘路径：第4章\Complete\制作个性马赛克效果.cdr

步骤1 执行“文件 | 新建”命令，新建A4文件。

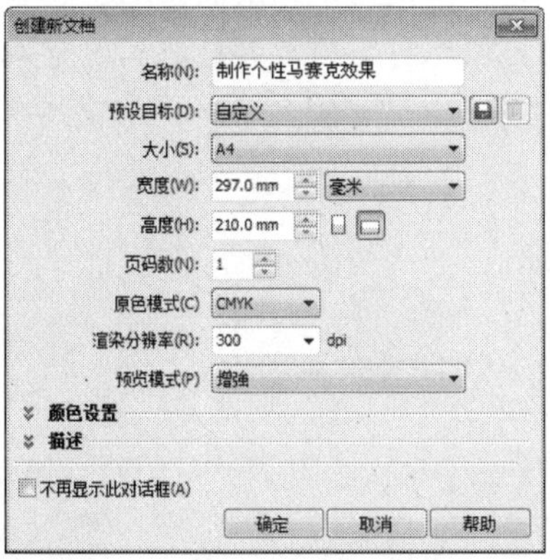

步骤2 单击图纸工具，在属性栏设置边列数为20，行数为20，在画面中绘制网格。

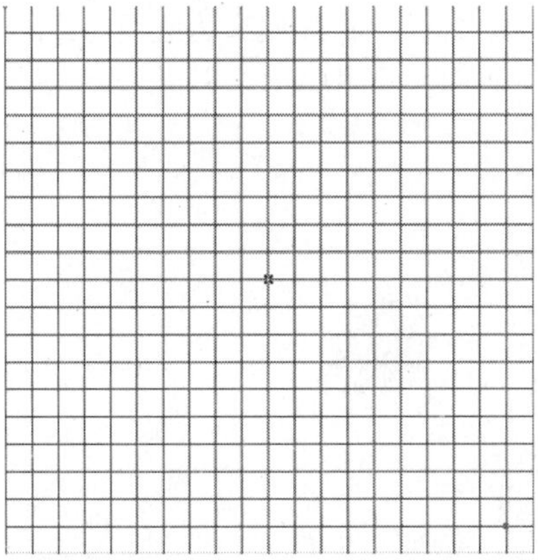

步骤3 按快捷键Ctrl+U取消群组。

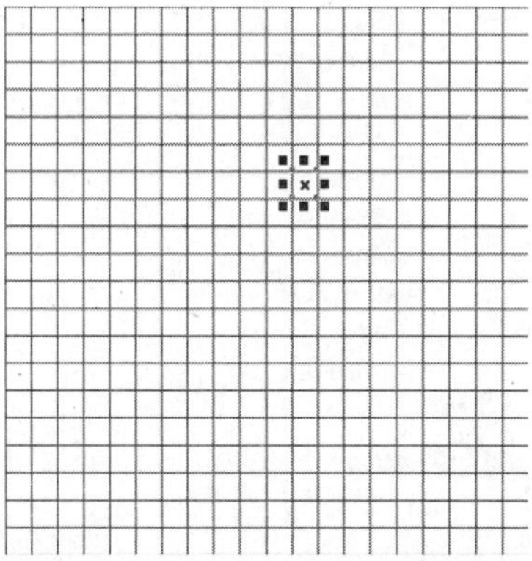

步骤4 单击智能填充工具，在其属性栏设置颜色为蓝色（C100、M0、Y0、K0），在需要填充颜色的地方进行单击。

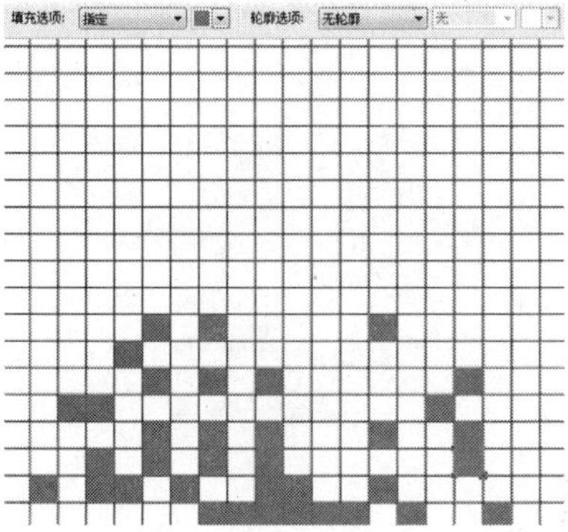

步骤5 在属性栏设置填充颜色为灰色（C0、M0、Y0、K20）和紫色（C50、M35、Y0、K0），继续在需要填充颜色的地方单击。

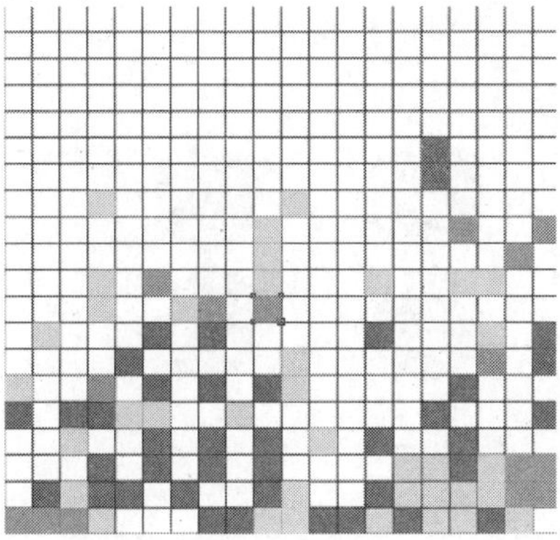

步骤6 完成填充后使用选择工具，全选图形后将其轮廓色更改为白色，宽度为1mm。

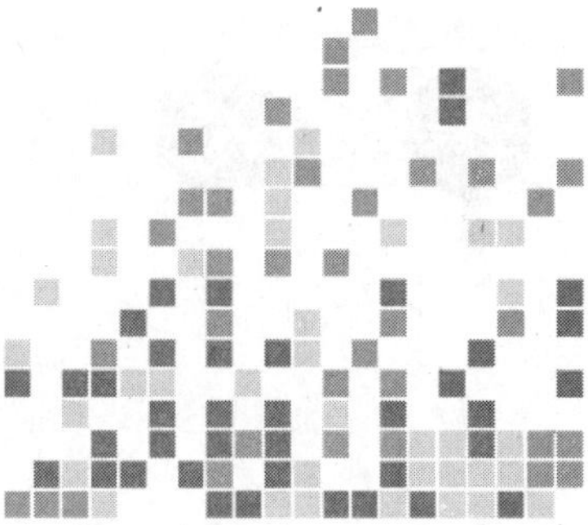

4.3.9 使用无填充和无轮廓工具

取消对象填充色和轮廓色时，可分别单击填充工具和轮廓笔工具，选择“无填充”和“无轮廓”选项，以去除对对象的填充色和轮廓色。也可以单击调色板顶端的“无填充”按钮×，单击鼠标左键为去除填充色，单击鼠标右键为去除轮廓色。

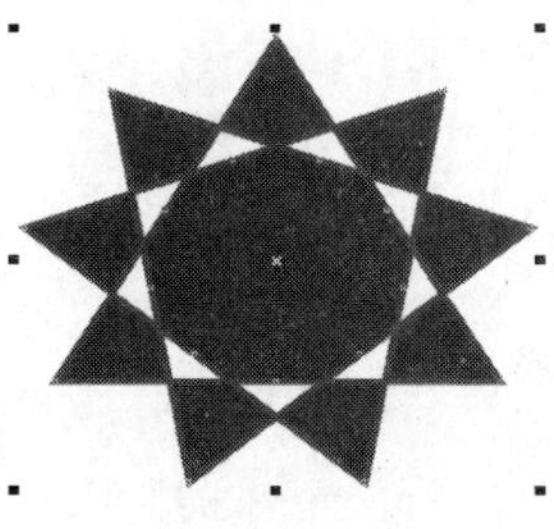

选择图形

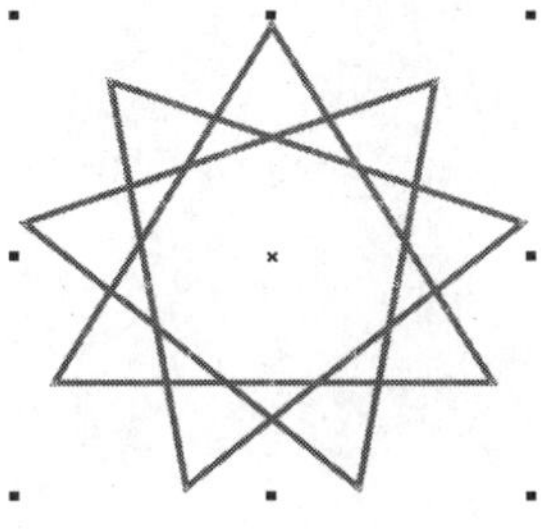

去掉填充色

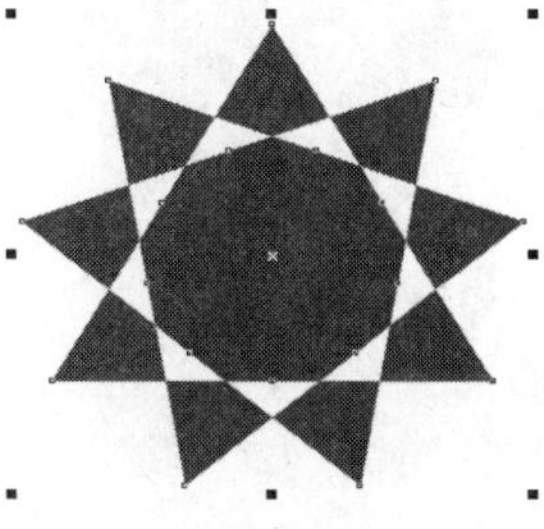

去掉轮廓色

4.3.10 实战：绘制富有韵律的多边形

💿 光盘路径：第4章\Complete\绘制富有韵律的多边形.cdr

步骤1 执行"文件｜新建"命令，新建A4页面，并使用横版式构图。

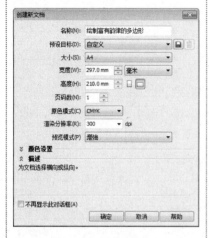

步骤2 使用多边形工具 ◌，在属性栏设置边数为6，完成以后在工作界面按住Ctrl键的同时拖动鼠标，将其填充为红色（C0、M100、Y100、K0）。

步骤3 使用选择工具 ▶，单击六边形以出现8个黑色节点，单击最左边的节点，同时按住Ctrl键，然后将虚线框向右翻转并单击鼠标右键以复制，将其填充为黄色。

步骤4 继续使用选择工具 ▶，复制六边形，并将其移动到画面中间位置。

步骤5 使用选择工具 ▶，单击并拖动鼠标以创建虚线框，全选图形后，将其向下翻转并单击鼠标右键以复制图形。

步骤6 使用选择工具 ▶，继续复制图形，并将其移动到合适的位置后更改其颜色。

步骤7 使用选择工具 ▶，将图形全部选中以后按快捷键Ctrl+G将其群组。

步骤8 使用选择工具 ▶，选中图形后单击四角的其中一个黑色锚点，将图形缩放。

步骤9 使用选择工具 ▶，将图形选中后进行多次复制，并移动到合适的位置。

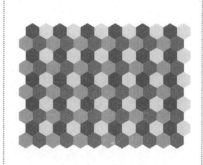

专家看板：调色板的应用

在CorelDRAW X6中调色板是颜色的集合面板，调色板的样式与色彩模式相关，如CMYK调色板、RGB调色板等。执行"窗口 | 调色板"命令，在弹出的子菜单中，包含了多种调色板类型，可根据个人喜好打开相应的调色板类型并放置在操作界面中，以便更好地处理图形文件。

1. 认识调色板和调色板编辑器

执行"窗口 | 调色板"命令，在弹出的子菜单中显示了多种调整板，CorelDRAW X6版本中调色板较之前更为丰富和系统化，罗列了同类色、邻近色，或同一色调层次的颜色，便于用户在处理图形图像时参考比较。

"调色板"菜单

DIC Color调色板

"TOYO COLOR FINDER"调色板

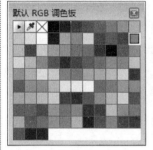
默认RGB调色板

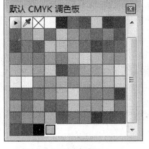
默认CMYK调色板

PANTONE ® Goe™ coated 调色板

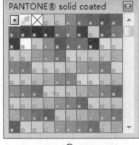
PANTONE ® Sdid coated 调色板

2. 编辑调色板

CorelDRAW X6还可以对调色板进行编辑，执行"窗口 | 调色板 | 调色板管理器"命令，打开"调色编辑器"对话框。单击"添加颜色"按钮，打开"选择颜色"对话框，此时可以通过对颜色色块的选择，将需要添加的颜色色块添加到调色板中，在"选择颜色"对话框中对颜色进行自由添加。

"模型"选项卡

"混合器"选项卡

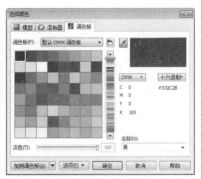
"调色板"选项卡

3. 文档调色板

在CorelDRAW X6中还有文档调色板，它类似于一个临时的颜色存放点，使用文档调色板可以将图形运用中的全部颜色进行快速展示，以便用户能快速对需要运用的颜色进行吸取。结合新增的滴管工具，可快速给其他图形填充颜色。

打开图像

单击文档调色板滴管工具吸取颜色

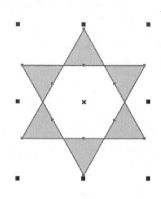
单击色块快速填充颜色

执行"文件|打开"命令，打开"第4章\Media\文档调色板.cdr"文件，执行"窗口|文档调色板"命令，打开文档调色板。默认文档调色板位于状态栏中，呈长条显示，使用鼠标拖动可在工作区中形成独立窗口。同时可以看到，文档调色板中没有颜色色块，使用选择工具 选中图形，并将其拖到文档调色板中，此时可以看到所有图形的颜色都以色块的形式显示在文档调色板中。

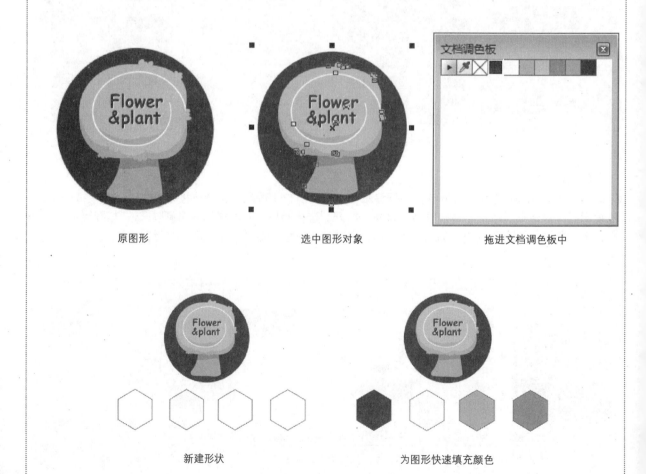

原图形　　　　　　　　选中图形对象　　　　　　　拖进文档调色板中

新建形状　　　　　　　　　　　为图形快速填充颜色

4.4 │ 操作答疑

4.4.1 专家答疑

（1）如何设使用智能填充工具快速填充漂亮色块？

答：使用矩形工具□绘制一个矩形，按住Ctrl键旋转复制得到如下图形，使用智能填充工具▨在其属性栏选择合适的颜色后，鼠标变成一个小十字形，在形状中进行点击即可快速填充颜色。

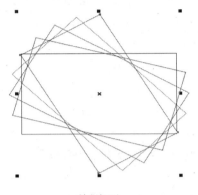
绘制矩形

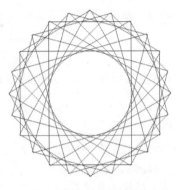
拖动鼠标旋转并复制矩形

给形状填充颜色

（2）如何使用属性滴管填充图形对象？

答：属性滴管工具与颜色滴管工具同时收录在滴管工作组中，这两个工具有类似之处。属性滴管工具用于取样对象的属性、变换效果和特殊效果，并将其应用到执行的对象。单击属性滴管工具▨，显示其属性栏，在其中分别单击"属性"、"变换"、"效果"按钮，即可弹出与之相对应的面板。

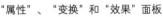
"属性"、"变换"和"效果"面板

创建一个图形

使用属性滴管工具复制对象的轮廓和填充色

（3）色彩在平面设计中的意象特征是什么？

答：颜色具有各自的性格特征，不同的颜色代表着不同的意象，并可能对人们造成某种心理暗示。在不同的国家和地区，同一种颜色所表达的意象可能会有所不同。这就要求设计师根据实际情况作出恰当的安排以避免不必要的麻烦。在平面设计中，用好色彩是至关重要的。掌握了色彩的意象并加以良好的发挥，可使设计作品变得美观大方，获得更好的视觉效果，以得到大众的认可。

4.4.2 操作习题

1. 选择题

（1）在CorelDRAW X6中快速切换到矩形工具，需要按快捷键（　　　）。

A.F6　　　　　B.F4　　　　　C.F1　　　　　D.F7

（2）在CorelDRAW X6中快速切换到螺纹工具，需要按快捷键（　　　）。

A.S　　　　　B.A　　　　　C.T　　　　　D.Y

（3）在CorelDRAW X6中快速切换到多边形工具，需要按快捷键（　　　）。

A.F7　　　　　B.D　　　　　C.Y　　　　　D.B

2. 填空题

（1）在CorelDRAW X6中绘图工具主要包括两类，即绘制直线和曲线的工具与绘制几何图形的工具，两者分别绘制不同状态的对象，绘制直线和曲线的工具包括：_____、_____、_____、_____、_____、_____、_____、_____。

（2）椭圆工具不仅可以绘制_____、_____及具有_____的几何图形，还可以绘制_____及_____，这在很大程度上提高了图形绘制的可变性。

（3）在CorelDRAW X6中将_____、_____、_____、_____、_____归总在多边形工具组中，这些工具的使用方法较为相似。

（4）在CorelDRAW X6中，除了可以绘制一些基础的几何图形外，软件还为用户提供了一系列的形状工具，帮助用户快速完成图形的绘制。这些工具包括_____、_____、_____、_____、_____，集中在基本形状工具组中。

3. 操作题

使用多种形状工具绘制一个可爱卡通动物图标。

操作提示：

（1）在新文件中绘制矩形和正圆图形，将其进行排列后组成背景。

（2）使用椭圆形工具和多边形工具绘制小狗的外部轮廓。

（3）使用多边形工具和椭圆形工具绘制小狗的耳朵和鼻子。

（4）使用椭圆工具应用其弧选项绘制小狗的嘴巴。

（5）详细制作见"第4章\Complate\绘制卡通小狗图标.cdr"文件。

第5章

线形、形状和艺术笔工具的应用

本章重点：

　　本章详细介绍了有关线形工具的应用、形状工具的应用、艺术笔工具的应用等知识。

学习目的：

　　通过对本章节的学习，是读者掌握线形、形状和艺术笔工具的应用方法，在实际的操作过程中能够独立且有效的对线形工具、形状工具、艺术笔工具的应用等编辑操作。

参考时间：55分钟

主要知识	学习时间
5.1　线形工具的应用	25分钟
5.2　形状工具的应用	10分钟
5.3　艺术笔工具的应用	20分钟

5.1 线形工具的应用

CorelDRAW X6允许使用各种技巧和工具来添加线条和笔刷笔触。绘制线条或在线条上应用了笔刷笔触后，就可以指定其格式，还可以指定环绕对象的轮廓的格式。

CorelDRAW X6提供了预设对象，可以用来沿线条喷涂，可以在绘图中创建流程线和尺度线，还可以使用形状识别来绘制线条。

5.1.1 手绘工具

使用手绘工具不仅可以绘制直线，也可以绘制曲线，它是利用鼠标在页面中拖动绘制直线的。该用具的使用方法是，单击手绘工具或按F5键，即可使用手绘工具，然后将鼠标光标拖动到工作区内，此时光标变成十字形状，在页面中单击并拖动鼠标以绘制任意线条，释放鼠标时，CorelDRAW X6会自动过滤掉曲线不平滑的地方，将其转换为光滑的曲线效果，绘制直线效果则只需要在鼠标光标变成十字形以后单击，然后移动到另外一个地方再进行单击即可。

绘制的曲线边缘并不光滑

释放鼠标以后软件自动转换为平滑效果

绘制直线

5.1.2 实战：绘制色彩斑斓的斑点图形

光盘路径：第5章\ Complete \绘制色彩斑斓的斑点图形.cdr

步骤1 执行"文件｜新建"命令，新建一个空白文档文件，使用矩形工具，绘制一个矩形，并填充黄色（C0、M0、Y100、K0）。

步骤2 使用手绘工具在工作界面中随意绘制一些形状，局部复制一些，然后使用手绘工具重复绘制图形。

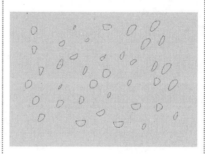

步骤3 使用选择工具，将每个图形选中，鼠标单击右侧的调色板色块，将其填充为不同的颜色。

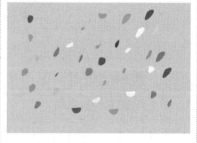

5.1.3 2点线工具

CorelDRAW X6中继续秉承了X5中的2点线工具，在功能上与直线工具相似，使用2点线工具可以快速地指出相切的直线和相互垂直的直线。分别单击"2点线工具"按钮，"垂直2点线工具"按钮、"相切的2点线工具"按钮，然后在图像中单击并拖动鼠标，可以绘制出直线、相互垂直的直线和相切的直线。单击垂直2点线工具"按钮可在一条直线或图形的轮廓上以垂直的方式绘制新线段；单击"相切的2点线工具"按钮，以漫射发散的形式绘制出新的线段。

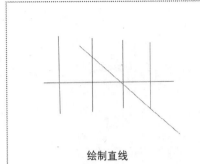

绘制直线

绘制相互垂直的直线

绘制相切的直线

5.1.4 实战：绘制儿童简笔画

🔘 光盘路径：第5章\ Complete \绘制儿童简笔画.cdr

步骤1 执行"文件丨新建"命令，新建一个空白文档文件，使用椭圆形工具 ⊙，绘制一个椭圆形，并填充粉红色（C0、M27、Y42、K0）。

步骤2 使用手绘工具 ✎ 在工作界面中随意绘制一个圆形形状，并使用选择工具 ▧ 将其选中后移动到合适的位置。

步骤3 继续使用手绘工具 ✎ 在工作界面中随意绘制一个线条，作为身体和手脚。

步骤4 使用选择工具 ▧ 选中对象以后，按快捷键Shift+F11快速弹出"纯色填充"面板，分别给头部和身体填充白色和深粉色（C0、M53、Y59、K0）。

步骤5 使用轮廓笔工具 ✎，将人物的外形轮廓宽度设置为3mm。

步骤6 使用椭圆形工具 ⊙，绘制椭圆形填充黑色，为其添加五官，接着使用手绘工具 ✎ 绘制一些装饰丰富画面。

5.1.5 贝塞尔工具

　　CorelDRAW X6中的曲线是由一个个节点连接起来，使用贝塞尔工具可以相对精确地绘制物体的形状。贝塞尔工具用于绘制路径图形，与手绘工具不同的是，贝塞尔工具 ✎ 更加规范化。利用贝塞尔工具 ✎ 绘制图形，在页面中单击以创建锚点，在该锚点以外的地方再次单击以创建两个锚点之间的路径，所得的路径为线段。而绘制曲线路径，可在创建第二个锚点的时候按住鼠标左键并拖动鼠标，得到一个曲线路径，同时在该曲线路径中出现锚点的控制柄，通过拖动控制柄可调整曲线的弯曲弧度。

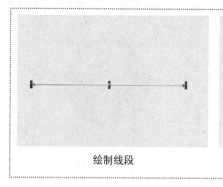

绘制线段	绘制曲线	拖动控制柄改变弧度和方向

5.1.6　实战：绘制徽章图形

光盘路径：第5章\ Complete \绘制徽章图形.cdr

步骤1　执行"文件 | 新建"命令，新建一个空白文档文件，使用复杂星形工具，在属性栏设置点数为16，并填充黄色（C0、M0、Y100、K0）。

步骤2　使用选择工具选中对象后，鼠标单击四周的黑色节点并按住Ctrl键，将其进行旋转。然后单击鼠标右键复制，按快捷键Shift+Page Up其至于最底层，并填充橘色（C0、M80、Y100、K0）。

步骤3　使用椭圆形工具，按住Ctrl键的同时绘制一个正圆形，将其至于图中位置，按快捷键F12弹出"轮廓笔"对话框，设置参数后完成如下效果。

步骤4　使用标题形状工具，选择"完美形状"按钮，绘制一个标题形状。移动到图中位置后，填充为红色（C0、M100、Y100、K0）。

步骤5　使用星形工具，在属性栏设置边数为5，按住Ctrl键的同时单击鼠标拖出一个正五角星形，填充红色（C0、M100、Y100、K0），移动到图中位置。

步骤6　使用贝塞尔工具，单击鼠标绘制一条直线，然后鼠标左键双击节点以去掉控制柄，接着单击调色板填充红色（C0、M100、Y100、K0）。最后添加文字信息。

> **提示：**
> 　　使用贝塞尔工具绘制路径时，会出现路径锚点的控制柄，可能会导致在绘制图形对象时不能完全按自己想要的路径方向进行绘制，通过双击该控制柄的锚点，可以去除控制柄，这样在绘制图形时就方便多了。

> **知识链接：贝塞尔工具与Ctrl+Page Up、Ctrl+Page Down的串联使用**
> 　　在使用贝塞尔工具绘制图形对象的形状时，由于图形形状是一层一层叠加的，所以总会出现层序错乱的情况，也给之后图形文件添加颜色增加了难度，这个时候，在绘图时结合Ctrl+Page Up、Ctrl+Page Down的串联使用，可以使绘图变得快速。

| 绘制一个图形 | 绘制一个图形，蓝色花置于前，过重的色调挡住了黄色花，画面显得拥挤 | 使用Ctrl+Page Down将蓝色花置于黄色花后面，感觉就好多了 |

5.1.7　钢笔工具

　　钢笔工具和贝塞尔工具相似，但多用于绘制曲线路径，是实际操作中常常使用的工具之一。在功能上，它将直线的绘制和贝塞尔曲线的绘制进行了融合，使用钢笔工具一次性可以绘制出多条贝塞尔曲线、曲线或复合曲线。

　　单击钢笔工具，当鼠标光标变为钢笔的形状时，在页面中单击确定起点，然后单击下一个节点，即可绘制直线；若单击的同时拖动鼠标，绘制的则是弧线，在绘制的过程中，当最后一个节点与起始点重合后，即可得到闭合的曲线。

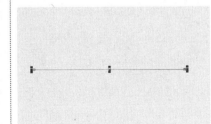
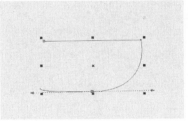
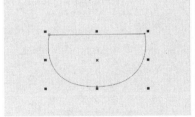

| 绘制线段 | 绘制曲线 | 与起始点重合后，即可得到闭合的曲线 |

> **技巧：**
> 　　使用相同方法可以绘制多个闭合的路径，组成一个图形，并可以对其填充颜色。

| 绘制封闭的形状 | 填充颜色 | 绘制路径 |

5.1.8 实战：绘制精美花纹

💿 **光盘路径**：第5章\ Complete \绘制精美花纹.cdr

步骤1 执行"文件 | 新建"命令，新建一个空白文档文件，使用矩形工具 ▢ ，绘制一个矩形，并填充粉绿色（C33、M6、Y49、K0）。

步骤2 使用钢笔工具 ✒ ，在工作界面中随意绘制花瓣形状的色块，填充为淡黄色（C4、M5、Y36、K0）。

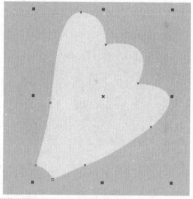

步骤3 使用选择工具 ▸ ，双击花瓣形状，出现控制锚点，将中心点下移到花瓣底部，按住Ctrl键的同时拖动锚点，单击鼠标右键复制图形。

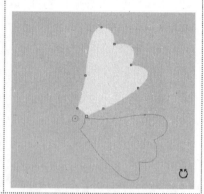

步骤4 使用步骤3的方法将花瓣再复制4个，得到一个花朵的图形。使用椭圆形工具 ◯ 绘制中心正圆，填充深绿色（C61、M34、Y78、K15）和淡黄色（C4、M5、Y36、K0）。

步骤5 继续使用钢笔工具，绘制螺旋形状，接着绘制叶子，将其填充深绿色（C61、M34、Y18、K75）。

步骤6 使用钢笔工具 ✒ 继续绘制白色花朵。使用选择工具 ▸ ，选中绘制好的图形进行多次复制，完成画面的整体效果。

5.1.9 B样条工具

B样条工具通过使用控制点，可以轻松塑造曲线形状和绘制较为平滑、连续的曲线。其与第一个和最后一个控制点接触，并可在两点之间拉动。但是，与贝塞尔曲线上的节点不同，当用户将曲线与其他绘图元素对齐时，控制点不允许指定曲线穿过的点。与线条接触的控制点称为"夹住控制点"。夹住控制点与锚点作用相同。拉动线条但不与其接触的控制点称为"浮动控制点"。第一个和最后一个控制点总是夹在末端开放的B样条工具上。在默认情况下，这些点位于浮动控制点之间，但如果想在B样条工具中创建尖突线条或直线，可以夹住这些点。用户可以使用控制点编辑完成的B样条工具。

📑 **提示：**

通常应考虑为路径上的每条曲线添加两个定位点。虽然只用三个定位点即可创建一个圆角三角形，但如果创建三对定位点（总共六个点），便可以更好地控制对该形状的编辑操作。通过放置定位点以形成大约120°的角，可以在定位点数和形状控制之间作出合理的取舍。

5.1.10 折线工具

折线工具也用于绘制直线和曲线，在绘制图像的过程中它可以将一条条的线段闭合。该工具的使用方法是：单击折线工具，当鼠标光标改变形状后单击确定起始点，然后继续单击确定其他节点，最后回到起始点闭合曲线，即可填充图像。

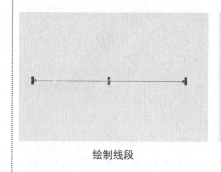

绘制线段

绘制曲线

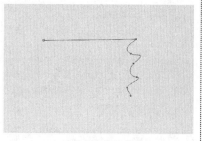

一步绘制直线和曲线

5.1.11 3点曲线工具

在绘制多种弧形等曲线时，可以使用3点曲线工具，使用该工具可以任意调节曲线的位置和弧度，且绘制过程更为简单随意。

使用该工具的方法是，单击3点曲线工具，然后在工作界面单击一个起始点，移动鼠标后释放鼠标确定终点，然后拖动鼠标来确定曲线的弧度。

绘制起始点

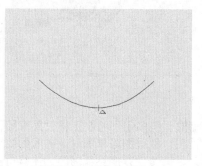

拖动鼠标确定曲线的弧度

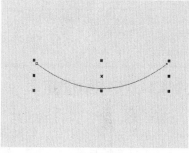

绘制好弧形

5.1.12 实战：绘制彩虹图标

光盘路径：第5章\ Complete \绘制彩虹图标.cdr

步骤1 执行"文件｜新建"命令，新建一个空白文档文件，使用矩形工具，绘制一个矩形，并填充黄色（C40、M0、Y0、K0）。	步骤2 使用贝塞尔工具在工作界面中绘制一条曲线，并使用选择工具将其选中后移动到合适的位置。	步骤3 按快捷键F12弹出"轮廓笔"对话框，设置"宽度"为10mm并填充为红色，完成后单击"确定"按钮。
	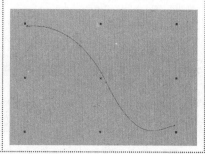	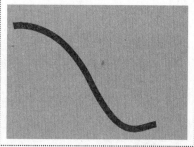

步骤4 按住Ctrl键的同时单击鼠标将其拖动，然后单击鼠标右键复制图形，按快捷键Ctrl+R再制图形，将其复制6个。

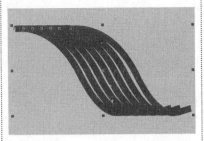

步骤5 分别改变线条的轮廓色为橙色、黄色、绿色、青色、蓝色、紫色。

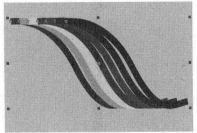

步骤6 使用椭圆形工具 ，在画面中绘制多个椭圆形的形状。

步骤7 使用选择工具 将椭圆形全部选中，鼠标左键单击调色板的白色色块填充白色，右键单击白色色块改变轮廓色。

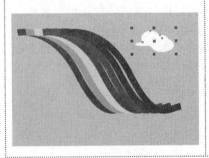

步骤8 使用选择工具 将椭圆形全部选中，按快捷键Ctrl+G群组，移动到图中位置后，将其放大。

步骤9 继续复制云朵的形状，并使用选择工具 移动到图中合适的位置，按下Ctrl+Page Down将云朵置于彩虹图标下。

5.1.13 智能绘图工具

智能绘图工具 和手绘工具 相似，但多用于绘制工程效果草图，是实际操作中常常使用的工具之一。当用户进行各种规划，绘制流程图、原理图等草图时，一般的要求就是准确而快速。智能绘图工具能自动识别许多形状，包括圆、矩形、箭头、菱形、梯形等，还能自动平滑和修饰曲线，快速规整和完美图像。智能绘图工具类似于不借助尺规徒手绘制草图，只不过笔变成了鼠标等输入设备。

用户可以自由地草绘一些线条（最好有一点儿规律性，如不精确的矩形，三角形等），这样在草绘时，智能绘图工具自动对涂鸦的线条进行识别、判断并组织成最接近的几何形状。选择智能绘图工具，会在属性栏上发现调整选项"形状识别等级"和"智能平滑等级"。

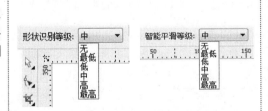

"形状识别等级"和"智能平滑等级"选项

技巧：

智能绘图工具还有另外一个重要的优点是节约时间，它能对自由手绘的线条重新组织优化，使设计者更易建立完美形状，感觉自由流畅。简单来说，相对于原始的草绘，从"无"到"最高"，智能绘图工具将涂鸦的线条转换为规则形状的能力依次增强，将线条光滑化的程度越来越高。如果要求迅速绘制得到很规则的几何图形，可以将"形状识别等级"和"智能平滑等级"两个选项设置成"高"或者"最高"。

　　若只是尽量保持草绘原貌，只求线条平滑流畅，就将"形状识别等级"设成"低"或"最低"，"智能平滑到等级"设成"高"或"最高"。两个选项一同工作，可以将用户的大部分随手涂鸦转换为想要得到的几何图形，而这一切就如同魔术般的简单和神奇。

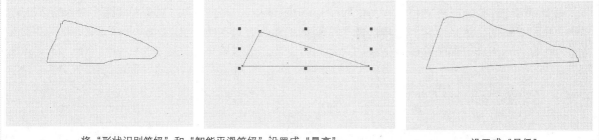

将"形状识别等级"和"智能平滑等级"设置成"最高"　　　　　　　　设置成"最低"

🌐 **知识链接：智能绘图工具能识别和转换的草绘图形**

　　从纯技术角度上讲，它能识别并转换下面大体形状的草绘。

　　一般线条——在缺省选项下，草绘一些稍稍弯曲的线条，则自动被转换成直的，但是一些明显的弯曲线条，会被平滑化，而不是绝对地转换为直线段。

　　三角形——大体草绘的三角形状一般会被转换成等边或正三角形。

　　不等边四边形——一般会被转换成菱形、平行四边形或梯形。

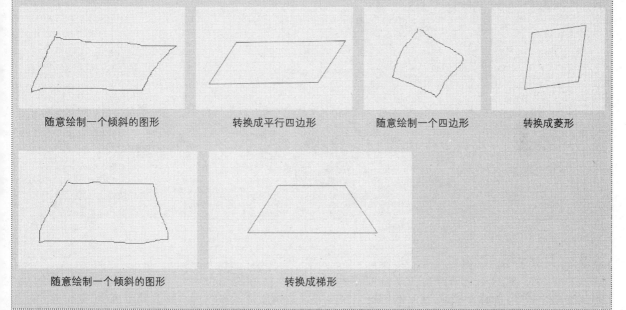

随意绘制一个倾斜的图形　　转换成平行四边形　　随意绘制一个四边形　　转换成菱形

随意绘制一个倾斜的图形　　　　转换成梯形

🌐 **知识链接：智能绘图工具绘制符号**

　　在平时绘制图像的过程中，使用这个工具只要绘制出大体的样子就能帮助用户识别为想要的样式，此外，用智能绘图工具在绘制一些常见的符号时，会让人感觉非常得心应手，只需要简单的几笔，就可迅速得到下面的符号图形，大大缩短了时间，可谓方便快捷。

绘制箭头　　　　　　　　绘制对钩　　　　　　　　绘制叉形

5.1.14 实战：标志设计

🔘 **光盘路径：** 第5章\ Complete \标志设计.cdr

步骤1 执行"文件 | 新建"命令，新建一个横向A4空白文档文件，执行"视图 | 网格 | 文档网格"命令，在工作界面中弹出网格。

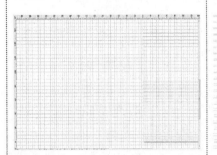

步骤2 使用矩形工具🔲在工作界面中绘制一个矩形形状，并使用选择工具🔧将其选中后对齐网格移动到合适的位置，然后填充黄色（C7、M0、Y93、K0）。

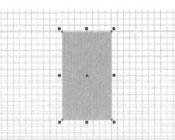

步骤3 继续使用椭圆形工具⭕，在工作界面中按住Ctrl键的同时拖曳鼠标绘制一个正圆形，与矩形垂直居中，右对齐，然后填充深蓝色（C92、M89、Y88、K79）。

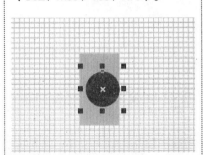

步骤4 选中对象后，在按住Shift键的同时向内拖曳鼠标，再单击鼠标右键以复制一个正圆形，将其填充为白色。

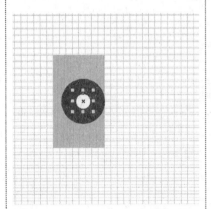

步骤5 使用矩形工具🔲，绘制一个矩形，使用选择工具🔧选中对象后，按住Shift键再点击黄色矩形，执行"排列 | 对齐与分布"命令，执行"顶端对齐"命令。

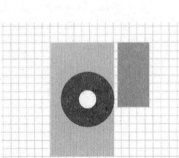

步骤6 使用选择工具🔧，选中对象后，按住Ctrl键向下拖曳鼠标，并单击鼠标右键以复制图形，然后对齐网格向下移动图形。

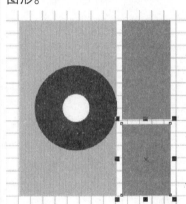

步骤7 接着绘制一个黄色长条矩形，执行"排列 | 对齐与分布"命令，使用选择工具🔧选中对象后，执行"顶端对齐"命令。使用选择工具🔧移动并对齐网格。

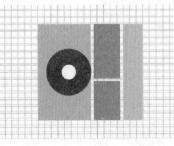

步骤8 使用椭圆形工具⭕，在属性栏选择"饼图"按钮，绘制一个饼图并设置角度形成一个扇形。移动到画面中合适的位置，与之前的图形顶端对齐。

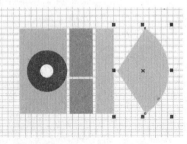

步骤9 双击矩形工具🔲，创建一个与工作界面同样大小的矩形，填充深蓝色（C92、M89、Y88、K79），最后使用文本工具🅰️添加文字信息，以完成整个标志的制作。

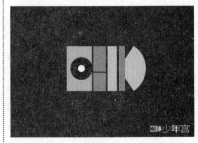

5.1.15 度量工具

度量工具用于度量对象的宽度、高度、角度，以及局部对象作说明处理。度量工具的使用方法与度量对象记忆范围有关，包括平行度量工具、水平或垂直度量工具、角度量工具、线段度量工具，以及3点标注工具。度量工具中的平行度量工具、水平或垂直度量工具、角度量工具、线段度量工具及3点标注工具分别用于不同的度量或标注领域。

1. 平行度量工具

平行度量工具用于度量指定的两点线段区域的距离，可以是水平方向或垂直方向的，也可以是倾斜的。单击对象的一个节点，按住鼠标左键的同时拖动鼠标至另一个节点，释放左键后移动鼠标即可对对象进行标注，此时单击左键可应用该度量标注。在平行度量工具属性栏中还可设置度量数据的小数点状态、度量单位、名称及位置等。

选中一个图形对象　　　　　　　使用平行度量工具拖动线段　　　　　　　　度量宽度

2. 水平或垂直度量工具

水平或垂直度量工具只能在水平或垂直方向上度量对象，但可以对不在同一水平线的两个节点距离进行水平的度量标注。它与平行度量工具的使用方法一致。

3. 角度量工具

角度量工具用于测量对象的夹角，单击对象一个节点，按住鼠标左键的同时拖动鼠标至另一个指定的节点，释放左键后移动鼠标即可对对象进行度量标注，此时单击左键即可应用该度量标注。

4. 线段度量工具

线段度量工具用于对多个对象进行度量，并标注所选中对象的共同尺寸。利用线段度量工具框选指定对象，释放鼠标左键后移动鼠标至对象的任意方位，均可显示度量对象的控制杆，单击左键即可进行度量标注。

5. 3点标注工具

3点标注工具用于标注对象的名称，可将标注的文字放置在指定的区域，在指定的对象边缘单击鼠标左键以创建第一个点，然后在之外的第二个点单击可创建转折点，最后单击第三个点即可输入标注文字。

水平或垂直度量工具　　　　　　角度量工具　　　　　　线段度量工具　　　　　　3点标注工具

5.1.16 连接器工具

连接器工具用于链接对象的节点，通过链接对象锚点，对对象作标注等处理。连接器工具包括直线连接器工具、直角连接器工具、直角圆形连接器工具、编辑锚点工具。可通过设置参数，调整链接线样式。

1. 直线连接器工具

直线连接器工具可直接将两个锚点以直线的形式链接。链接对象锚点后，拖动链接主对象可对链接线作任意的拉伸缩短调整。

| 选择对象 | 使用直线连接器工具链接对象锚点 | 拖动主对象 |

2. 直角连接器工具

直角连接器工具以绘制直角的方式链接两个锚点，在链接对象后拖动主对象可更改链接线状态。

| 选择对象 | 使用直角连接器工具链接对象锚点 | 拖动主对象 |

3. 直线圆形连接器工具

直线圆形连接器工具以绘制圆角直角的方式链接两个锚点。在工具属性栏中，可通过设置"圆形直角"选项的参数，调整直角的尖角或圆角状态。

| 选择对象 | 使用直角圆形连接器工具链接对象锚点 | 拖动主对象 |

4. 编辑锚点工具

单击编辑锚点工具可以对链接好的图形的锚点进行调整，以满足用户的设计需要。

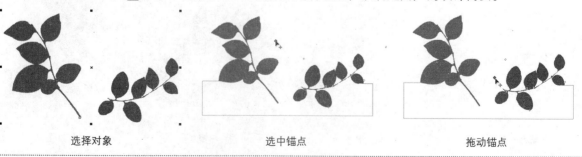

| 选择对象 | 选中锚点 | 拖动锚点 |

5.2 形状工具的应用

为了让绘制的图形在更大程度上满足用户的需求，CorelDRAW X6可通过添加、删除、连接、分割点及转化节点等编辑操作对图形进行调整，下面分别进行介绍。将绘制的图形或导入的图形对象转换为曲线有两种方法。一是选择图形对象后执行 "排列 | 转换为曲线" 命令或按快捷键Ctrl+Q，即可将图形对象转化为曲线。二是单击图形对象，在弹出的快捷菜单中选择 "转换为曲线" 命令即可。

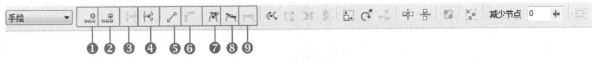

形状工具属性栏

❶ **"添加节点"** 按钮：单击该按钮，即可在对象原有的节点上添加新的节点。

❷ **"删除节点"** 按钮：单击该按钮，即可将对象多余不需要的节点删除掉。

❸ **"连接两个节点"** 按钮：单击该按钮，即可将曲线上两个分开的节点连接起来，使其成为一条闭合的曲线。

❹ **"断开节点"** 按钮：单击该按钮，即可将曲线上的节点断开，形成两个节点。

❺ **"转换为直线"** 按钮：单击该按钮，可将曲线转换为直线。

❻ **"转换为曲线"** 按钮：单击该按钮，可将直线转换为曲线。

❼ **"尖突节点"** 按钮：单击该按钮，即可将平滑节点转换为两边控制柄都可拖动的节点。

❽ **"平滑节点"** 按扭：单击该按钮，即可平滑节点。

❾ **"对称节点"** 按钮：单击该按钮，即可对称节点。

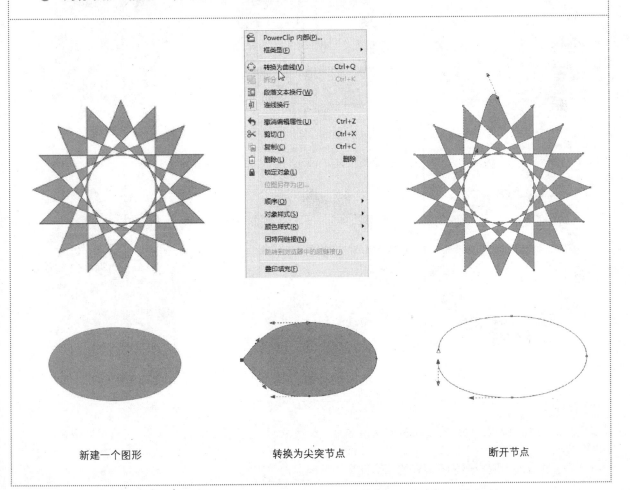

新建一个图形　　　　　　转换为尖突节点　　　　　　断开节点

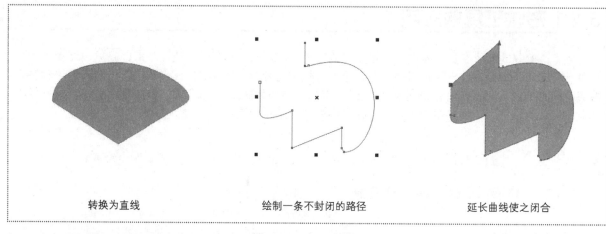

| 转换为直线 | 绘制一条不封闭的路径 | 延长曲线使之闭合 |

5.2.1　调整几何图形

　　在图形的绘制过程中对于基本图形，使用形状工具选择几何图形的相关节点，单击鼠标并进行拖动可以绘制出更多不同的图形对象。

　　在希望选择复杂曲线中的特定节点时，手绘圈选是非常有用的，在曲线线段上选择节点时，将显示控制手柄。通过移动节点和控制手柄，可以调整曲线线段的形状。

| 新建图形 | 选择外节点 | 释放鼠标形成图形 |
| 选择内节点 | 拖动鼠标 | 释放鼠标 |

技巧：

　　在CorelDRAW X6中，形状工具的应用非常广，在绘制几何图形后，使用形状工具可以选择单个、多个或所有对象节点。选择多个节点时，可同时为对象的不同部分造型。通过将节点包围在矩形圈选框中，或者将它们包围在形状不规则的圈选框中，可以圈选节点。

5.2.2　调整曲线图形

　　在CorelDRAW X6中，使用形状工具和一些基本图形工具绘制好图形后，可以将其转换为曲线，这时可以使用形状工具对其进行编辑修改，以转换为其他样式。

　　使用形状工具选中一个或多个节点，单击其属性栏的"尖突节点"、"对称节点"、"平滑节点"按钮，或者将其断开或重组，移动或删除，即可组成复杂多变的形状，以满足用户设计的需要。

打开图形对象

选择节点转换为尖突点

拖曳控制柄

打开图形对象

拖曳鼠标选择节点

移动曲线节点

打开图形对象

旋转与倾斜节点

延伸与缩放节点

技巧：

　　可以使用形状工具将一个或者多个节点选中，在属性栏设置将节点转换为不同属性的节点，如尖突节点、平滑节点、对称节点，然后使用形状工具拖动节点的控制柄以控制方向。在移动节点的过程中按住Shift键，即可进行水平或者垂直移动，另外也可以使用↑、↓、←、→键进行移动。

5.2.3 实战：使用形状工具制作精致脸谱图形

光盘路径：第5章\ Complete \使用形状工具制作精致脸谱图形.cdr

步骤1 执行"文件 | 新建"命令，新建一个横向A4空白文档文件，使用椭圆形工具◎，绘制一个椭圆形。

步骤2 按快捷键Ctrl+Q将椭圆形转曲后，使用贝塞尔工具◊选中顶端和两侧的锚点将其转换为平滑节点，拖动控制柄将其绘制成人脸的形状。

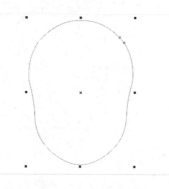

步骤3 继续使用贝塞尔工具◊，在工作界面中绘制一个形状，然后填充为红色（C0、M100、Y100、K0）。

步骤4 继续使用贝塞尔工具◊，在工作界面中绘制一个形状，然后填充为灰色（C0、M0、Y0、K50）。

步骤5 继续使用贝塞尔工具◊，在工作界面中绘制一个形状，然后填充为黑色。

步骤6 选中对象后，在按住Ctrl键的同时向右拖曳鼠标，再单击鼠标右键以复制一个形状。

步骤7 继续使用贝塞尔工具◊绘制一个形状并填充为蓝色（C100、M0、Y0、K0），使用选择工具◊将其移动到图中位置。

步骤8 继续使用贝塞尔工具◊绘制一个形状作为鼻子，并填充红色，使用选择工具◊将其移动到图中位置。

步骤9 继续使用贝塞尔工具◊绘制眼睛和嘴巴。

专家看板：使用形状工具编辑节点

在对曲线对象进行编辑时，针对节点的操作大多可以通过形状工具属性栏中的按钮来进行，将图形对象转换为曲线对象后，才能激活形状工具的属性栏。

1. 添加和删除节点

图形对象上的节点是对图形对象的一个精确控制，将图形对象转换为曲线以后，此时，单击形状工具，图形对象上会出现很多小点，这些点就是连接曲线与曲线之间的节点，将鼠标光标移动到对象的节点上，双击节点即可删除该节点，也可以在属性栏单击"删除节点"按钮，将节点删除。但是删除节点会改变图形的形状。

打开一个矢量文件　　　　　　　　选中一个节点　　　　　　　　删除节点后形状改变

技巧：

使用形状工具选中节点后单击Delete键也可以删除节点。

同样在曲线上没有节点的地方双击即可创建一个节点，在属性栏单击"添加节点"按钮，即可添加一个节点。但是添加节点不会改变图形的形状。

  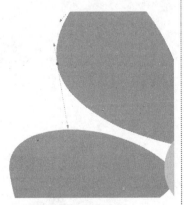

打开一个矢量文件　　　　　　　　鼠标移到曲线上　　　　　　　　添加节点后形状不改变

2. 连接和断开曲线

绘制好曲线后要给曲线填充颜色的时候，必须要求这个曲线是闭合的，这个时候则需要将断开的节点连接起来。而有时为了方便编辑，也可以将连接的曲线断开，以便对其分别进行调整。连接节点时需要注意，应先同时选中需要连接的两个节点，然后单击属性栏中的"连接两个节点"按钮即可，而断开曲线只需要将节点选中，然后单击属性栏中的"断开节点"按钮。

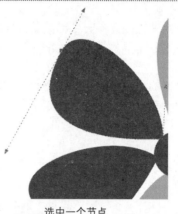
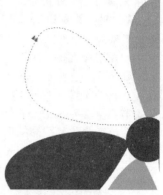

| 打开一个矢量文件 | 选中一个节点 | 断开节点 |

注意：

将已填充颜色的图形的节点断开以后，填充的颜色也会消失；重新连接节点以后颜色会恢复。

3. 调整节点的尖突与平滑

调整节点的尖突与平滑可以从细微处快速调整图像的形状，方法与其他调整相似，只需要选中需要的节点，在属性栏中单击"尖突节点"按钮 或"平滑节点"按钮 ，即可将节点进行转换。

| 打开一个矢量文件 | 尖突节点 | 平滑节点 |

知识连接：断开和连接节点

在平时的矢量设计过程中往往需要对图形进行断开节点和连接节点，将图形进行重新组合，绘制一个六角星形，按快捷键Ctrl+Q将其转曲，完成以后选中一个节点，单击"断开节点"按钮 ，将曲线的节点断开，使用相同方法将另外一侧的节点也断开，使用形状工具 将两边的节点选中，然后单击属性栏中的"连接两个节点"按钮 ，将节点连接起来，此时填充的颜色又显示出来了。

| 绘制一个六角星形 | 将节点断开 | 连接节点 |

注意：

形状工具属性栏的运用对象必须是曲线形状，对于形状工具绘制的图形要执行转曲操作。

5.3 | 艺术笔工具的应用

在CorelDRAW X6中，还有一种在设计制作中更为随意性的工具，即艺术笔工具 。它是一种具有固定或者可变宽度及形状的画笔，在实际操作中可使用艺术笔工具绘制出具有不同线条或图案效果的图形。单击艺术笔工具按钮 ，在属性栏有"预设"按钮 、"笔刷"按钮 、"喷涂"按钮 、"书法"按钮 和"压力"按钮 ，单击不同的按钮，即可分别对其设置相关属性，这个时候，所绘制的图形效果也是不一样的。

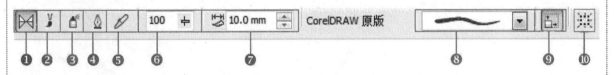

艺术笔属性栏

❶ **"预设"按钮**：单击该按钮，将按预设矢量图形绘制曲线。
❷ **"笔刷"按钮**：单击该按钮，绘制与着色的笔刷相似的曲线。
❸ **"喷涂"按钮**：单击该按钮，通过喷射一些预设形状来绘制曲线。
❹ **"书法"按钮**：单击该按钮，绘制与书法笔触相似的曲线。
❺ **"压力"按钮**：单击该按钮，模拟使用压感笔绘制图形效果。
❻ **"手绘平滑"数值框**：在创建手绘时调整其平滑度。
❼ **笔触宽度**：调整笔触宽度。
❽ **预设笔触**：单击下拉菜单，显示系统自带的笔触预设。
❾ **"随对象一起缩放笔触"按钮**：将应用变换到艺术笔宽度。
❿ **"边框"按钮**：使用曲线工具时，显示或者隐藏边框。

5.3.1 使用预设笔触

单击艺术笔工具 的"预设"按钮 ，在"预设笔刷"下拉列表框中选择一个画笔预设样式，然后将鼠标光标移动到工作区内，当光标变成画笔时单击并拖动鼠标，即可绘制线条，此时，绘制的曲线将会自动应用预设的笔刷样式。

预设笔触　　　　　　　　　使用艺术笔绘制一条曲线　　　　　　　　　出现预设形状

技巧：
按快捷键F5快速切换至手绘工具工作命令。

5.3.2 实战：制作个性文字

> 🔵 **光盘路径：** 第5章\ Complete \制作个性文字.cdr

步骤1 执行"文件 | 新建"命令，新建一个空白文档文件，单击艺术笔工具 的"预设"按钮，在"预设笔刷"下拉列表框中选择一个画笔预设样式，然后将鼠标光标移动到工作区内，当光标变成画笔时单击并拖动鼠标。

步骤2 在工作界面中拖动鼠标以随意绘制一个曲线，曲线自动生成预设笔刷的样式，接着绘制下面的曲线路径。

步骤3 继续绘制曲线，完成以后得到个性文字。

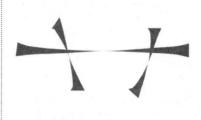

5.3.3 使用笔刷工具

单击艺术笔工具 的"笔刷"按钮，在"类别"下拉列表框中选择画笔刷的类型，然后还可以在后面的"笔刷笔触"下拉列表框中选择笔刷样式，将鼠标光标移动到工作区内，当光标变成画笔时单并拖动鼠标，即可绘制线条，此时，绘制的曲线将会自动应用预设的笔刷样式。

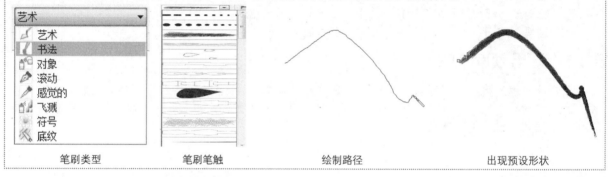

笔刷类型　　　　　　　　笔刷笔触　　　　　　　　绘制路径　　　　　　　　出现预设形状

5.3.4 实战：制作涂鸦效果

> 🔵 **光盘路径：** 第5章\ Complete \制作涂鸦效果.cdr

步骤1 执行"文件 | 新建"命令，新建一个空白文档文件，按快捷键Ctrl+I导入"涂鸦jpg"文件。

步骤2 单击艺术笔工具 的"笔刷"按钮，在"类别"下拉列表框中选择相应的笔刷样式，在工作界面中拖动鼠标以随意绘制一些曲线，曲线自动生如下图形。

步骤3 继续绘制曲线，完成以后使用复杂星形工具制作九边星形，将其多重复制以后，置于画面中，完成整个涂鸦效果。

5.3.5　使用喷涂工具

　　单击艺术笔工具 的"喷涂"按钮 ，在"类别"下拉列表框中选择喷涂图案的类别，在其后的"喷射图样"下拉列表中选择图案样式，然后将鼠标光标移动到工作区内，当光标变成画笔时单击并拖动鼠标，即可绘制线条，此时，绘制的曲线将会自动应用预设的笔刷样式。

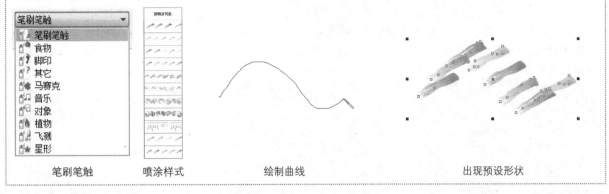

| 笔刷笔触 | 喷涂样式 | 绘制曲线 | 出现预设形状 |

5.3.6　实战：制作个性大头贴

　　📀 光盘路径：第5章\ Complete \制作个性大头贴.cdr

步骤1　执行"文件 | 新建"命令，新建一个空白文档文件，按快捷键Ctrl+I导入"大头贴.jpg"文件。

步骤2　单击艺术笔工具 的"喷涂"按钮 ，在"类别"下拉列表框中选择喷涂图案的类别，在画面中绘制曲线。

步骤3　继续单击艺术笔工具 的"喷涂"按钮 ，在画面中绘制曲线，完成大头贴效果。

5.3.7　使用书法工具

　　单击艺术笔工具 的"书法"按钮 ，在对应属性栏的"手绘平滑"、"笔触宽度"、"书法角度"等选项进行设置，然后将鼠标光标移动到工作区内，当光标变成画笔时单击并拖动鼠标，即可绘制线条，此时，绘制的曲线将会自动应用预设的笔刷样式。

　　100 ↔ 10.0 mm 45.0

书法工具属性栏

使用书法艺术笔绘制形状

5.3.8 实战：添加画面手写文字

💿 **光盘路径：**第5章\ Complete \添加画面手写文字.cdr

步骤1 执行"文件 | 新建"命令，新建一个空白文档文件，按快捷键Ctrl+I导入"添加画面手写文字素材.cdr"文件，当鼠标出现光标后，再工作界面中单击以导入图像文件。

步骤2 单击艺术笔工具✎的"书法"按钮♠，对对应属性栏的"手绘平滑"、"笔触宽度"、"书法角度"等选项进行设置，然后在工作界面中进行书写。

步骤3 使用选择工具⬚将绘制好的曲线全部选中，然后按快捷键Ctrl+G将其群组，完成以后，单击锚点将其缩小并移动至画面的左下角，填充黄色（C0、M0、Y100、K0）。

5.3.9 使用压力工具

　　单击艺术笔工具✎的"压力"按钮▱，在对应属性栏的"手绘平滑"、"笔触宽度"、选项进行设置，然后将鼠标光标移动到工作区内，当光标变成画笔时单击并拖动鼠标，即可绘制线条，此时，绘制的曲线自动默认为黑色，更改当前笔刷的填充颜色，在绘制过程中会自动应用预设的颜色样式。

压力工具属性栏

绘制曲线　　　　　　　　绘制好的曲线自动平滑处理　　　　　　　　　更改笔触宽度

5.3.10 实战：为人物添加花卉背景

💿 **光盘路径：**第5章\ Complete \为人物添加花卉背景.cdr

步骤1 执行"文件 | 新建"命令，新建一个空白文档文件，将背景填充为橘色（C0、M40、Y97、K0）。

步骤2 按快捷键Ctrl+I导入"人物.cdr"文件，移动到图中位置。

步骤3 单击艺术笔工具✎的"喷涂"按钮▱，在"类别"下拉列表框中选择喷涂图案，完成绘制。

步骤4 单击艺术笔工具 的"笔刷"按钮 ，在"类别"下拉列表框中选择喷涂图案，完成绘制。	**步骤5** 单击艺术笔工具 的"喷涂"按钮 ，在"类别"下拉列表框中选择喷涂图案，完成绘制。	**步骤6** 使用智能绘图工具 绘制手的形状，移动到图中的位置，并复制一个移动到另外一边，接着使用矩形工具 绘制一个矩形，将其进行转曲，并填充粉色。

5.3.11 实战：制作趣味儿童插画

🔘 光盘路径：第5章\ Complete \制作趣味儿童插画.cdr

步骤1 执行"文件|新建"命令，新建一个空白文档文件，使用椭圆形工具 绘制一个椭圆形并填充黄色（C1、M0、Y22、K0），在按住Shift键的同时单击椭圆形的一个黑色锚点，向内推进，以将其缩小，完成以后单击鼠标右键，以复制椭圆形，并填充淡黄色（C0、M0、Y7、K0）。	**步骤2** 继续使用椭圆形工具 绘制一个椭圆形，完成以后按快捷键Ctrl+Q将其转换为曲线，使用形状工具 选中下面的节点，在属性栏单击"尖突节点"按钮 ，将其转换为尖突节点，拖动控制柄将其拖动，接着继续使用椭圆形工具 ，绘制眼睛。	**步骤3** 使用椭圆形工具 ，在属性栏单击"弧"按钮 ，在按住Ctrl键的同时拖动鼠标以绘制一个正弧形，移动到图中的位置作为嘴巴。

步骤4 单击螺纹工具 ，在其属性栏的"螺纹回圈"数值框中调整绘制出螺纹的圈数。单击"对称式螺纹"按钮 ，在页面中单击并拖动鼠标，绘制出螺纹形状。	**步骤5** 使用椭圆形工具 ，绘制一个长椭圆形并填充粉色（C0、M40、Y20、K0）作为鼻子。	**步骤6** 使用智能绘图工具 绘制手的形状，移动到图中的位置，并复制一个移动到另外一边，接着使用矩形工具绘制一个矩形，将其进行转曲，并单击形状工具 ，拖动描点进行变形，并填充粉色。

步骤7 继续使用智能绘图工具 ⚠ 绘制云朵的形状，并为其填充颜色为黄色（C0、M0、Y20、K0），单击移动工具 ✥，将其移动到画面中的位置，调整大小并复制多个。

步骤8 单击星形工具 ✰，在其属性栏的"点数或边数"和"锐度"数值框设置参数，在画面中绘制五角星形状，设置"锐度"值后不需要使用变形工具。删除配图。

步骤9 使用选择工具 ✥，选中星形对象，调整大小并复制，移动到画面中并复制，将复制的星形分别置于不同位置。

步骤10 继续使用椭圆形工具 ○，在按住Ctrl键的同时绘制一个正圆形，接着使用贝塞尔工具 ✎，绘制曲线，完成气泡的绘制。

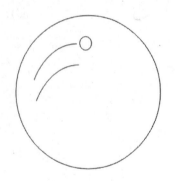

步骤11 使用选择工具 ✥，选中气泡对象，调整大小并复制后移动到画面中并复制，将复制的气泡分别置于不同位置。

步骤12 单击艺术笔工具 ✎ 的"书法"按钮 ◭，对对应属性栏的"手绘平滑"、"笔触宽度"、"书法角度"等选项进行设置，绘制如下数字。

2013

步骤13 使用选择工具 ✥，将文字选中以后，单击右侧的调色板色块，将其填充为蓝色（C100、M0、Y0、K0）。

步骤14 使用选择工具 ✥ 分别选中星形填充为黄色，选中气泡填充为蓝色。

步骤15 使用轮廓笔工具设置气泡的光影轮廓为1mm，颜色为白色。

5.4 | 操作答疑

5.4.1 专家答疑

（1）如何使用贝塞尔工具绘制多种不同的线条?

答：在绘制图形时，贝塞尔工具会根据实际需要绘制出不同类型的线条。使用贝塞尔工具可以绘制曲线，然后使用鼠标拖动曲线上的控制柄对曲线的弧度进行调节，因为使用贝塞尔工具可以绘制曲线，但不能对曲线转弯，所以可以在绘制的过程中双击曲线节点，以隐藏控制柄，这样就可以绘制任意角度的曲线了。

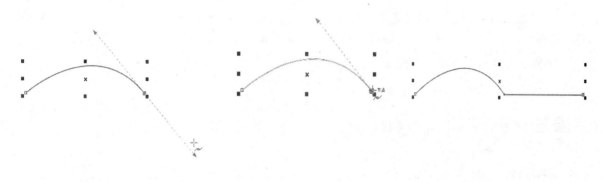

| 使用贝塞尔工具绘制一条曲线 | 使用鼠标双击节点的控制柄以隐藏 | 继续绘制直线 |

（2）如何给图形添加基本阴影的感觉?

答：在图形的绘制中，若要给图形增加立体感，就需要对其添加一个阴影。绘制好一个图形或者文字以后，使用鼠标选中对象，单击右键或者按下键盘上的+键复制一份，将最下面的图形或文字填充黑色，将上面的图形或文字填充其他颜色，图形或文字就立刻显得立体了。

| 选择图像将其群组 | 选择群组中的一个图形拖动复制 | 将最下层的图像填充为黑色 |

5.4.2 操作习题

1. 选择题

（1）在CorelDRAW X6中快速使用形状工具，需要按快捷键（　　　　）。

A.Ctrl+A　　　　　　B.Ctrl+L　　　　　　C.F10　　　　　　D. F9

（2）在CorelDRAW X6中快速使用手绘工具，需要按快捷键（　　　）。

A. F10　　　　　　B. F5　　　　　　C. F7　　　　　　D.Ctrl+B

（3）在CorelDRAW X6中使用形状工具选择节点以后，快速删除节点的操作快捷键是（　　　）。

A.Ctrl+K　　　　　B.Ctrl+Z　　　　　C.Delete　　　　　D.←

2. 填空题

（1）使用手绘工具不仅可以绘制_____，也可以绘制_____，它是利用鼠标在页面中拖动绘制直线的。

（2）CorelDRAW X6中继续秉承了X5中的2点线工具，在功能上与直线工具相似，使用2点线工具可以快速地指出_____的直线和_____的直线。

（3）CorelDRAW X6中的曲线是由一个个_____连接起来，使用_____可以相对精确地绘制物体的形状。_____用于绘制路径图形，与手绘工具不同的是，_____更加规范化。

（4）为了让绘制的图形在更大程度上满足用户的需求，CorelDRAW X6中可通过_____、_____、_____及_____等编辑操作对图形进行调整。

（5）_____和_____相似，但多用于绘制曲线路径，是实际操作中常常使用的工具之一。在功能上它将直线的绘制和贝塞尔曲线的绘制进行了融合，使用钢笔工具一次性可以绘制出多条贝塞尔曲线、曲线或复合曲线。

3. 操作题

参照"5.3.8　实战：添加画面手写文字"，制作个性插画。

操作提示：

（1）在新文件中绘制矩形和正圆形，单击艺术笔工具 的"书法"按钮 ，对对应属性栏的"手绘平滑"、"笔触宽度"、"书法角度"等选项进行设置，然后在工作界面中进行书写。

（2）在画面中绘制花朵和英文。

（3）使用鼠标选中对象以后设置颜色。

（4）选中"Dog"的英文按下键盘上的+键，将其复制一份，然后将其稍稍移动更改颜色为粉红色。

（5）详细制作见"第5章\Complete\添加个性手写文字.cdr"文件

第6章

填充、轮廓和编辑工具的应用

本章重点：

　　本章详细介绍了有关图形对象的填充、轮廓和编辑工具的应用，包括填充工具的应用、轮廓工具的应用、编辑工具的应用，以及标注工具的应用等。

学习目的：

　　通过对本章的学习，使读者掌握最常用的图形填充、轮廓设置和编辑工具的使用方法，使读者在实际的操作过程中能够独立且有效地对图形对象执行填充颜色、轮廓等编辑操作。

参考时间：55分钟

主要知识	学习时间
6.1　填充工具的应用	25分钟
6.2　轮廓工具的应用	10分钟
6.3　编辑工具的应用	15分钟
6.4　标注工具的应用	5分钟

6.1 填充工具的应用

在CorelDRAW X6中应用填充的工具有很多种，包括前面讲到的智能填充工具 、颜色滴管工具 、属性滴管工具 和即将讲到的填充工具组，填充工具组包含了均匀填充、渐变填充、图样填充、底纹填充、PostScript填充、无填充及彩色填充选项。最常用的即为均匀填充工具。

6.1.1 填充图形纯色

给图形填充纯色有两种方法，一是使用选择工具 ，选中图形对象以后，鼠标单击右侧调色板中的色块，进行填充；二是单击填充工具 ，在没有选中对象的时候会弹出"更改文档默认值"对话框，在里面可以勾选"艺术笔"、"美术字"、"标注"、"尺度"、"图形"、"段落文字"复选框，分别选中不同的对象进行颜色填充，更改即将操作的工具的默认颜色。

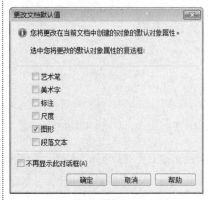

"更改文档默认值"对话框　　　　　选中一个文件　　　　　更改颜色

💡 **技巧：**

按快捷键Ctrl+F11快速弹出纯色调整面板，在拾色器中选择颜色后，单击"确定"按钮即可为对象填充颜色。

🌐 **知识链接：使用"更改文档默认值"对话框快速设置默认颜色**

在"更改文档默认值"对话框中勾选"艺术笔"复选框，按快捷键I快速切换至艺术笔工具，在画面中绘制的曲线即为设置的默认颜色。

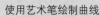

在拾色器对话框中选择颜色　　　　　使用艺术笔绘制曲线

🌼 **注意：**

在不选中任何图形形状的时候，使用"更改文档默认值"对话框设置的颜色均为图形对象的填充颜色，并不对图形对象的轮廓色进行更改。默认颜色填充，绘制图形对象以后，用户可以使用选择工具选中图形对象，然后单击右侧调色板或者按快捷键Ctrl+F11弹出"纯色填充"对话框，在对话框中设置颜色后，可对图形的颜色进行二次更改。

6.1.2　实战：为卡通人物插画快速换装

💿 光盘路径：第6章\Complete\为卡通人物插画快速换装.cdr

步骤1　执行"文件丨打开"命令，打开"第6章\Media\为卡通人物快速换装.cdr"文件，使用选择工具 选择人物图形。

步骤2　在该图形中按快捷键Ctrl+U对人物图形执行取消群组操作。

步骤3　使用选择工具 将右边小孩的衣服选中。

步骤4　在页面右侧调色板中单击要填充的颜色，也可以按快捷键Ctrl+F11弹出"纯色填充"对话框，对人物衣服颜色进行设置。

步骤5　按照相同的方法，可以对其他部位的颜色进行快速设置。

 技巧：

　　单击右侧的调色板设置颜色，颜色相对单一，按快捷键Ctrl+F11弹出"纯色填充"对话框，设置的颜色相对丰富。

6.1.3　填充图形渐变色

　　在CorelDRAW X6中使用填充工具 ，在下拉列表中即可选择"渐变填充"选项并弹出对话框，"渐变填充"对话框用于设置图形的渐变填充颜色。在选中对象的情况下，在弹出的"渐变填充"对话框中可以设置渐变的类型，包括线性渐变、辐射渐变、圆锥渐变和正方形渐变。选中不同的渐变类型之后，可分别设置相关的属性，如线性渐变的大小、角度，辐射渐变的中心点等。

线性渐变　　　　　　　　辐射渐变　　　　　　　　圆锥渐变　　　　　　　　正方形渐变

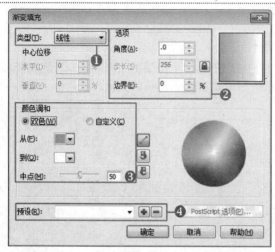
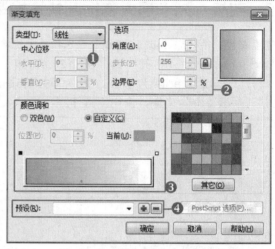

"渐变填充"双色对话框　　　　　　　　　　　"渐变填充"单色对话框

❶ **"类型"下拉列表框**：在其中为用户提供了线性渐变、辐射渐变、圆锥渐变和正方形渐变四种渐变样式。

❷ **"选项"栏**：可分别对渐变的角度和边界数值进行调节，以调整在图像中应用的倾斜角度和边界距离。

❸ **"颜色调和"栏**：默认为"双色"，可在"从"和"到"下拉按钮中设置渐变颜色，也可以选择"自定义"单选按钮，切换至该选项的选项栏，通过单击色块缩览图可更改所选中的色标区域颜色，双击色相条上端的滑块区域可添加新的色标。通过这样的设置可设置丰富的渐变颜色，使自定义渐变变得多样化。

❹ **"预设"下拉列表框**：预设是指软件自带的一些设置好的渐变样式，用户可在"预设"下拉列表中选中相应的样式，设置完成以后单击"确定"按钮即可。

🌐 **知识连接：双色颜色调和的设置**

在"双色"颜色调和渐变对话框中选择右侧的按钮可对渐变区域进行更改，选中不同的区域则将对渐变的颜色色相区域进行相应改变，分为直线、右转、左转三个区域。

"双色"颜色调和面板

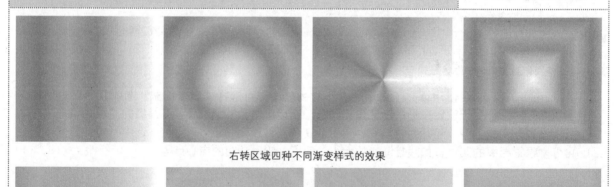

右转区域四种不同渐变样式的效果

左转区域四种不同渐变样式的效果

6.1.4 实战：制作音乐会招贴设计

🔵 光盘路径：第6章\Complete\制作音乐会招贴设计.cdr

步骤1 执行"文件丨新建"命令，新建一个空白文档，双击矩形工具🔲以创建一个矩形，单击填充工具🖍，在选项中选择"渐变填充"选项，在弹出的对话框中设置渐变从金色（C0、M20、Y60、K0）到淡黄色（C0、M0、Y20、K0）的辐射渐变。

步骤2 继续使用矩形工具🔲创建一个矩形，按快捷键Ctrl+Q将矩形转换为曲线，，然后单击形状工具🖊，拖曳其节点，将矩形调整成具有透视效果的图形。

步骤3 单击填充工具🖍，选中菜单栏的"渐变填充"选项，在弹出的对话框中设置从灰色到白色的双色渐变。

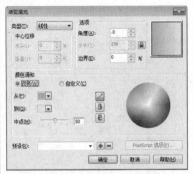

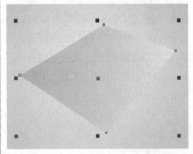

步骤4 继续使用矩形工具🔲，绘制一个长条矩形，将其转曲后使用形状工具🖊对节点进行调整，制作长方体的侧面。

步骤5 绘制一个椭圆形并添加渐变。设置轮廓为白色，宽度为4mm。

步骤6 再次单击椭圆形工具⭕绘制一个椭圆形将其填充为白色，设置轮廓为灰色。

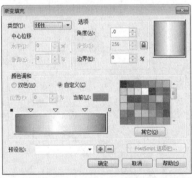

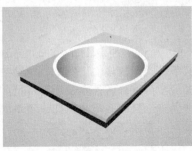

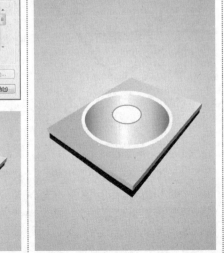

步骤7 使用椭圆形工具 ◎ 绘制光盘中间的位置，填充黑色，绘制一个圆环，描边灰色，也置于光盘中间位置。

步骤8 选中椭圆形状以后，在按住Shift键的同时向内拖曳鼠标，将其缩小，然后单击鼠标右键以复制图形，并将其轮廓设置为黑色。

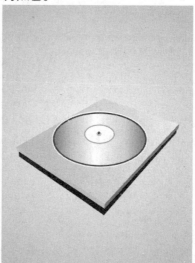

步骤9 使用椭圆形工具 ◎ 绘制一个椭圆形，将其填充为深灰色，按快捷键Ctrl+PageDown将其下移一个位置。

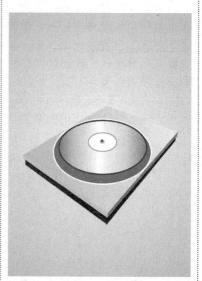

步骤10 按快捷键Ctrl+I打开导入文件对话框，导入"第6章\Media\音响.cdr"文件，将其移动到图中位置。

步骤11 结合矩形工具 □ 和椭圆形工具 ◎，绘制形状，添加图形细节。

步骤12 使用文字工具 字 在图形中添加文字信息，并按快捷键Ctrl+I打开导入文件对话框，导入"花纹.cdr"为画面中添加设计元素。单击星形工具 ☆，在画面中绘制五角星形，移动到画面中并调整大小，复制多个，颜色填充为黄色。

📑 **技巧：**

应用渐变填充时，可以指定所选填充类型的属性。例如，填充的颜色调和方向、填充的角度、中心点、中点和边衬。还可以通过指定渐变步长值来调整渐变填充的打印和显示质量。在默认情况下，渐变步长值设置处于锁定状态，因此渐变填充的打印质量由打印设置中的指定值决定，而显示质量由设定的默认值决定。但是，用户可以解除锁定渐变步长值设置，并指定同时应用于填充的打印与显示质量的一个值。

6.1.5 填充图形图样效果

　　图样填充是将CorelDRAW X6软件中自带的图样进行反复排列，运用到填充对象中，单击填充工具 ，在弹出的面板中选中"图样填充"选项，打开"图样填充"对话框，下面对其中一些较为重要的选项进行讲解。

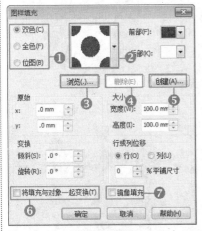

双色样式填充

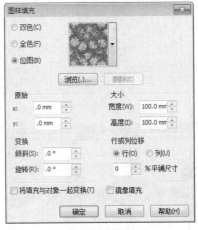

位图样式填充

全色样式填充

　　❶ **"填充类型"选项组**：软件为用户提供了"双色"、"全色"、"位图"3种填充方式，分别选择相应的单选按钮即可应用。

　　❷ **"图样样式"下拉列表框**：单击图样样式旁边的下拉按钮，在打开的"图样样式"选择框中可对图样样式进行选择，这些样式都是软件自带的。

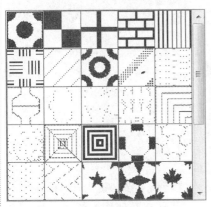

双色样式

全色样式

位图样式

　　❸ **"浏览"按钮**：单击该按钮，即可打开"导入"对话框，在其中可将用户自定义的图案导入。在相应的储存位置找到图样，单击"更多"按钮，即可将自定义的图样样式添加到"图样样式"选择框中，以便快速进行运用。

　　❹ **"删除"按钮**：单击该按钮，即可将在"图样样式"选择框中选择的样式删除。

　　❺ **"创建"按钮**：单击该按钮，即可打开"双色图案编辑器"对话框，在其中可自行定义双色图样的图案样式。

　　❻ **"将填充与对象一起变换"复选框**：勾选该复选框后，在对图形进行图样填充以后，若是对图形进行大小的缩放，此时图样也会跟随图形进行等比例的大小缩放。

　　❼ **"镜像填充"复选框**：勾选该复选框后，可在一幅图像的右边添加一个镜像的图样，并按照此顺序排列。

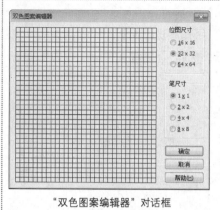

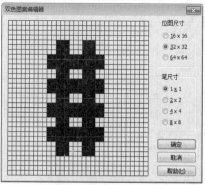

| "双色图案编辑器"对话框 | 创建图样样式 | 对图形进行填充 |

| 填充图样样式 | 未勾选"将填充与对象一起变换"
复选框缩小图形 | 勾选"将填充与对象一起变换"
复选框缩小图形 |

| 填充图样样式 | 勾选"镜像填充"复选框 | 改变填充颜色 |

6.1.6 实战：添加插画背景

🌐 **光盘路径**：第6章\Complete\添加插画背景.cdr

步骤1 执行"文件 | 新建"命令，新建一个空白文档，双击矩形工具 ▭，在页面中绘制一个矩形，单击填充工具 ◇，打开子菜单，并选择"图样填充"选项。

步骤2 在弹出的"图样填充"对话框中设置参数。

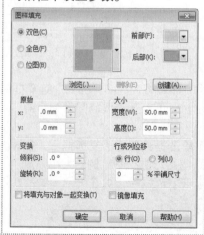

步骤3 按快捷键Ctrl+I打开文件导入对话框，导入"第6章\Media\玫瑰．cdr"文件，将其移动到图中位置。

6.1.7　填充图形底纹效果

　　使用底纹填充可让填充的图形对象具有丰富的底纹样式和颜色效果。在图像中选中需要执行底纹填充的图形对象，单击填充工具 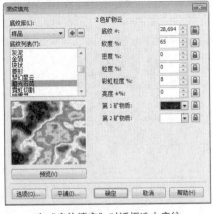，在弹出的面板中选择"底纹填充"选项，打开"底纹填充"对话框。在"底纹列表"框中选中一个底纹样式，在预览框中可对底纹进行效果预览，也可以将自定义的底纹效果存储为新的样式。

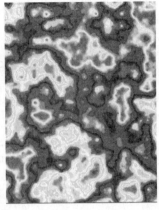

在"底纹填充"对话框选中底纹　　　　　更改底纹效果　　　　　对对象填充底纹

> **技巧：**
> 　　在"底纹填充"对话框中有多种底纹样式，而在每一个样式选项中又包括了各种不同的底纹效果，通过选中不同的底纹加以调整，可让底纹样式更加丰富多样。

6.1.8　实战：添加背景艺术效果

　　光盘路径：第6章\Complete\添加背景艺术效果.cdr

步骤1　执行"文件|新建"命令，新建一个空白文档，双击矩形工具 □，在页面中绘制一个矩形，单击填充工具 ◇，打开子菜单，并选择"底纹填充"选项。

步骤2　在弹出的"底纹填充"对话框中设置各项参数，完成以后单击"确定"按钮。

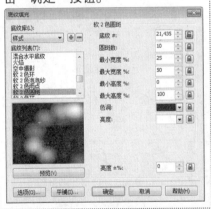

步骤3　按快捷键Ctrl+I打开导入文件对话框，导入"人物.png"文件，使用选择工具 ▷ 选择对象，将其移动到图中合适的位置。

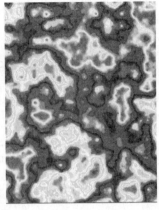

步骤4　按快捷键Ctrl+I打开导入文件对话框，导入"纹路.png"文件，使用选择工具 ▷ 选择对象，将其移动到图中的位置，为画面添加装饰效果。

> **技巧：**
> 　　在"底纹填充"对话框中，用户除了可以选择系统预设的底纹效果外，还可以根据实际情况和个人需求，在旁边的属性栏设置相关参数，以获得不同效果。

6.1.9 填充图形特殊效果 （PostScript）

PostScript填充是由PostScript语言编写出来的一种底纹效果，相对其他的填充方式，此PostScript填充所填充出的图案更加规整并且复杂。

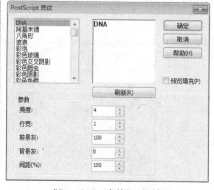

"PostScript底纹"对话框

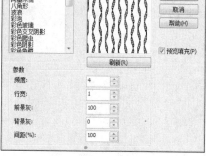

PostScript填充预览效果

填充样式

6.1.10 自定义填充样式

自定义填充样式的创建即执行"工具 | 创建 | 图样"命令，出现框选线，将需要创建的图样载入，将其存储为.pat格式的文件，然后自定义图案后，单击工具箱，在下拉列表里选择填充工具里"图案填充"，选择"载入"选项，即可将图样载入到系统中。

执行"文件 | 打开"命令，打开"第6章\Media\自定义填充样式.cdr"文件，接着执行"工具 | 创建 | 图样"命令，出现框选工具，将需要载入的图样选中，将其存为.pat的格式，再将其导入到软件中即可。

打开文件

框选图形

存储填充样式

接着单击填充工具，打开子菜单，并选择"图样填充"选项，在弹出的对话框中单击"浏览"按钮，打开文件导入对话框，选中存储的文件即可。

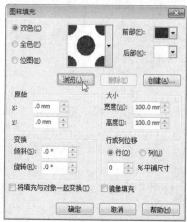

打开"图样填充"对话框

给图形填充预设的图样样式

6.1.11　实战：制作个性布纹效果

💿 光盘路径：第6章\Complete\制作个性布纹效果.cdr

步骤1　执行"文件|新建"命令，新建一个空白文档，单击矩形工具 🔲，在页面中绘制一个矩形。

步骤2　使用选择工具 🔧 选中图形以后，使用鼠标右键单击右侧调色板，将矩形填充为粉红色（C0、M40、Y20、K0）。然后使用鼠标右键单击调色板的 ✕ 按钮，将轮廓色去掉。

步骤3　使用选择工具 🔧 选中矩形，按住Ctrl键的同时用鼠标向右移动矩形，单击鼠标右键复制图形。

步骤4　接着按快捷键Ctrl+R快速复制图形。

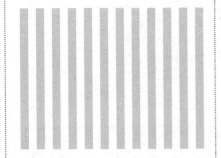

步骤5　使用选择工具 🔧 选中第一个矩形，继续单击出现图形旋转锚点。

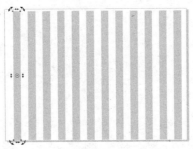

步骤6　在按住Ctrl键的同时选择矩形四周的其中一个旋转锚点，将其旋转至水平位置。

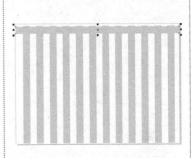

步骤7　使用选择工具 🔧，单击右侧调色板，将其填充为淡黄色（C0、M0、Y20、K0）。在按住Ctrl键的同时用鼠标选中矩形并向下移动，单击鼠标右键复制图形。接着按快捷键Ctrl+D快速进行复制图形。

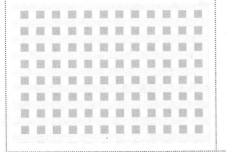

步骤8　执行"工具|创建|图案填充"命令，出现框选工具，将需要载入的图样选中，将其存为pat的格式，设置参数以后，再将其导入到软件中即可。

步骤9　执行"布局|添加页面"命令，在工作区新建一个空白界面，双击矩形工具 🔲，在页面中绘制一个矩形，单击填充工具 🖌️，打开子菜单，并选择"图样填充"选项，在弹出的对话框将绘制的图样载入，选中以后单击"确认"按钮，即将矩形填充成绘制的布纹效果。

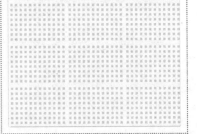

6.1.12 交互式填充工具的应用

交互式填充工具对图形进行颜色填充来说是较为特殊的一类，填充工具的渐变选项是在对话框中设置渐变的颜色、类型和角度等，且填充方式较为复杂；而交互式填充工具则是在属性栏中设置相关的选项和参数的，也可直接在对象上编辑渐变的方向和填充效果。

交互式填充工具属性栏

❶**填充类型**：设置对象的填充类型，包括均匀填充、线性填充、射线填充，以及各种图样填充和底纹填充。以底纹或图样填充对象，可在属性栏中设置该填充类型的各项属性，以调整填充效果。

❷**填充颜色**：设置填充色，调整渐变填充的起始颜色和终点颜色。

❸**填充中心点**：对该参数的设置可调整渐变填充中两端颜色的位置。数值越小，中心点越靠近起始点颜色；数值越大，中心点越靠近终止点颜色。

❹**填充角度和边界**：设置位于上端的参数值，可调整渐变填充的方向角度；设置位于下端的参数值，可调整渐变填充的边界颜色宽度。

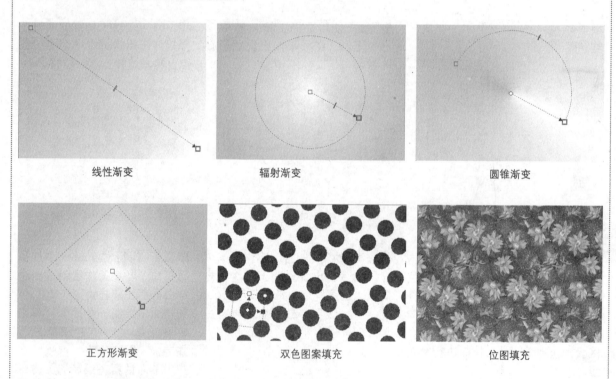

| 线性渐变 | 辐射渐变 | 圆锥渐变 |
| 正方形渐变 | 双色图案填充 | 位图填充 |

6.1.13 网状填充工具的应用

网状填充工具以网格规划划分区域的方式填充对象颜色，利用该工具对象颜色时，可通过设置网格曲线的数量和位置等调整填充效果，是一种较为特殊的填充工具。

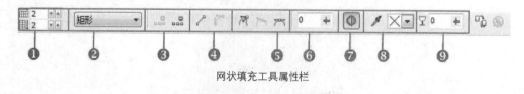

网状填充工具属性栏

❶ **"网格大小"数值框**：设置网格的行数和列数，新增的行数和列数将以当前网格的状态为基准作有序排列。

❷ **"选取范围模式"下拉列表框**：在其中提供了矩形和手绘两种模式。"矩形"模式是以矩形框选的形式选择指定的网格；"手绘"模式是以手绘区域的方式选取指定网格。

❸ **"添加节点"、"删除节点"按钮**：添加节点和删除节点。

❹ **"转换为线条"、"转换为曲线"按钮**：对曲线进行直线和曲线的转换。

❺ **"改变节点"属性栏**：包括尖突节点、平滑节点、对称节点按钮。

❻ **"曲线平滑度"数值框**：调整曲线的平滑程度。

❼ **"平滑网格颜色"按钮**：单击该按钮，使网格中的颜色过渡更加平滑。

❽ **"设置填充颜色"按钮**：在选中网格中指定节点后，在该下拉列表框中选择颜色。

❾ **"透明度"数值框**：通过在其中设置透明度参数来调整所选节点区域所填颜色的透明程度，数值越大，颜色越亮。

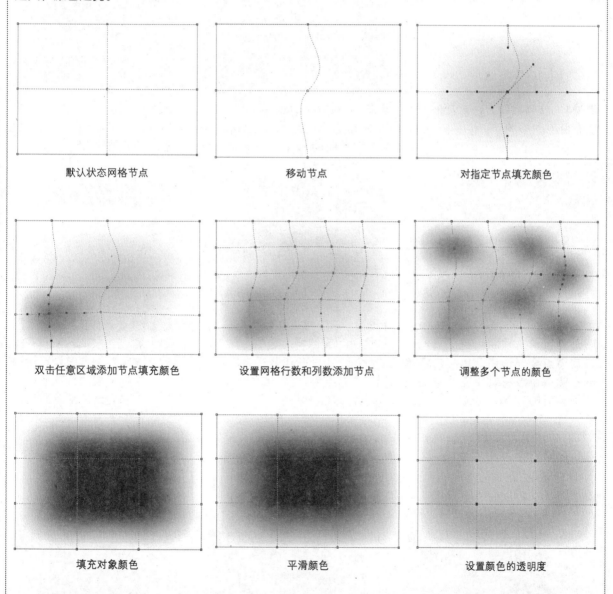

默认状态网格节点　　　　　　　移动节点　　　　　　　对指定节点填充颜色

双击任意区域添加节点填充颜色　设置网格行数和列数添加节点　调整多个节点的颜色

填充对象颜色　　　　　　　　平滑颜色　　　　　　　设置颜色的透明度

技巧：

在使用网格填充时，可以使用形状工具在网格上添加或删除锚点，拖动或扭曲辅助线来完成对图形对象的颜色填充，并能创造出千变万化的填充效果。

6.1.14 实战：制作立体心形

光盘路径：第6章\Complete\制作立体心形.cdr

步骤1 执行"文件|新建"命令，新建一个空白文档，双击矩形工具 □，在页面中绘制一个矩形，单击网状填充工具 ⬚，在属性栏设置行数和列数均为3。完成设置后按下回车键确认操作。

步骤2 使用选择工具全部框选节点，在右侧的调色板中单击深蓝色（C60、M40、Y0、K40）色块，对其上色。

步骤3 使用选择工具 ⬚选中右上侧的两个节点，鼠标单击右侧调色板，填充白色。

步骤4 使用相同方法对其他节点填充白色。

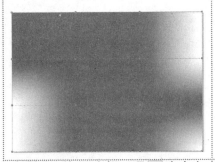

步骤5 使用基本形状工具 ⬚在属性栏选择"心形"按钮，按住Ctrl键的同时在工作界面中绘制一个正心形。

步骤6 在选中心形的同时单击网状填充工具 ⬚，在属性栏设置行数和列数为5。

步骤7 使用选择工具 ⬚选中心形，然后单击网状填充工具 ⬚，将其节点全部选中，鼠标右键单击右侧调色板将其填充为洋红色（C0、M100、Y0、K0）。

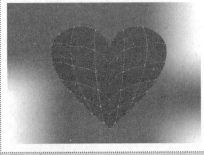

步骤8 单击网状填充工具 ⬚，在按住Shift键的同时选中心形中间的4个节点，将其填充为白色，增加立体效果。

步骤9 单击选择工具 ⬚，选择心形图案，按下快捷键F12在弹出的轮廓笔对话框中设置轮廓颜色与宽度，使用标题形状工具 ⬚，选中合适的形状后在图中进行绘制，完成以后再使用星形工具，在其属性栏中设置边数为4，在画面中添加星光。

技巧：

由前面的介绍可知，双击矩形再单击右侧调色板，可以快速为工作界面的矩形填充颜色，这里使用网状填充工具并选中其全部节点，然后再单击右侧调色板，也可以对矩形填充颜色。

6.2 │ 轮廓工具的应用

在前面几章中，已经接触到了轮廓工具，在这里对轮廓工具再进行一个较为详细的讲解。轮廓笔用于调整对象轮廓的端头、宽度和颜色属性，单击轮廓笔工具 🖊️，弹出可调整轮廓状态的列表，选中对应属性可以快速对图形对象的轮廓进行调节。

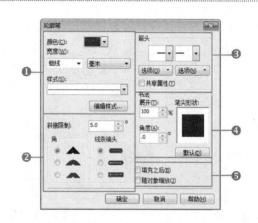

❶ **基本设置**：基本设置选项包括轮廓的颜色、宽度和样式等。设置轮廓颜色时，可单击颜色按钮，弹出色相列表，选择指定的颜色；要设置其他颜色时单击"其他"按钮，弹出颜色设置对话框，并作相应调整；设置轮廓宽度时，可单击相应选项的下三角按钮，分别调整轮廓的宽度和宽度单位。通过设置轮廓的样式可调整轮廓的实线或者虚线状态，单击"编辑样式"按钮，在弹出的对话框中可进一步调整样式效果。

❷ **端头和边角的设置**：可对线框线条的端头的角度进行设置，即线条轮廓的转交和两端的断点处的状态。

❸ **箭头设置**：设置轮廓的断点处的箭头状态，默认设置为直线。

❹ **书法设置**：设置轮廓的笔尖运笔方法，通过调整笔尖的旋转角度改变笔尖轮廓和绘制效果。

❺ **其他选项设置**：勾选"填充之后"复选框后，将在对象填充状态下以无线框状态显示较窄的轮廓。勾选"随对象缩放"复选框后填充轮廓，在缩小或放大轮廓时轮廓的宽度将以等比例的方式随之缩小或放大。

📋 **技巧**：

对图形对象填充轮廓色，除了使用轮廓笔外，还可以按快捷键F12弹出"轮廓笔"对话框，通过设置相应参数以调整对象轮廓。

6.2.1 填充图形轮廓色

对图形对象填充轮廓色，可以使用选择工具 ▷ 选中图形对象，然后使用鼠标右键单击右侧的调色板，即可对图形对象的轮廓色进行快速设置。

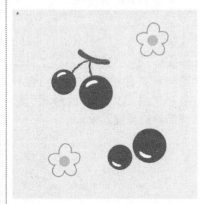
打开文件

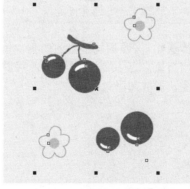
选中对象单击鼠标右键填充黄色的轮廓线

填充蓝色的轮廓线

📋 **技巧**：

拖动对象时按住Shift键可以在水平或垂直方向上移动或复制对象，也可以在选择对象后按下+键，在原位快速复制对象。

6.2.2 设置轮廓线的粗细

单击选择工具 ▐ 选中图形对象后，再单击轮廓笔工具 ▐，在下拉列表中选择对应轮廓宽度，即可对图形对象的轮廓进行快速设置。

| 轮廓笔列表 | 轮廓为极细线 | 轮廓为1mm |

6.2.3 实战：制作卡通藤蔓效果

💿 光盘路径：第6章\Complete\制作卡通藤蔓效果.cdr

步骤1 执行"文件丨新建"命令，新建一个空白文档，使用贝塞尔工具 ▐ 绘制一条曲线路径。

步骤2 单击轮廓笔工具 ▐，选择"轮廓笔"选项，在弹出的对话框中更改轮廓的颜色为淡绿色（C20、M0、Y20、K0）。

步骤3 继续使用贝塞尔工具 ▐ 绘制一条曲线路径。选中对象后使用鼠标在调色板中单击鼠标右键填充为黄色（C0、M0、Y60、K0）。

步骤4 按照相同的方法，再次使用贝塞尔工具 ▐ 绘制一条曲线路径，形成如下效果。

步骤5 继续使用贝塞尔工具 ▐ 绘制一条曲线路径，并结合椭圆形工具 ▐ 绘制其他形状，形成简单的藤蔓效果。

专家看板：精确设置对象轮廓

在CorelDRAW X6中对图像进行精确轮廓设置，可以制作出不同样式的花纹效果。

1. 设置轮廓宽度

在"轮廓笔"对话框中单击宽度下拉列表，可以通过快速选择轮廓宽度对图形对象进行精确设置。

"轮廓笔"对话框设计精确参数

设置轮廓宽度为0.26mm

设置轮廓宽度为0.7mm

2. 设置轮廓样式

打开"轮廓笔"对话框，选中一种轮廓以后，单击"编辑样式"按钮，在弹出的编辑菜单中可以对轮廓间距进行调节，设置完成以后单击"添加"按钮。通过对轮廓的不同设置可以制作出各种图形。

"编辑线条样式"对话框

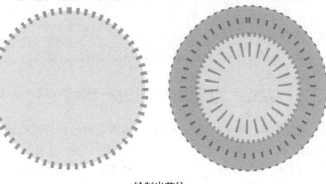

绘制出花纹

3. 设置端点样式

对"角"和"线条端头"的设置可以将轮廓的端头设置为圆点。

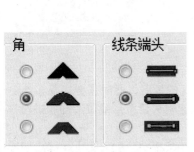

勾选端点样式

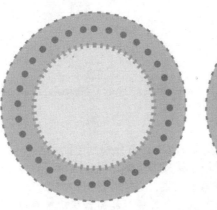

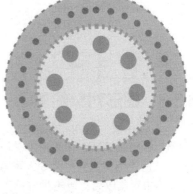

绘制出花纹

| 6.3 | 编辑工具的应用

在CorelDRAW X6中可以对对象执行一定的变换操作，主要包括裁剪工具、刻刀工具、橡皮擦工具和虚拟段擦除工具等，掌握这些操作可以使读者快速有效地完成对图形对象的编辑，下面分别对各种方法进行介绍。

6.3.1 图形对象的裁剪

使用裁剪工具可以将图形中需要的部分进行保留，将不需要的部分删除。其方法是选中图像，单击裁剪工具，当光标变为形状时，在图像中拖动出裁剪控制框，框选部位为保留区域，在裁剪好需要的部分以后，双击鼠标以确认裁剪。此时框选部分为保留区域，颜色正常显示，框选外的部分为裁剪区域，颜色成反色显示。

 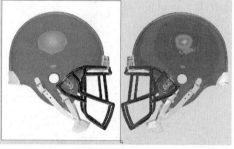 

原图　　　　　　　　　拖动出裁剪控制框　　　　　　　裁剪后的图形

技巧：

确认裁剪，除了在选择区域内双击鼠标外，也可以按Enter键确认裁剪。

6.3.2 实战：对画面局部进行特写处理

光盘路径： 第6章\ Complete\对画面局部进行特写处理.cdr

步骤1 执行"文件 | 打开"命令，打开"第6章\Media\人物.cdr"文件。	**步骤2** 单击裁剪工具，拖动鼠标在画面中创建裁剪框，将人物的头部区域选中。此时画面中选中的区域是有颜色的，而区域外颜色将改变。	**步骤3** 框选好对象以后，在选中区域里双击鼠标左键以确认剪裁。画面中则只保留人物头像部分，完成特写裁剪。

6.3.3 图形对象的擦除

在使用软件绘制和编辑图形的过程中，常会遇到绘制图形不够精确的情况，此时需要擦除多余的图像。CorelDRAW X6为用户提供了橡皮擦工具，而橡皮擦工具可以快速对矢量图形或位图图像进行擦除，从而让图像达到更为令人满意的效果，更能满足用户需求。

选中对象以后，单击橡皮擦工具，在属性栏设置橡皮擦厚度（即橡皮擦擦头的大小）及橡皮擦擦头的形状，设置完成以后，在图像中不需要的地方按住鼠标左键并拖动鼠标即可。

选中位图图像　　　　　　　　　　　使用橡皮擦工具对位图图像进行擦除

💡 **注意：**

必须先用选择工具选中图形对象以后才能使用橡皮擦工具。

🌐 **知识连接：橡皮擦对矢量图的应用**

当绘制矢量图的时候，同样也会遇到不满意的地方，使用橡皮擦工具可以快速帮助用户完成效果的修改，但需要注意的是，橡皮擦工具只能擦除单一图形对象或位图，而对于群组对象、曲线对象则不能使用该功能，且擦除后的区域会生成子路径。

打开一个矢量图像　　　　　　　出现警告　　　　　取消群组以后可以使用橡皮擦工具

📋 **技巧：**

在使用橡皮擦工具擦除的过程中双击鼠标左键，则擦除所覆盖区域图形。还可以单击后拖动鼠标，到合适的位置以后再次单击，此时擦除的则是这两个点之间的区域图形。

6.3.4 实战：制作白云朵朵图形

💿 **光盘路径：**第6章\Complete\制作白云朵朵图形.cdr

步骤1 执行"文件	新建"命令，新建一个空白文档，单击矩形工具 ⬜，创建一个矩形，将其填充为淡蓝色（C40、M0、Y0、K0）。	**步骤2** 使用橡皮擦工具 ✏ 在属性栏设置笔头为圆形，大小为20mm，在矩形中进行涂抹，将原有颜色擦除。	**步骤3** 继续使用橡皮擦工具 ✏ 在矩形中进行擦除，并随时更改其大小，最后完成白云朵朵的效果。

6.3.5 图形对象的扭曲

在CorelDRAW X6中新增图形对象的扭曲工具,即转动工具,使用该工具可以为对象制作转动效果,可以设置转动效果的半径、速度和方向,还可以使用数字笔的压力来更改转动效果的强度。使用选择工具选择一个对象,在工具箱中选择转动工具并单击对象的边缘,然后按住鼠标左键,直至获得需要的转动大小并需要定位和重塑,并且可以在按住鼠标左键的同时拖动。

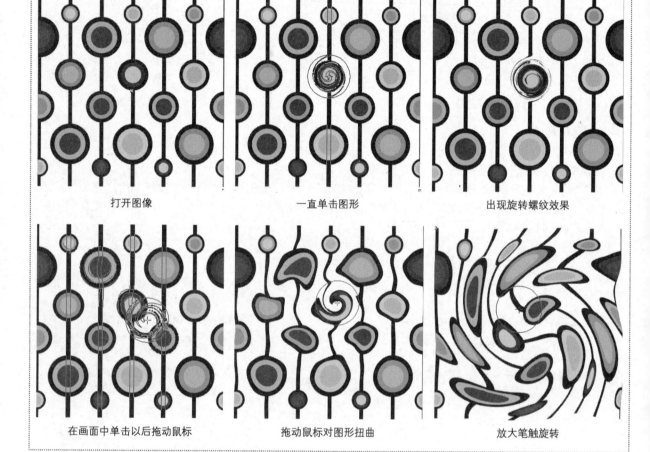

打开图像	一直单击图形	出现旋转螺纹效果
在画面中单击以后拖动鼠标	拖动鼠标对图形扭曲	放大笔触旋转

6.3.6 实战:制作水波纹效果

💿 **光盘路径:** 第6章\Complete\制作水波纹效果.cdr

步骤1 执行“文件 | 新建”命令,新建一个空白文档,单击矩形工具,创建一个矩形,将其填充为淡蓝色(C40、M0、Y0、K0)。

步骤2 选中矩形以后,在按住Ctrl键的同时向右拖动鼠标并单击鼠标右键复制矩形,然后按快捷键Ctrl+D继续复制。

步骤3 使用转动工具,在属性栏设置参数后,使用选择工具全选形状,然后在画面中进行拖动,以完成水波纹效果。

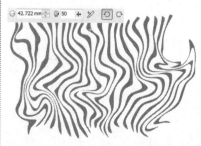

6.4 | 标注工具的应用

在CorelDRAW X6中利用标注形状工具🖵可绘制一些解释说明性的画框图形。单击该工具属性栏中的"完美形状"按钮🖵，弹出标注形状的选项面板，选择相应的标注形状并绘制图形，在属性栏中设置标注形状的轮廓样式和轮廓宽度可调整标注形状的外观。

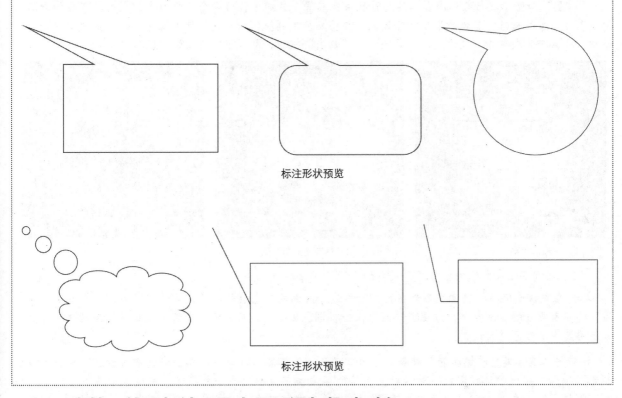

标注形状预览

标注形状预览

6.4.1 实战：使用标注工具为画面添加趣味对白

步骤1 执行"文件 | 打开"命令或按快捷键Ctrl+O，在弹出的对话框中进行选择后单击"打开"按钮，打开"第6章\Media\海鸥.cdr"文件。

步骤2 使用标注形状工具🖵，单击属性栏中的"完美形状"按钮🖵，在弹出的标注形状选项面板中选择标注形状，并在相应的位置绘制图形。

步骤3 单击文字工具🔤，在相应的标注框中添上相应表情符号。

📖 **技巧：**
使用标注工具不仅可以给画面添加对话效果，也可以在文件中添加备注信息，提高文字的阅读性，并且在书籍编辑排版中也被广泛应用。

6.5 | 操作答疑

6.5.1 专家答疑

（1）什么是属性滴管工具？

答：属性滴管工具与颜色滴管工具同时收录在滴管工作组中，这两个工具有类似之处。属性滴管工具用于取样对象的属性、变换效果和特殊效果，并将其应用到执行的对象。单击属性滴管工具 ，显示其属性栏，在其中分别单击"属性"、"变换"、"效果"按钮，即可弹出与之相对应的面板。

使用属性滴管复制对象

（2）如何编辑调色板为图像填充颜色？

答：在默认情况下，调色板都会在页面的右边，里面的颜色也是默认设置的常用颜色，而在工作中，为了能够有更多的页面空间，方便观察图像，会将调色板关闭。可以将调色板拖曳到页面中的任何位置，或者对其中的颜色进行设置。

执行"工具 | 调色板编辑器"命令，弹出"调色板编辑器"对话框，单击任意一种颜色，单击"添加颜色"按钮，弹出"选择颜色"对话框，在拾色区域拖曳鼠标选择一种颜色。完成以后单击"确定"按钮，将设置的颜色添加到"调色板编辑器"中，然后继续在拾色区域拖曳鼠标选择下一种颜色。完成以后，将"调色板编辑器"对话框关闭即可。

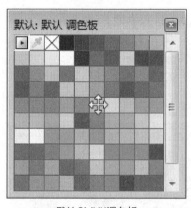  

默认CMYK调色板　　　　　　　"选择颜色"对话框　　　　　　　"调色板编辑器"对话框

（3）如何设置自定义箭头？

答：在"轮廓笔"对话框中，有很多CorelDRAW中自带的箭头，能够满足一般的工作需要。另外，还可以将单一对象作为箭头使用。首先要将作为箭头的对象选中，然后执行菜单栏中的"工具 | 创建 | 箭头"命令，绘制一条应用箭头效果的直线或曲线，在其属性栏中设置新创建的箭头效果。如果要编辑箭头效果，可以在"轮廓笔"对话框中创建新箭头效果进行编辑。

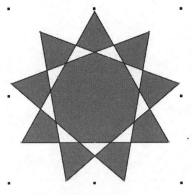

绘制一个图形　　　　　　　　打开"创建箭头"对话框　　　　　　绘制曲线并添加箭头效果

（4）如何设置后台填充和比例缩放？

答：在绘制图像的时候经常会遇到这种情况，原本制作了一个很大的图像，需要将其缩小为一个很小的图形，当进行拖曳缩小的时候，图像的轮廓线和宽度没有改变，而图像在缩小，这样图像就会被轮廓所覆盖。还有一种情况是，轮廓线由于在默认情况下都是添加于图像的上层的，有时图像的细节无法准确显示出来，在"轮廓笔"对话框中设置"填充之后"和"随图像缩放"选项，这些问题就会迎刃而解。

给图像添加轮廓　　　　将图像缩放以后被轮廓覆盖　　　勾选"随图像缩放"复选框后的效果

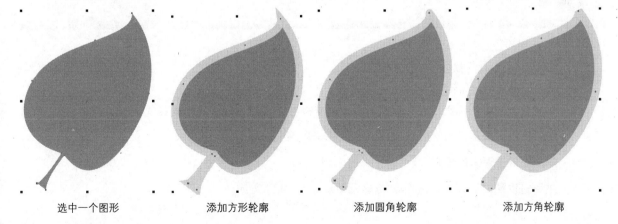

选中一个图形　　　　添加方形轮廓　　　　添加圆角轮廓　　　　添加方角轮廓

6.5.2　操作习题

1. 选择题

（1）在CorelDRAW X6中除了能对图形对象进行颜色的均匀填充外，还有（　　）种填充方式。

A.3　　　　　　B.4　　　　　　　　C.5　　　　　　D.6

（2）在CorelDRAW X6中要对图形的轮廓进行快速设置，需要按快捷键（　　）。

A. F9   B.Ctrl+F12   C. F12   D. F10

（3）在CorelDRAW X6中要对图形进行快速均匀填充，需要按快捷键（   ）。

A. F7   B.Ctrl+F11   C. F11   D. F9

2. 填空题

（1）在CorelDRAW X6中应用填充的工具有很多种，包括前面讲到的_____、_____、_____和即将讲到的填充工具组，该工具组包含了_____、_____、_____、_____。最常用的即为_____。

（2）选中不同的渐变类型之后，可分别设置相关的属性，如线性渐变的_____、_____，辐射渐变的_____等。

（3）在CorelDRAW X6中可以对对象执行一定的变换操作，主要包括对象的_____、_____、_____和_____，掌握这些操作可以使读者快速有效地完成对图形对象的编辑。

3. 操作题

参照"专家看板：精确设置对象轮廓"，为背景添加花朵。

操作提示：

（1）打开"第6章\Complete\为背景添加花朵.cdr"文件。

（2）在新文件中绘制正圆形，将绘制的正圆形中心对齐以后，设置其轮廓样式，将其群组。

（3）继续使用椭圆形工具绘制正圆形，并设置轮廓颜色和样式。

（4）依次绘制页面上的图形。

（5）详细制作见"第6章\Complete\为背景添加花朵.cdr"文件。

第 7 章

制作图形艺术效果

本章重点：

    本章详细介绍了有关交互式工具的应用，包括交互式调和工具、交互式轮廓图工具、交互式变形工具、交互式阴影工具、交互式立体化工具，以及交互式透明工具等。

学习目的：

    通过对本章的学习，使读者掌握交互式工具处理图形对象的操作和方法，在实际的操作过程中能够独立且有效地对图形对象执行绘制及对其变形等操作。

参考时间：79分钟

主要知识	学习时间
7.1 交互式调和工具的应用	10分钟
7.2 交互式轮廓图工具的应用	10分钟
7.3 交互式变形工具的应用	12分钟
7.4 交互式阴影工具的应用	10分钟
7.5 交互式封套工具的应用	10分钟
7.6 交互式立体化工具的应用	12分钟
7.7 交互式透明工具的应用	15分钟

7.1 交互式调和工具的应用

在CorelDRAW X6中，图形对象的特效可以理解为，通过对图形对象进行如调和、扭曲、阴影、立体化、透明度等多种特殊效果的调整和叠加，使得图形呈现出不同的视觉效果。这个效果不仅可以结合使用，同时也可以结合其他的图形绘制工具、形状编辑工具、颜色填充工具等进行运用，使设计作品中的图形呈现出不同的视觉效果。

使用CorelDRAW绘制图形的过程中要为图形对象添加特效，可以结合软件提供的交互式特效工具进行。这里的交互式特效工具是指交互式调和、交互式轮廓图、交互式变形、交互式阴影、交互式封套、交互式立体化和交互式透明这七种工具，收录在工具箱中的调和工具箱中，通过单击调和工具 ，在弹出的菜单中选择相应的选项即可切换到相应的交互式工具中，这些工具可快速对图像赋予特殊效果。

交互式工具组

7.1.1 调和图形间颜色

调和工具用于调和两个或两个以上对象，通过补偿的数量渐变调和对象之间的外形和颜色填充效果，并使其调和效果变得平滑。

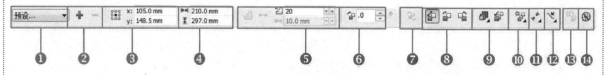

交互式调和工具属性栏

❶ **"预设"按钮**：里面包含了软件自带的调和预设样式，方便用户快速设置。

❷ **"添加"、"删除"预设按钮**：添加新的预设效果或删除系统自带的预设样式。

❸ **"对象原点"坐标轴**：用于设置图形原点位置的坐标。

❹ **"对象大小"按钮**：用于设置图形对象的长度和宽度。

❺ **"调和对象"按钮**：用于调整对象调和后的步长数量，数值越大，调和后的对象步长数量越大。

❻ **"调和方向"按钮**：用于调整调和对象后调和部分的方向角度，数值可以为正也可以为负数。

❼ **"环绕调和"按钮**：用于调整调和对象的环绕调和效果，单击该按钮可对调和对象做弧形调和处理，要取消该调和效果可再次单击该按钮。

❽ **"调和类型"按钮**：包括"直接调和"、"顺时针调和"、"逆时针调和"。单击"直接调和"按钮，以简单而直接的形状和渐变填充效果进行调和；单击"顺时针调和"按钮，在调和形状的基础上以顺时针渐变色相的方式调和对象；单击"逆时针调和"按钮后，在调和形状的基础上以逆时针渐变色相的方式调和对象。

❾ **"加速调和对象"按钮**：用于调整调和对象的形状和颜色的变换速度效果，通过调整滑块左右方向来调整两个对象间的调和关系。

❿ **"更多调和选项"按钮**：用于融合或拆分调和对象，单击该按钮可弹出该选项面板。

⓫ **"起始和结束属性"按钮**：用于调整调和对象的起点和终点。可显示调和对象后原对象的起点和终点，也可以更改当前的起点或终点，作为其他新的起点或终点。

⓬ **"路径属性"按钮**：调和对象之后，要将调和的效果应用于新的对象，执行"新路径"命令，然后单击指定对象即可。

⓭ **"复制调和属性"按钮**：通过该按钮复制调和效果至其他对象，复制的调和效果包括除对象填充和轮廓外的调和属性。

⓮ **"清除调和"按钮**：应用调和效果之后，单击该按钮可清除调和效果，恢复对象的原有属性。

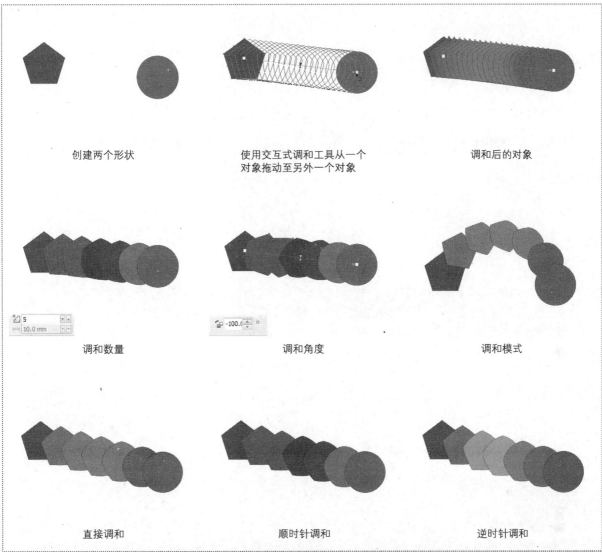

创建两个形状 | 使用交互式调和工具从一个对象拖动至另外一个对象 | 调和后的对象

调和数量 | 调和角度 | 调和模式

直接调和 | 顺时针调和 | 逆时针调和

🌐 知识连接：将对象进行加速调和

加速调和对象是对调和后对象形状及颜色的调和效果进行调整。单击属性栏中的"加速调和对象"按钮，弹出的加速选项面板，其中包括"对象"和"颜色"加速选项。默认状态下加速对象及其颜色为锁定状态，调整其中一项，另一项也随之调整。单击锁定按钮将其解锁以后，可分别对对象颜色进行单独加速调整。

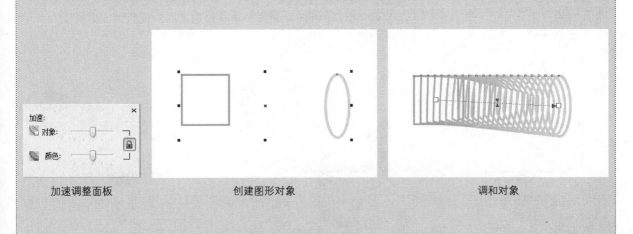

加速调整面板 | 创建图形对象 | 调和对象

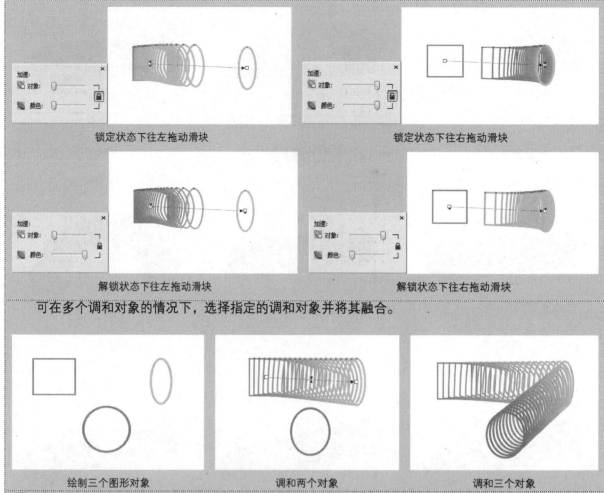

锁定状态下往左拖动滑块　　　　　　　　　锁定状态下往右拖动滑块

解锁状态下往左拖动滑块　　　　　　　　　解锁状态下往右拖动滑块

可在多个调和对象的情况下，选择指定的调和对象并将其融合。

绘制三个图形对象　　　　　　调和两个对象　　　　　　调和三个对象

📓 **技巧：**

　　使用交互式调和工具调和对象时，将根据原始对象所在的图层顺序而应用调和的效果。完成对象的调和后，使用选择工具单击原始对象，可将其单独选择，此时通过按快捷键Shift+PageUp或Shift+PageDown可快速调整调和的效果。

7.1.2　实战：制作图形调和效果

💿 **光盘路径：** 第7章\ Complete \制作图形调和效果.cdr

步骤1　执行"文件｜打开"命令，打开"第7\Media\制作图形调和效果.cdr"文件。	**步骤2**　使用交互式调和工具🖌，连接两个小鸟的图形，出现一段连接的曲线。	**步骤3**　完成以后设置交互式调和工具的属性栏，对画面进一步调整。
	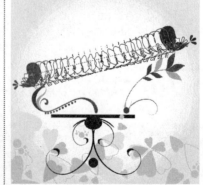	

7.2 | 交互式轮廓图工具的应用

交互式轮廓效果可为对象添加不同偏移方向的轮廓、不同偏移距离和不同轮廓颜色的轮廓图效果，利用轮廓图工具对对象添加轮廓图，可设置轮廓图偏移的方向、步长、距离及其颜色属性等，可为对象添加特殊应用效果。

7.2.1 设置图形轮廓效果

轮廓图工具用于为对象添加轮廓，通过添加向内、向外或向中心的轮廓图效果更改轮廓的颜色属性，可调整对象不同的图像效果。

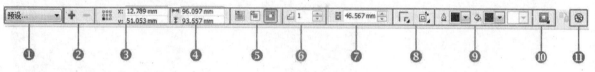

交互式轮廓图工具属性栏

❶ "预设"按钮：里面包含了软件自带的轮廓图预设样式，方便用户快速设置。

❷ "添加"、"删除"预设按钮：添加新的预设效果或删除系统自带的预设样式。

❸ "对象原点"坐标轴：用于设置图形原点位置的坐标。

❹ "对象大小"按钮：用于设置图形对象的长度和宽度。

❺ "轮廓偏移的方向"按钮：包括"到中心"、"内部轮廓"、"外部轮廓"偏移。

❻ "轮廓图步长"按钮：即轮廓的步数，设置该数值可增减对象的轮廓数目，可使对象轮廓达到一种较为平滑的效果。

❼ "轮廓图偏移"按钮：即轮廓偏移的距离，轮廓偏移的间距与轮廓图步长和偏移方向密切相关。当执行"到中心"或"内部轮廓"偏移时，设置该数值，将自动调整偏移步长的数值。

❽ "轮廓图颜色的方向"按钮：包括"线性轮廓"、"顺时针轮廓色"、"逆时针轮廓色"。单击"线性轮廓"按钮，以简单而直接的形状和渐变填充效果进行调和；单击"顺时针轮廓色"按钮，在调和形状的基础上以顺时针渐变色相的方式调和对象；单击"逆时针轮廓色"按钮后，在调和形状的基础上以逆时针渐变色相的方式调和关系。

❾ "轮廓图对象的颜色属性"按钮：可设置轮廓图的轮廓色，均匀填充色和渐变填充色。单击各项属性色块右端的快捷箭头，在弹出的颜色列表中设置相应的颜色。

❿ "对象和颜色加速"按钮：可设置轮廓图对象及其颜色的应用状态，通过调整滑块左右方向以调整轮廓图的偏移距离和颜色。

⓫ "清除轮廓"按钮：应用轮廓图效果之后，单击该按钮可清除轮廓效果，恢复对象的原有属性。

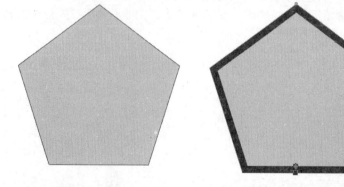

绘制一个图形

添加一个步数的轮廓图

添加3个步数的轮廓图

提示：

使用交互式轮廓图工具添加对象轮廓时，可在属性栏中设置轮廓偏移方向和偏移的步数，也可以直接在对象中向内或向外拖动以调整轮廓偏移的方向，所拖动的幅度越大则偏移的步数越大。

🌐 *知识链接:*

1. 如何设置轮廓图偏移方向

调整轮廓图的偏移方向,即通过调整轮廓向内或向外的偏移效果。在交互式轮廓图工具属性栏中单击"到中心"按钮、"内部轮廓"按钮和"外部轮廓"按钮,可调整轮廓的偏移方向,也可以在添加轮廓图的时候,在对象上向内或向外拖动鼠标以应用不同的轮廓图偏移效果。

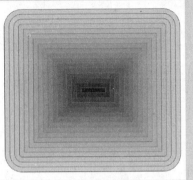 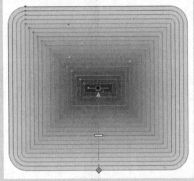 

到中心 内部轮廓 外部轮廓

2. 加速轮廓图对象和颜色

加速轮廓图的对象和颜色,可对对象轮廓偏移间距和颜色的效果进行调整。单击属性栏中的"对象和颜色加速"按钮,弹出加速选项面板,在该面板中拖动"对象"或"颜色"的滑块,可调整轮廓图的轮廓加速的颜色加速效果。

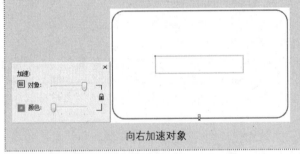 

向右加速对象 向右加速颜色

7.2.2 实战:制作霓虹灯效果

🔘 *光盘路径:* 第7章\ Complete\制作霓虹灯效果.cdr

步骤1 执行"文件∣新建"命令,新建一个空白文档,使用多边形工具,绘制一个正多边形。	**步骤2** 设置轮廓宽度为2.2mm并填充红色(C0、M20、Y40、K0),单击交互式轮廓图工具,在属性栏设置参数,完成设置后在矩形中拖动鼠标完成霓虹灯效果制作。

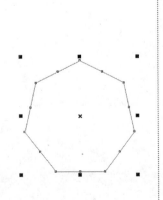 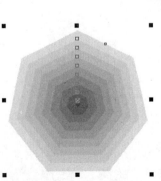 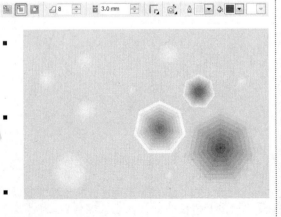

7.3 | 交互式变形工具的应用

在CorelDRAW X6中交互式变形效果即利用扭曲工具对对象作变形处理的效果。运用扭曲工具作变形处理，可应用预设的变形效果，也可对变形效果作精细调整，得到更多变形处理效果，让对象造型变换万千。

7.3.1 设置图形变形效果

交互式变形工具没有泊坞窗，用户可单击该工具，在属性栏中对相关参数进行设置。值得注意的是，在交互式变形工具的属性栏中，分别单击"推拉变形"按钮、"拉链变形"按钮和"扭曲变形"按钮，将分别出现不同的属性栏。

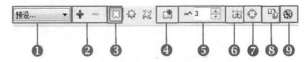

交互式变形工具（推拉变形）属性栏

❶ **"预设"按钮**：里面包含了软件自带的变形样式，方便用户快速设置。

❷ **"添加预设"、"删除预设"按钮**：单击"添加预设"或"删除预设"按钮，即可将各种变形的应用对象视为最终对象来应用新的变形。

❸ **"推拉变形"按钮**：单击该按钮，在图形上单击并拖动鼠标，即可让对象以推拉为变形中心，拖动即可进行变形。

❹ **"添加新的变形"按钮**：单击该按钮，即可将各种变形的应用对象视为最终对象来应用新的变形。

❺ **"推拉振幅"数值框**：在其中可设置推拉失真的振幅。

❻ **"居中变形"按钮**：单击该按钮，在图形上单击并拖动鼠标，即可让对象以中心为变形中心，拖动即可进行变形。

❼ **"转换为曲线"按钮**：将图形对象转换为曲线（快捷键Ctrl+Q）。

❽ **"复制变形属性"按钮**：将已经变形扭曲的对象的属性复制到下一个图形。

❾ **"清除变形"按钮**：清除对象的变形扭曲属性。

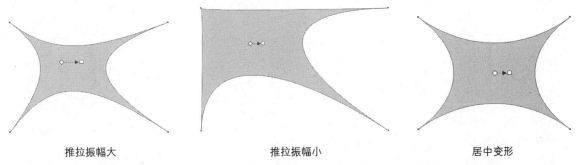

| 推拉振幅大 | 推拉振幅小 | 居中变形 |

在交互式变形工具栏中单击"拉链变形"按钮，即可看到如图所示的相应的属性栏。

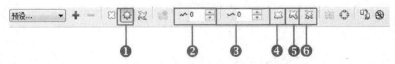

交互式变形工具（拉链变形）属性栏

❶ **"拉链变形"按钮**：将锯齿效果应用到对象中。

❷ **"拉链失真振幅"数值框**：在其中可设置拉链失真振幅，可选择0～100之间的数值，数字越大，振幅越大；同时通过在对象上拖动鼠标，变形的控制柄越长，振幅越大。

③ **"拉链失真频率"数值框**：在其中可设置拉链失真频率，失真频率表示对象拉链变形的波动量，数值越大，波动量越频繁。

④ **"随机变形"按钮**：单击该按钮，可使拉链线条随机分散。

⑤ **"平滑变形"按钮**：单击该按钮，融合处理拉链线条的棱角。

⑥ **"局部变形"按钮**：单击该按钮，在拖动位置的对象区域上对准焦点，使其呈拉链线条显示。

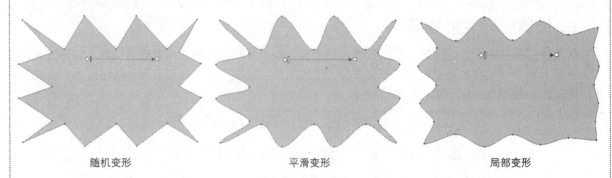

| 随机变形 | 平滑变形 | 局部变形 |

在交互式变形工具栏中单击"扭曲变形"按钮，即可看到如图所示的属性栏。

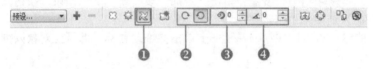

交互式变形工具（扭曲变形）属性栏

❶ **"扭曲变形"按钮**：将对象旋转并应用旋涡效果。

❷ **"旋转方向"按钮组**：包括"顺时针旋转"按钮 和"逆时针旋转"按钮，单击不同的按钮，扭曲的对象将以不同的旋转方向扭曲变形。

❸ **"完全旋转"数值框**：在其中可设置扭曲的旋转数以调整对象扭曲的程度，数值越大，扭曲程度越强烈。

❹ **"附加角度"数值框**：在扭曲变形的基础之上附加的内部旋转角度，对扭曲后的对象内部做进一步的扭曲角度处理。

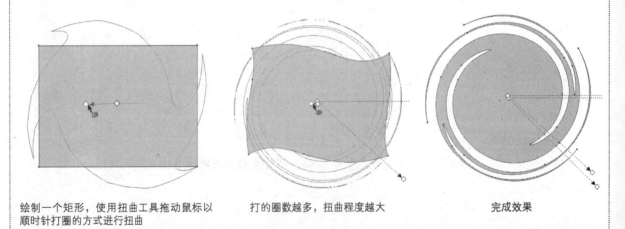

绘制一个矩形，使用扭曲工具拖动鼠标以顺时针打圈的方式进行扭曲　　打的圈数越多，扭曲程度越大　　完成效果

📖 **技巧**：

扭曲工具是对对象做扭曲式的变形处理，制作扭曲变形效果的具体操作是，使用形状工具先绘制一个形状，在交互式变形工具的属性栏单击"扭曲变形"按钮，切换至该变形效果的属性栏状态。然后通过在图形对象上单击并拖动鼠标以增加控制柄，此时再释放鼠标即可应用相应的扭曲变形效果。

7.3.2　实战：制作艺术装饰画

光盘路径：第7章\ Complete \制作艺术装饰画.cdr

步骤1　执行"文件 | 新建"命令，新建一个A4空白文档，单击椭圆形工具 ⬭，通过绘制多个椭圆形并用"造型"命令将其合并在一起，填充为绿色（C80、M20、Y100、K5），然后使用形状工具 ⬭ 稍微调整其边缘轮廓，以制作草丛。

步骤2　单击矩形工具 ⬜ 绘制一个浅绿色（C20、M0、Y60、K0）的矩形，然后单击交互式变形工具 ⬭，打开下拉菜单，选择"推角"选项，应用预设效果将矩形变成花的造型。

步骤3　向右拖曳图形中心的控制手柄，将其中心点向右移动一段距离，使其形状不对称。

步骤4　单击椭圆形工具 ⬭，在按住Ctrl键的同时拖动鼠标以绘制一个正圆形，填充橘黄色（C0、M35、Y100、K0）。完成以后将其移动到中心点上并按快捷键Ctrl+G群组。

步骤5　使用选择工具 ⬭ 将绘制好的花朵移动到草丛上，拖动鼠标将其复制并分别移动到不同位置，接着调整大小使用节点旋转成不同角度。选择草丛和花朵，向左复制并稍微调整其大小。

步骤6　然后使用贝塞尔工具 ⬭ 绘制小树轮廓，填充从鲜绿色（C53、M0、Y98、K0）到草绿色（C69、M6、Y98、K27）的渐变颜色，再继续绘制其阴影的树干。

步骤7　按快捷键Ctrl+I导入"第7章\ Media \小女孩.png"文件，调整其大小和位置，使用椭圆形工具 ⬭ 绘制一个椭圆形，填充灰色（C0、M0、Y0、K50），作为阴影。

步骤8 使用选择工具 ▶️ 选择花朵图形，复制一个花朵图形并调整其颜色为粉红色（C0、M80、Y40、K0）和位置。

步骤9 使用选择工具 ▶️ 将绘制好的花朵移动到画面上，拖动鼠标将其复制并分别移动到不同位置，接着调整大小使用节点旋转成不同角度。选择草丛和花朵，向左复制并稍微调整其大小。

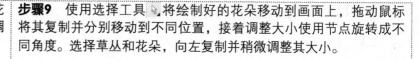

步骤10 单击椭圆形工具 ⬭ 绘制多个椭圆形并分别填充为不同的颜色。

步骤11 继续绘制多个椭圆形并分别填充为不同的颜色，点缀在大椭圆形上，绘制成蝴蝶的效果。

步骤12 继续单击椭圆形工具 ⬭ 绘制多个椭圆形并分别填充为不同的颜色，绘制成不同的蝴蝶。

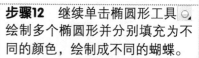

步骤13 使用选择工具 ▶️ 将绘制好的蝴蝶移动到画面上，拖动鼠标将其复制并分别移动到不同位置，接着调整大小使用节点旋转成不同角度。选择蝴蝶，向左复制并稍微调整其大小。

步骤14 单击矩形工具 ⬜，创建一个矩形，设置颜色为米黄色（C3、M0、Y12、K0）。单击文本工具 字，在画面顶端创建相应的文字，并填充浅绿色（C60、M0、Y40、K0）。

FOR CHILDREN

7.4 交互式阴影工具的应用

　　阴影是通过光照在物体背面形成的一道物体遮盖区域的影响效果，通常在Photoshop中处理得比较多，在CorelDRAW X6中同样可以绘制出阴影的效果。交互式阴影效果是通过为对象添加不同颜色的投影方式，为对象添加一定的立体感，并对阴影颜色的处理应用不同的混合操作，丰富阴影与背景之间的关系，让图形效果更逼真。

　　使用交互式阴影工具可在对象上拖动鼠标，直接添加阴影，在属性栏中设置相关的参数可调整阴影的不同效果。

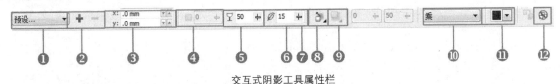

交互式阴影工具属性栏

　　❶ **"预设"按钮**：里面包含了软件自带的阴影预设样式，方便用户快速设置。

　　❷ **"添加预设+"和"删除预设-"按钮**：单击"添加预设+"按钮或"删除预设-"按钮，即可将各种变形的应用对象视为最终对象来应用新的变形。

　　❸ **"阴影偏移"坐标轴**：给图形添加阴影效果的偏移距离。

　　❹ **"阴影角度"数值框**：设置阴影方向。

　　❺ **"阴影的不透明度" 数值框**：在0～100之间可通过输入数值或调整滑块来调整阴影的不透明度，数值越小，阴影越透明。

　　❻ **"阴影羽化" 数值框**：在0～100之间可通过输入数值或调整滑块来调整阴影的羽化程度，数值越大，阴影越虚化。

　　❼ **"羽化方向"按钮**：单击该按钮，即可弹出相应的选项面板，在其中通过单击不同的按钮会自动阴影扩散后边模糊的方向，包括"向内"、"中间"、"向外"和"平均"按钮。

　　❽ **"羽化边缘" 按钮**：在"羽化方向"按钮的下拉面板中单击"平均"以外的任意按钮激活该按钮，此时单击"羽化边缘"按钮，即可弹出相应的选项面板，包括"线性"、"方形的"、"反白方形"、"平面"按钮。

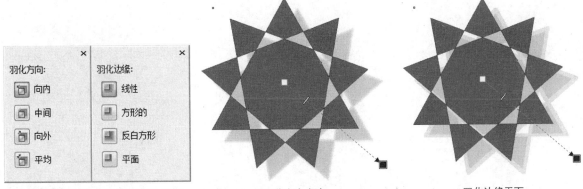

"羽化方向"面板　　"羽化边缘"面板　　　　　羽化方向向内　　　　　　羽化边缘平面

　　❾ **"阴影淡出"数值框**：通过输入数值或拖动滑块，调整阴影的淡出效果。

　　❿ **"阴影延展"数值框**：通过输入数值或拖动滑块，调整阴影的长度。

　　⓫ **"透明度操作"下拉列表框**：单击该下拉列表框，在弹出的选项中进行设置，可调整阴影在背景色中的色调效果。

　　⓬ **"阴影颜色" 下拉列表框**：在其中单击相应的色块，即可设置阴影的颜色。

7.4.1 设置图形阴影效果

使用交互式阴影工具能为图形对象添加阴影效果，同时还能设置阴影的方向、羽化及颜色等，以便制作出更为真实的阴影效果。

1. 添加阴影效果

添加阴影效果的具体方法是，在页面中绘制图形后，单击交互式阴影工具 ，在图形上单击并往外拖动鼠标，即可为图像添加阴影效果。在默认情况下，此时添加的阴影效果的不透明度为50%，羽化值为15%，此时可以在属性栏的"阴影的不透明度"和"阴影羽化"数值框中继续设置，以调整阴影的浓度和边缘强度。

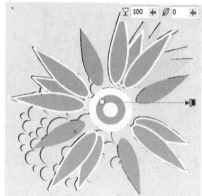

默认情况下的阴影参数   设置不同参数的阴影效果

2. 调整阴影的颜色

为图形对象添加阴影效果后，还可以通过属性栏的"阴影颜色"下拉列表框，选择合适的颜色，对阴影颜色进行设置以改变阴影效果，其默认颜色为黑色。其方法是在"阴影颜色"下拉列表框中单击相应色块，或者在拾色器中选择合适的颜色。

打开一个图形   设置参数后添加阴影   改变阴影颜色为淡紫色

> **注意：**
> 设置图形对象阴影的"透明度操作"选项，是将对象的阴影颜色混合到背景色中已达到两者颜色混合的效果，产生不同的色调样式。包括"常规"、"add"、"减少"、"差异"、"乘"、"除"、"如果更高"、"如果更暗"、"底纹化"、"颜色"、"色调"、"饱和度"等，分别为相同颜色下设置不同的"透明度操作"选项后的阴影效果。

应用"减少"混合模式　　　　应用"乘"混合模式　　　　应用"除"混合模式

3. 应用预设的阴影效果

　　应用预设的阴影模式是在交互式阴影工具属性栏的"预设"下拉列表框中选择相应的阴影效果，并快速赋予图形对象相应部分的阴影效果。

　　对图形对象进行预设的具体方法是，单击图形对象后，在交互式阴影工具属性栏单击"预设"下拉列表框，弹出相应的选项列表，移动鼠标至列表中任一选项后，将在该列表右端显示该阴影预设效果的预览样式，此时单击任意一个选项以后，即可将阴影的预设效果应用到已经选中的图形对象中，同时还可适当拖动白色中心点的位置，以调整阴影效果。

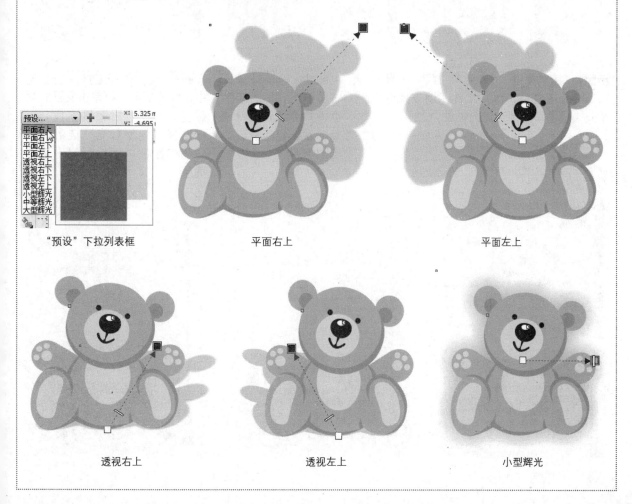

"预设"下拉列表框　　　　　平面右上　　　　　平面左上

透视右上　　　　　透视左上　　　　　小型辉光

7.4.2 实战：制作吊灯发光效果

💿 **光盘路径：** 第7章\ Complete \制作吊灯发光效果.cdr

步骤1 执行"文件	新建"命令，新建一个A4空白文档，双击矩形工具 □，以创建一个与页面相同大小的矩形，并填充灰蓝色（C20、M0、Y0、K20）。	**步骤2** 按快捷键Ctrl+I导入"第7章\ Media \人物.cdr"文件和"灯杆.cdr"文件，调整其大小并移动到合适的位置。	**步骤3** 使用贝塞尔工具 ✎ 绘制吊灯的灯帽，并填充不同的黄色。继续使用贝塞尔工具 ✎ 绘制灯的形状。

步骤4 按快捷键Ctrl+I导入"第7章\Media\花纹.cdr"文件，调整其大小并移动到合适的位置。	**步骤5** 选中绘制好的吊灯按快捷键Ctrl+G将其群组，然后选中灯杆的部分也将其群组。接着使用星形工具 ✰，在属性栏设置边数为4，在画面中绘制星形。	**步骤6** 使用选择工具 ▨ 分别选中吊灯和星形，再单击交互式阴影工具 ▢，在其预设下拉列表框选择"大型辉光"选项，在"阴影颜色"下拉列表中选择黄色。

7.5 | 交互式封套工具的应用

交互式封套效果是以封套的形状对对象作变形处理，通过对封套的节点进行调整来改变对象的形状轮廓，使对象更加规范化。

交互式封套工具主要用于控制图形对象的封套形状，通过交互式封套工具 💿，在属性栏中可对图形的节点、封套模式及映射模式等进行设置。

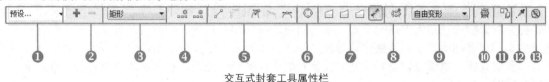

交互式封套工具属性栏

❶ **"预设"按钮**：里面包含了软件自带的封套预设样式，方便用户快速设置。

❷ **"添加预设"和"删除预设"按钮**：添加新的预设效果或删除系统自带的预设样式。

❸ **"选取范围模式"按钮**：包括"矩形"和"手绘"选取模式。应用"矩形"选取模式后，拖动鼠标以矩形的框选方式选择指定的节点；使用"手绘"的选取模式后，拖动鼠标以手绘的框选方式选择指定节点。

❹ **"添加"、"删除"节点按钮**：单击控制虚线框或框选节点以后，单击"添加节点"按钮 💿 或"删除节点"按钮，可在控制框上添加或删除相应的节点，从而调整对象的外形。

❺ **"调整曲线"工具栏**：调整控制框的曲线和节点，选择指定的节点之后，可应用这些调整按钮调整曲线和节点。

❻ **"转换为曲线"按钮**：应用交互式封套效果后，单击该按钮可将图形转换为曲线，并作普通的曲线编辑处理。

❼ **"封套模式"按钮组**：包括"直线模式"、"单弧模式"、"双弧模式"和"非强制模式"四种。在单击任一个按钮以后，只能对控制框中某一节点进行单独调整，且调整效果有所不同，前三个按钮为强制性的封套效果，"非强制模式"按钮则是自由的封套控制按钮。

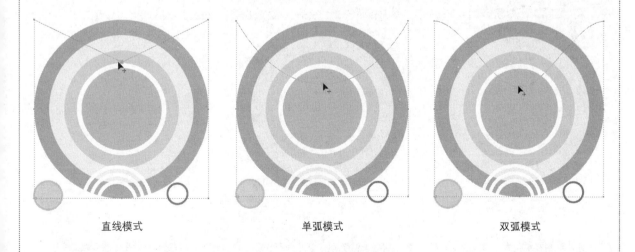

直线模式　　　　　　　　　单弧模式　　　　　　　　　双弧模式

❽ **"添加新封套"按钮**：单击该按钮可为已添加封套效果的对象继续添加新的封套效果，同样将出现相应的封套调整节点。

❾ **"映射模式"下拉列表框**：包括"水平"、"原始"、"自由变形"和"垂直"模式，选择不同的映射模式，可对对象的封套效果应用不同的封套变形效果。

❿ **"保留线条"按钮**：单击该按钮后，以较为强制的封套变形方式对对象进行变形处理。

⓫ **"复制封套属性"按钮**：在封套工具模式下，选中图形对象后，单击该按钮将出现复制箭头，使用箭头单击已经绘制好的图形对象上，则会复制已经绘制好的封套属性，将其应用到指定对象中。

⑫ **"创建封套自"按钮**：在封套工具模式下，选中图形对象后，单击该按钮将已经设置好的对象封套变形轮廓应用到指定对象中，作为指定对象的封套。

⑬ **"清除封套"按钮**：单击该按钮可清除对象的封套效果。

7.5.1 调整封套模式

设置图像对象的封套模式也要结合属性栏进行。在页面中绘制图像，然后单击交互式封套工具 ，在属性栏中封套模式按钮组中进行设置，单击相应的按钮即可切换到相应的封套模式中。默认状态下的封套模式为"非强制模式"，其变化较为自由，且可以对封套的多个节点作同时调整。其他强制性的封套模式是通过直线，单弧或双弧的强制方式为对象作封套变形处理，且只能单独对各节点进行调整，已达到较为规范的封套处理。

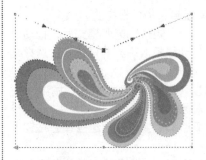
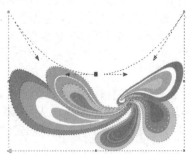
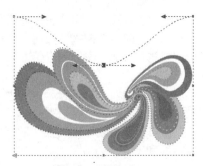

直线模式下对图形变形　　　　　单弧模式下对图形变形　　　　　双弧模式下对图形变形

📖 **技巧：**

设置封套的映射模式是指设置图像对象的封套变形模式。在页面中绘制或打开图形，通过单击交互式封套工具属性栏的"映射模式"下拉列表框，在其中分别选择"水平"、"原始"、"自由变形"和"垂直"选项，即可设置相应的映射模式，然后拖动节点即可对图形对象的外观形状进行变形调整。

水平映射在水平方向调整图像　　　垂直映射在垂直方向调整图像　　　自由变形映射在任意节点上变形

🖐 **提示：**

交互式封套工具的"映射模式"下拉列表框中，"原始"和"自由变形"映射模式都是较为随意的变形模式，应用这两种封套映射模式，将对对象的整体进行封套变形处理；"水平"封套模式是对以封套节点水平方向上的图形进行变形处理；"垂直"封套映射模式是对以封套节点垂直方向上的图形进行变形处理。

7.5.2 实战：制作简单花卉效果

光盘路径：第7章\ Complete \制作简单花卉效果.cdr

步骤1 执行"文件 | 新建"命令，新建一个空白文档，单击椭圆形工具 ，绘制一个椭圆形，并填充红色（C0、M80、Y40、K0）。

步骤2 按下交互式封套工具 ，在其属性栏单击"转换为曲线"按钮 ，将椭圆形转曲，然后在映射模式中选择"自由变形"模式，结合"双弧模式"按钮 和"非强制模式"按钮 对图像进行变形处理。

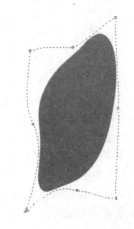

步骤3 使用贝塞尔工具 ，在花瓣图形上绘制一个线条形状，填充深粉色（C0、M100、Y60、K0），复制并旋转花瓣图形。

步骤4 继续使用贝塞尔工具 绘制花蕊的形状，并填充淡粉色（C0、M20、Y20、K0）。

步骤5 绘制完成以后，将图形按快捷键Ctrl+G群组并复制一份，调整其大小和旋转角度，以完善花瓣的形状。

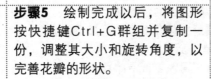

步骤6 使用椭圆形工具 并结合交互式封套工具 绘制一些随意的花朵图形，围绕在周围。

步骤7 接着复制之前绘制的大花瓣，调整其位置和角度，放置在画面的左边，单击矩形工具 ，在画面中绘制一个矩形，并为其填充一个淡黄色背景（C6、M1、Y13、K0）。最后使用文本工具 添加标题文字信息。

7.6 | 交互式立体化工具的应用

立体图形能在一定程度上增加图形的表现力，在CorelDRAW X6中拥有可快速制作立体化效果的交互式立体化工具 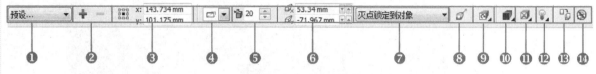。这里的交互式立体化效果是对平面的矢量图形进行立体化处理，使其形成立体效果，同时还可对制作出的立体图形进行填充色、旋转透视角度和光阴效果等的调整，从而让平面的矢量图形呈现出丰富的三维立体效果。

交互式立体化工具用于为对象添加立体化的效果，并可调整三维旋转角度，添加光源照射效果。接着来对其属性栏进行介绍，使大家更快地了解其使用方法。

交互式立体化工具属性栏

❶ **"预设"按钮**：里面包含了软件自带的立体化预设样式，方便用户快速设置。

❷ **"添加"、"删除"预设按钮**：添加新的预设效果或删除系统自带的预设样式。

❸ **"对象原点"坐标轴**：用于设置图形原始点位置的坐标。

❹ **"立体化类型"下拉列表框**：可设置立体化对象的立体化角度。单击该选项的下三角按钮，弹出立体化类型列表，选择不同立体化类型并将该类型应用到图形对象中。

❺ **"深度"数值框**：可调整立体化对象的透视深度，数值越大立体化的景深越大。

❻ **灭点坐标轴**：通过设置x、y轴来确定立体化灭点的位置。

❼ **"灭点属性"下拉列表框**：可锁定灭点即透视消失点至指定对象，也可复制或共享多个立体化对象的灭点。

❽ **"页面或对象灭点"按钮**：将灭点的位置锁定到对象或页面中。

❾ **"立体化旋转"按钮**：可调整立体化对象的旋转透视角度，单击该按钮以后，弹出缩略图面板可通过拖动鼠标调整其旋转方向，单击面板右下角的坐标按钮 ，可弹出坐标轴进行快速输入数值调整立体角度；单击左下角的恢复按钮 ，可恢复成原始状态。

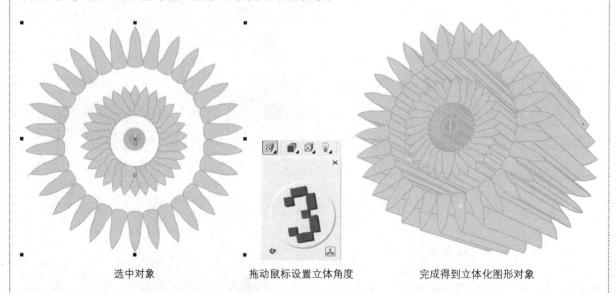

选中对象　　　　　　　拖动鼠标设置立体角度　　　　　　完成得到立体化图形对象

❿ **"立体化颜色"按钮**：可调整立体化对象的颜色，单击该按钮以后在弹出的面板中可以设置相关颜色。

⓫ **"立体化倾斜"按钮**：可为立体化对象添加倾斜立体效果并作倾斜变换的调整，单击该按钮以后弹出调整面板，在其中设置参数即可。

⑫ **"立体化照明"按钮**：根据立体化对象的三维效果添加不同的光源照射效果。

立体化照明调整面板　　　　　　　光源1　　　　　　　　　　光源2　　　　　　　　　　光源3

⑬ **"复制立体化属性"按钮**：可复制已经设置好的立体化对象属性并应用到指定对象。

⑭ **"清除立体化"按钮**：单击该按钮可清除对象的立体化效果。

注意：

对图像对象应用交互式立体化效果时，对象必须为选中状态。

7.6.1　设置立体化模式

使用交互式立体化工具可快速为平面的矢量图形制作出立体效果。下面分别对立体化类型、立体化方向、颜色、倾斜及照明等功能进行介绍。

1. 设置立体化类型

设置立体化对象的类型是指对图形对象立体化方向和角度进行同步调整，也就是设置立体化的样式，可在属性栏的"立体化类型"下拉列表框中进行选择，同时也可结合"深度"数值框对调整后的图形的景深做调整处理。

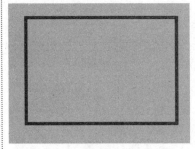 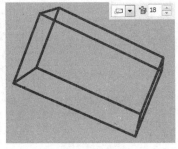 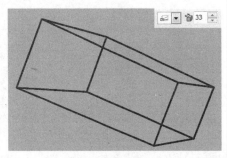

绘制矩形　　　　　　　　　　立体左上预设　　　　　　　　　立体左下预设

技巧：

在交互式立体化工具的运用中，要调整对象的透视深度，还可以在应用交互式立体化效果的同时使用鼠标拖动立体化控制柄中间的滑块，以快速调整其透视深度。

2. 调整对象立体化方向

添加对象的立体化效果之后，可通过调整立体化对象的坐标旋转方向，调整对象的三维角度。单击属性栏中的"立体化旋转"按钮，在弹出的选项面板中拖动数字模型，即可调整立体化对象的旋转方向。

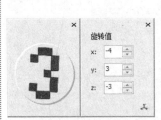 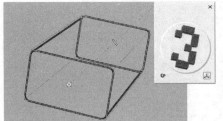 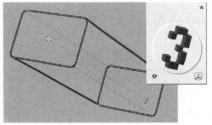

立体化方向面板反　数字输入框　　　　　　　　　拖动数字模型改变对应图形对象

3. 调整立体化对象的颜色

要调整立体化对象的颜色，可应用属性栏中"立体化颜色"选项面板。单击属性栏中的"立体化颜色"按钮，弹出该选项面板，可在该面板中调整立体化对象的直接填充覆盖色、纯色和递减渐变色等。单击不同的颜色设置按钮，切换至该颜色设置的面板，设置不同的颜色后，即可更改立体化对象的颜色效果。此外，也可在添加斜角边效果后的立体化对象中调整相应颜色。

绘制一个图形对象

应用交互式立体化工具

使用纯色选项

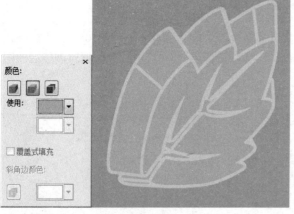
更改纯色颜色

使用递减的颜色选项

注意：

在属性栏中设置了立体化对象的不同颜色后，将根据对象原始面的颜色与对立面的颜色应用渐变填充效果。而应用了立体化效果将不会更改轮廓颜色和宽度。

4. 调整对象的立体化倾斜

调整对象的立体化倾斜效果是指为立体化的图形添加斜角，以达到调整图形轮廓的效果。具体操作方法是，绘制图形对象后，在交互式立体化工具属性栏中单击"立体化倾斜"按钮，在弹出的选项面板中勾选"使用斜角修饰边"复选框，在其下的白色调整框中采用单击并移动节点的方式调整斜角的修饰边的深度和角度，也可以在其下的数值框中进行设置。

"立体化倾斜"面板

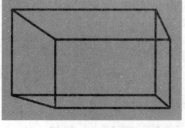
绘制一个立体矩形

勾选"使用斜角修饰边"复选框效果

5. 调整对象的立体化照明效果

调整立体化对象的照明是通过模拟三维光照原理为立体化对象添加更为真实的光源照射效果，以丰富立体化对象的立体层次。

单击属性栏中的"立体化照明"按钮 <img>，弹出照明选项面板，在该面板中可选择三种掩饰的光源照射效果，并可设置光源照射强度。

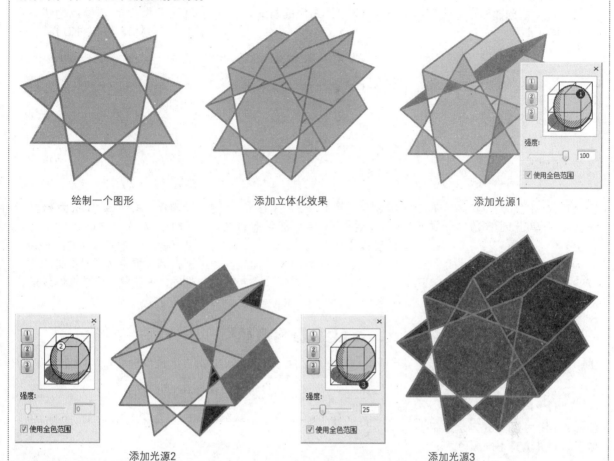

绘制一个图形　　　　　　　　　添加立体化效果　　　　　　　　　添加光源1

添加光源2　　　　　　　　　　　　　　　添加光源3

技巧：

在为立体化图形对象添加光照效果以后，也可以用斜角边效果调整对象的立体光照状态。单击属性栏中的"立体化倾斜"按钮 <img>，弹出该选项面板，在面板中勾选"使用斜角修饰边"和"只显示斜角修饰边"复选框，为立体化对象添加斜角边效果的同时，改变对象的光照立体效果。

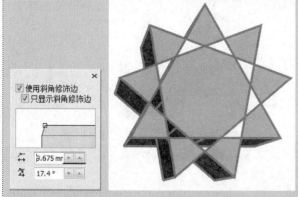

应用"立体化倾斜"选项后光照效果　　　　　　　　　改变参数

7.6.2　实战：制作立体文字效果

💿 光盘路径：第7章\ Complete \制作立体文字效果.cdr

步骤1　执行"文件 | 新建"命令，新建一个空白文档，双击矩形工具 ▢，以创建一个与页面相同大小的矩形。

步骤2　单击交互式填充工具 ◤，填充矩形从黄色（C0、M20、Y96、K0）到白色的渐变。

步骤3　使用贝塞尔工具 ✎ 在页面中绘制几条路径，更改轮廓宽度为1mm，颜色为浅绿色（C36、M0、Y93、K0）。

步骤4　单击文本工具 字，在工作页面中单击创建光标后添加文字。

步骤5　选择文字并按快捷键Ctrl+K拆分文字，然后拖动文字调整其位置。

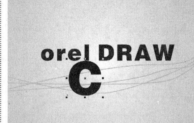

步骤6　将字母填充为粉红色（C0、M40、Y20、K0）。单击交互式立体化工具 ◤ 在"预设"下拉列表框中选择"立体右上"选项，拖动鼠标调整立体效果。

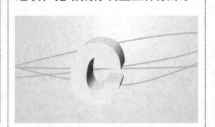

步骤7　使用相同的方法绘制其他字母，并填充不同颜色。

步骤8　使用相同的方法给其他字母添加立体化效果，并使用鼠标调整景深。完成以后全选字母将其移动到画面中间位置。

7.7 | 交互式透明工具的应用

交互式透明效果也就是常说的透明效果，这个效果不仅可以对矢量图形进行运用，也可以对位图图像进行运用。同时可结合属性栏中的选项，对透明度的类型、颜色、目标和方向角度等进行设置，从而调整出丰富的透明效果。

使用交互式透明工具 可为对象添加透明效果，并通过对不同透明效果的设置，丰富图像的透明度效果，接下来对其属性栏进行介绍。

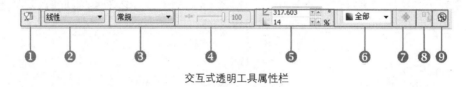

交互式透明工具属性栏

❶ **"编辑透明度"按钮**：单击该按钮可弹出调整面板，在其中可更改透明度属性。

❷ **"透明度类型"下拉列表框**：设置对象的透明度类型，包括"标准"透明、"线性"透明、"辐射"透明，以及各种图样填充的透明效果。填充对象底纹或图样后，可在属性栏中设置该填充效果的透明度样式等属性。

❸ **"透明度操作"下拉列表框**：可调整透明对象与其背景的颜色关系，通过将透明对象的颜色与背景的颜色相混合，产生丰富的色彩效果。包括"添加"、"减少"、"差异"、"饱和度"和"亮度"等样式。

❹ **"透明中心点"数值框**：通过设置该选项的数值，可调整对象的透明范围和渐变平滑度。

❺ **"渐变透明角度和边界"数值框**：设置其参数值可调整对象透明的方向角度，设置位于下端的参数，可调整对象透明的边界渐变平滑度；也可通过拖动透明控制柄的黑白控制节点来调整对象的透明角度和边界。

❻ **"透明度目标"下拉列表框**：可对对象的填充色、轮廓色或全部属性作透明度处理。例如，选择"填充"选项，对对象的内部填充色进行透明处理；选择"轮廓"选项，则对对象的轮廓进行透明处理。

❼ **"冻结透明度"按钮**：在以任意颜色为背景色的情况下，应用交互式透明效果并单击"冻结透明度"按钮，将以该背景色为冻结对象应用透明效果。完成后将冻结的透明对象移动至其他背景色中，可看到冻结的颜色效果。

❽ **"复制透明度属性"按钮**：复制对象的透明度属性。

❾ **"清除透明度"按钮**：清除对象的透明度属性。

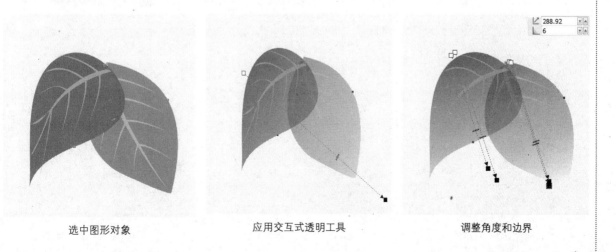

选中图形对象　　　　　　　应用交互式透明工具　　　　　　　调整角度和边界

7.7.1 设置透明效果

使用交互式透明工具可快速赋予矢量图形或位图图像透明效果，如"标准"透明、"线性"透明、"辐射"透明，以及各种图样填充的透明效果。设置对象透明度类型及填充的底纹或图样类型后，可在属性栏更改设置以改变填充的不同效果，满足用户的设计需要。

1. 调整对象透明度类型

调整对象透明度类型是指通过设置对象的透明度状态以调整其透明效果。具体方式是，在页面中绘制图形后，单击交互式透明工具 ，在属性栏的"透明度类型"下拉列表框中选择相应的选项，即可对图形对象的透明度进行默认的调整，此时若默认的调整效果还不是特别满意，可通过在"透明中心点"和"角度和边界"数值框中设置其参数。

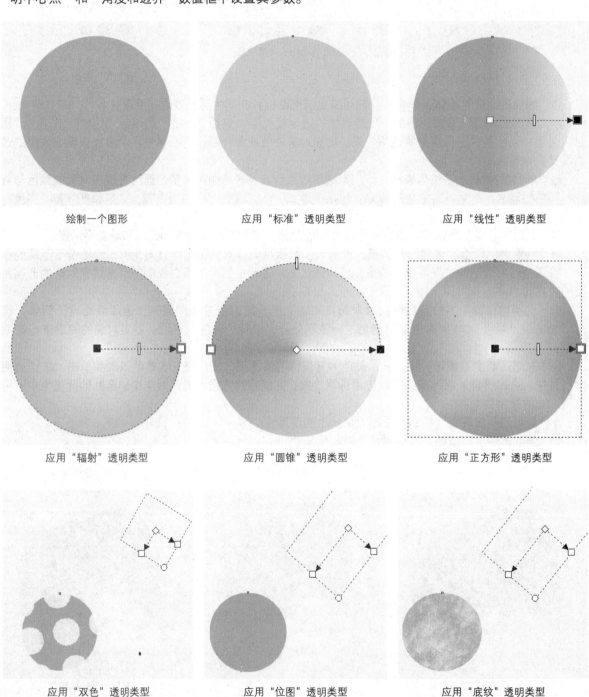

绘制一个图形	应用"标准"透明类型	应用"线性"透明类型
应用"辐射"透明类型	应用"圆锥"透明类型	应用"正方形"透明类型
应用"双色"透明类型	应用"位图"透明类型	应用"底纹"透明类型

2. 调整透明对象的颜色

调整透明对象的颜色，可通过直接调整图形对象的填充色和背景色进行色彩的调整，同时也可以在该工具属性栏的"透明度操作"下拉列表框中设置相应的选项，从而通过调整其图形对象颜色与背景颜色的混合模式，产生新的颜色效果。在"透明度操作"选项中包括"常规"、"add"、"减少"、"差异"、"底纹化"、"色度"、"饱和度"和"亮度"等颜色混合的操作模式。

"常规"模式

"减少"模式

"差异"模式

"乘"模式

"如果更亮"模式

"底纹化"模式

"色度"模式

"饱和度"模式

"亮度"模式

> **提示：**
> 交互式透明工具的"样式"类似于Photoshop中的图层样式的功能，可以为位图或矢量图添加不同的混合效果。

3. 调整透明的角度、边界和中心点

调整对象透明的角度、边界和中心点，即为调整透明对象透明方向角度、透明的强度等属性。为对象添加透明效果，可在交互式透明工具属性栏中选择透明类型，也可直接在对象上拖动鼠标来应用该效果。在属性栏中添加透明效果，对象上的透明控制柄将呈水平的状态，直接在对象上拖动鼠标可以添加透明效果。

原图

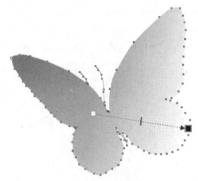

应用"线性"透明效果

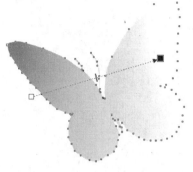

调整对象的透明角度和边界

4. 指定对象透明度

指定对象的透明度，即是根据对象的填充和轮廓属性而应用相应的透明度效果。可以针对全部图形，也可以是针对图形的填充部分或轮廓部分，包括"填充"、"轮廓"和"全部"选项。

应用"全部"透明效果

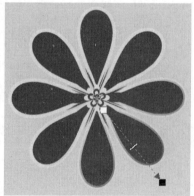

应用"轮廓"透明效果

应用"填充"透明效果

7.7.2　实战：制作透明的气泡效果

🔘 **光盘路径：** 第7章\ Complete \制作透明的气泡效果.cdr

步骤1 执行"文件丨新建"命令，新建一个空白文档，结合矩形工具▢和椭圆形工具◯绘制形状，分别填充颜色。	**步骤2** 使用交互式透明工具▽，在"透明度类型"下拉列表框中选择"辐射"透明，拖动鼠标并调整透明位置和大小。	**步骤3** 导入"风景.jpg"文件，使用选择工具�'选择对象后，复制几个，调整大小分布在页面中，完成气泡效果。
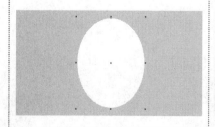	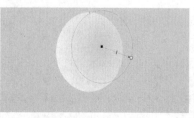	

专家看板：在泊坞窗中设置图形交互式效果

在CorelDRAW X6中，除了能使用工具箱中的交互式特效工具为图形对象添加特殊的效果之外，还可通过"调和"、"轮廓图"、"封套"和"透镜"泊坞窗进行特殊效果的添加和制作，使用户的设计效果更加丰富。

1. "调和"泊坞窗

交互式调和工具 除了使用工具栏的交互式调和按钮外，还可以使用"调和"泊坞窗来完成，其使用方法有别于交互式调和工具，使用绘制工具绘制两个需要调和的图形之后，同时选中两个图形才能激活"调和"泊坞窗。

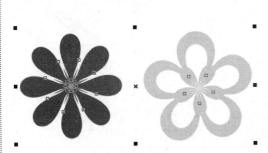

选中两个图形　　　　　　　　"调和"泊坞窗　　　　　　　　执行调和命令

通过调整参数值来调整调和属性

2. "轮廓图"泊坞窗

交互式轮廓图工具 除了使用工具栏的交互式轮廓图按钮外，还可以使用"轮廓图"泊坞窗命令来完成，其使用方法有别于交互式轮廓图工具，使用绘制工具绘制一个图形以后，在泊坞窗设置好参数，然后单击"应用"按钮即可。

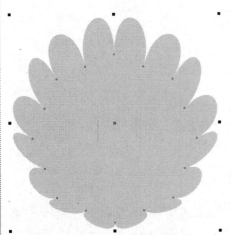

绘制一个图形　　　　　　　　设置参数　　　　　　　　完成效果

更改步长参数 　　　　　　　　　　　　　　　　更改转角属性

3. "封套"泊坞窗

交互式封套工具  除了使用工具栏的交互式封套按钮外，还可以使用"封套"泊坞窗来完成，其使用方法有别于交互式封套工具，使用绘制工具绘制一个图形以后，在泊坞窗可选择预设的封套，单击相应的选项可以将图形的虚线框转换为用户所需的样式进行编辑，最后单击"应用"按钮即可。

设置预设模式

> **技巧：**
>
> 在制作产品造型的过程中，可以只使用绘制工具绘制一个简单的几何图形（矩形、圆形等），然后在"封套"泊坞窗中选择相应的封套样式，即可将简单几何图形快速设置为用户所需的图形的外形轮廓。

4. 透镜泊坞窗和透镜效果

执行"窗口 | 泊坞窗 | 透镜"命令，可打开"透镜"泊坞窗，通过"透镜"泊坞窗可为对象添加不同类型的透镜效果，可调整对象的显示内容及其色调效果。

透镜效果包括"变亮"、"颜色添加"、"色彩限度"、"鱼眼"、"热图"、"反显"和"线框"等十多种效果，选择某一种透镜效果后将弹出相应设置选项。

勾选"冻结"复选框后，将冻结对象之间的相交区域，冻结对象之后，移动对象至其他地方，可看见冻结后的对象效果；勾选"视点"复选框后，将在冻结对象的基础上对相交区域单独做透镜编辑处理；勾选"移除表面"复选框后，可查看对象的重叠区域，内透视所覆盖的区域则将隐藏。

"透镜"泊坞窗

> **注意：**
>
> 未应用任何透镜效果时，"透镜"泊坞窗中的预设选项将为灰色未激活状态，且在预览窗口中不显示任何透镜效果。选择任意透镜选项之后，单击工作页面中的对象，"透镜"预览窗口中将显示该透镜效果。

"透镜"泊坞窗中的"应用"按钮 应用 与"锁定"按钮🔒之间有一定的关系。在未解锁的状态下应用对象的任意透镜效果，将直接应用到对象中；而单击"解锁"按钮后，"应用"按钮将被激活，此时若更改相应的选项设置，需要单击"应用"按钮方可应用到对象中。

原图　　　　　　　　　　应用"变亮"效果　　　　　　　　应用"颜色添加"效果

应用"彩色限度"效果　　　　　应用"自定义彩色图"效果　　　　　应用"鱼眼"效果

应用"热图"效果　　　　　　　应用"反显"效果　　　　　　　应用"透明度"效果

7.8 | 操作答疑

7.8.1 专家答疑

（1）如何拆分调和的图形对象？

答：拆分调和对象是将调和之后的对象从中间调和区域打断，作为调和效果的转折点，通过拖动打断的调和点，可调和该调和对象的位置。调和两个对象之后，单击属性栏中的"更多调和选项"按钮，在弹出的列表中选择"拆分"选项，当光标转换为拆分箭头时，在调和对象的指定区域进行单击，然后拖动拆分后的独立对象即可调整其位置。

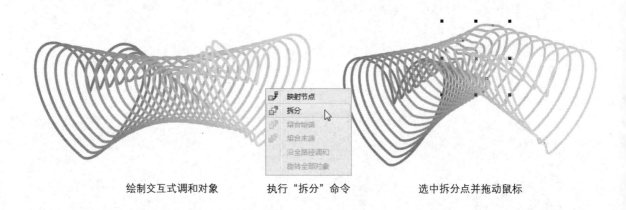

绘制交互式调和对象　　　执行"拆分"命令　　　选中拆分点并拖动鼠标

对于已经应用调和效果的对象嵌入到新的路径中，将当前的调和效果围绕指定路径的形状做嵌入处理，则需在调和对象之后，单击属性栏中的"路径属性"按钮，在弹出的列表中选择"新路径"选项，当光标转换为嵌入新路径的状态时，单击指定的路径即可将调和效果嵌入到新的路径中。嵌入新路径之后，也可以将路径与调和对象分离，或是利用交互式调和工具继续调整调和对象的状态。

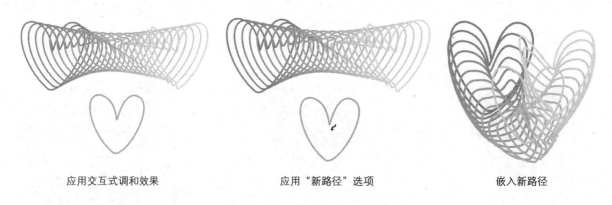

应用交互式调和效果　　　应用"新路径"选项　　　嵌入新路径

（2）如何调整轮廓图颜色？

答：利用轮廓图工具调整对象的轮廓颜色，可通过应用属性栏中的轮廓图颜色方向和自定义颜色设置效果的方式进行调整。

调整轮廓图颜色方向时，可单击属性栏中的轮廓色按钮，在子菜单中选择"线性轮廓色"、"顺时针轮廓色"或"逆时针轮廓色"选项，来改变对象的轮廓图颜色方向和效果。单击"线性轮廓色"选项后，对象轮廓以该填充颜色的饱和度色调进行渐变填充；接着单击"顺时针轮廓色"选项后，对象轮廓以该填充颜色在色相环中顺时针方向进行颜色渐变填充；单击"逆时针轮廓色"选项后，对象轮廓以该填充颜色在色相环中逆时针方向进行颜色渐变填充。

应用"线性轮廓色"效果　　　　应用"顺时针轮廓色"效果　　　　应用"逆时针轮廓色"效果

（3）如何应用交互式变形工具制作其他变形效果？

答：在CorelDRAW X6中绘制图形对象时，对于制作出扭曲变形效果以后，如果对其不满意或者需要进一步进行修改，应用其他变形效果的，可单击交互式变形工具属性栏中的"清除变形"按钮 ，再应用其他效果。

应用变形效果，可直接在"预设"菜单中进行选择。

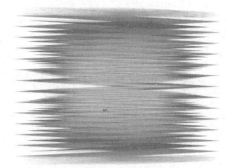

应用"推角"效果　　　　　　应用"扭曲"效果　　　　　　应用"拉链"效果

（4）如何冻结透明对象？

答：单击交互式透明工具 属性栏中的"冻结透明度" ，可将透明对象的颜色冻结。为对象添加透明效果之后，单击属性栏中的"冻结透明度"按钮 ，将对象当前透明效果的颜色状态冻结，并在除水平方向和垂直方向以外的图形边缘显示锯齿状的效果。

冻结对象之后，将该对象拖动至其他背景色中，可看到冻结后的颜色差别。若需要取消冻结的颜色效果可再次单击"冻结透明度"按钮，并恢复图形的普通透明效果。

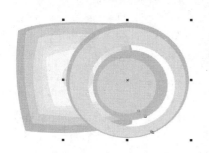

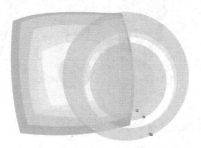

选择其中一个图形对象　　　添加透明效果并冻结对象颜色　　　移动冻结图形对象

7.8.2 操作习题

1. 选择题

（1）在CorelDRAW X6中若要让两个或多个图形之间产生一种自然连接的调和效果，可使用（ ）工具。

　A.交互式立体化　　　　B.交互式调和　　　　C.交互式轮廓图　　　　D.交互式透明

（2）在CorelDRAW X6中交互式封套工具属性栏中，共有（　　　）种封套模式。

A.3　　　　　　　　B.4　　　　　　　　C.5　　　　　　　　D.6

（3）使用交互式变形工具变形对象时，可通过属性栏中的按钮进行，此时的变形方式有（　　　）种。

A.3　　　　　　　　B.4　　　　　　　　C.5　　　　　　　　D.6

2. 填空题

（1）在CorelDRAW X6中，图形对象的特效可以理解为通过对图形对象进行如_____、_____、_____、_____等多种特殊效果的调整和叠加，使得图形呈现出不同的视觉效果。

（2）交互式轮廓效果可为对象添加不同偏移方向的轮廓、不同偏移距离和不同轮廓颜色的轮廓图效果，利用轮廓图工具对对象添加轮廓图可设置轮廓图的偏移的_____、_____、_____及其_____等，可为对象添加特殊应用效果。

（3）交互式变形工具有_____、_____、_____三种，分别单击不同的按钮，将出现不同的属性栏。

3. 操作题

参照"7.6　交互式立体化工具的应用"，制作趣味立体积木效果。

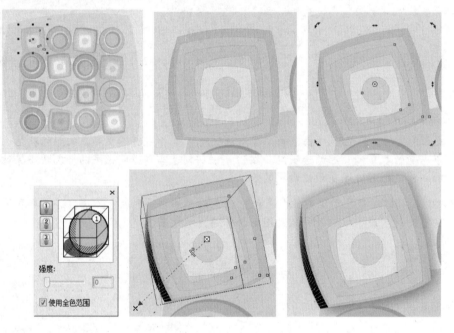

操作提示：

（1）打开"第7章\Media\制作趣味立体积木效果.cdr"文件。

（2）选择对象以后为其添加一条轮廓色，并使用交互式立体工具添加立体效果。

（3）双击对象后将其旋转一定角度。

（4）为其添加一个光照效果。

（5）使用交互式阴影工具添加阴影效果。

（6）详细制作见"第7章\Media\制作趣味立体积木效果.cdr"文件。

第8章

文字和表格工具的应用

本章重点：

本章详细介绍了有关文字工具操作与编辑等知识，包括字符文字的输入和编辑、段落文字的输入和编辑、沿路径编排文字、文字的其他编辑与操作，以及表格工具的应用等。

学习目的：

通过对本章的学习，使读者掌握最常用的文字操作和编辑方法，在实际的操作过程中能够独立且有效地对版式设计中文字进行排版编辑，或者变形制作变形字体，也能熟悉表格工具的创建和编辑方法。

参考时间：75分钟

主要知识	学习时间
8.1 字符文字的输入和编辑	20分钟
8.2 段落文字的输入和编辑	20分钟
8.3 沿路径编排文字	10分钟
8.4 文字的其他编辑与操作	15分钟
8.5 表格工具的应用	10分钟

8.1 | 字符文字的输入和编辑

CorelDRAW X6中文字编辑的功能很强大，它不仅可以对大量文字进行排版处理，更可以将文字转曲以后作变形处理以满足平面设计的需求，文字是平面设计中不可或缺的重要元素，适当添加文字能在图像中起到画龙点睛的作用。

文本的输入需要使用文本工具 字 ，使用鼠标在工作页面中单击可出现光标，此时输入的是美术文本，当拖动鼠标绘制一个文本框时，输入的是段落文字。在文本工具属性栏中可设置文字的字体、大小和方向等。单击文本工具 字 ，在属性栏中显示该工具的属性栏。

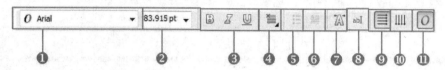

文本工具属性栏

❶ **"字体列表"下拉列表框**：单击下拉按钮，在弹出的下拉列表框中默认载入了用户计算机系统中的所有字体，可以选择字体对文字进行调整。

❷ **"字体大小"下拉列表框**：单击下拉按钮，在弹出的下拉列表框中可以选择软件提供的默认字号，也可以直接在输入框中输入相应的数值以调整文字的字体大小。

❸ **"字体效果"按钮组**：从左到右依次为"粗体"、"斜体"、"下划线"，单击各个按钮可应用不同样式。

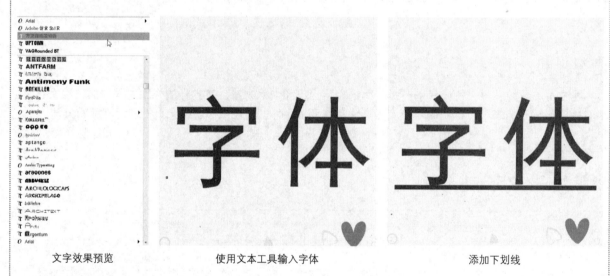

文字效果预览　　　　　　　　使用文本工具输入字体　　　　　　　　添加下划线

❹ **"文本对齐"按钮**：单击该按钮，弹出文字对齐方式的选项，包括"左"、"居中"、"右"、"全部调整"以及"强制调整"选项。

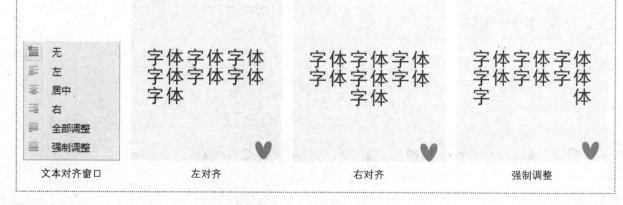

文本对齐窗口　　　　　　左对齐　　　　　　右对齐　　　　　　强制调整

❺ "项目符号"列表按钮：选择段落文本后才能激活该按钮，此时单击该按钮即可为当前所选文本添加项目符号，再次单击即可取消添加。

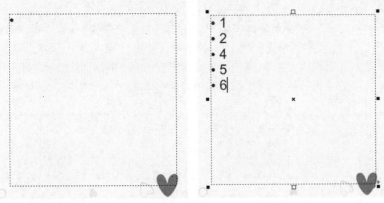

| 绘制一个段落文本框并单击"项目符号"按钮 | 输入文字信息 | 再次单击"项目符号"列表按钮取消应用 |

❻ "首字下沉"按钮：使用方法与"项目符号"列表相同，必须在选择段落文本的情况下才能激活该按钮。单击该按钮，即可显示文字首字下沉的效果，再次单击即可取消应用。

| 绘制一个段落文本框并输入文字 | 单击"首字下沉"按钮 | 再次单击"首字下沉"按钮取消应用 |

❼ "文本属性"按钮：单击该按钮可弹出"文本属性"泊坞窗，在其中可设置文字的字体、大小、样式和位置等属性。

❽ "编辑文本"按钮：单击该按钮，打开"编辑文本"对话框，在其中不仅可输入文字，还可设置文字的字体、大小和状态等属性。

❾ "横排文字"按钮：单击该按钮，使文字以自左向右的横排方式进行输入。

❿ "竖排文字"按钮：单击该按钮，使文字以自上向下的竖排方式进行输入。完成输入文字以后单击横排文字按钮▤或者竖排文字按钮▥，可将文字进行横排和竖排的转换。

⓫ "交互式OpenType"按钮：CorelDRAW 支持 OpenType 字体，以便利用其高级印刷功能。OpenType 功能可为单个字符或一串字符选择替换外观（也称为轮廓沟槽）。例如，可以为数字、分数或连字组选择替换轮廓沟槽。

"文本属性"泊坞窗

提示：

打开文字编辑功能都有其快捷键，其"项目符号"列表按钮的快捷键是Ctrl+M，"文本属性"按钮的快捷键是Ctrl+T。

8.1.1 输入字符文字

在CorelDRAW X6中，美术文本是指除了段落文本格式之外的文本，也叫点文本。在平面设计中通过输入美术文本，可以丰富图形效果，使其生动。

输入美术文本的方法是，单击文本工具 字，在文本属性栏的"字体列表"和"字体大小"下拉列表框中进行选择，设置文字字体、字号。完成后将鼠标光标移动到图像中，此时光标变成 字 形状，在图像中单击以确定文本插入点，在文本插入点后输入文字，完成后单击选择工具确认输入。在默认情况下输入的文字为黑色，使用鼠标选中文字以后单击右侧的调色板，即可将文字调整为其他颜色，还可结合选择工具调整文字的间距。

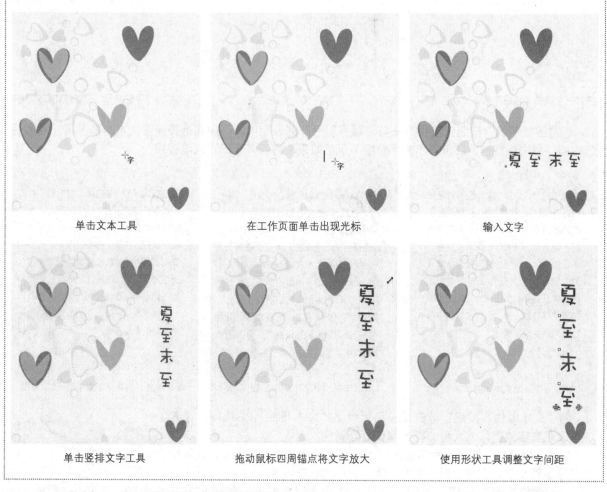

单击文本工具	在工作页面单击出现光标	输入文字
单击竖排文字工具	拖动鼠标四周锚点将文字放大	使用形状工具调整文字间距

8.1.2 实战：为图像添加字符文字效果

🔘 **光盘路径：** 第8章\Complete\为图像添加字符文字效果.cdr

步骤1 执行"文件 | 打开"命令，打开"第8章\Media\为图像添加字符文字效果.cdr"文件。

步骤2 单击文本工具 字，在属性栏选择"竖排文字"按钮 ▥，在画面中输入文字。

8.1.3 使用"文本属性"命令

为了能更系统地对文字的字体、字号、文本的对齐方式及文本效果等进行了解，可通过执行"文本 | 文本属性"命令，打开"文本属性"窗口来对文本进行调整与设置。

❶**"字体列表"下拉列表框**：单击下拉按钮，在弹出的下拉列表框中默认载入了用户计算机系统中的所有字体，可以选择字体对文字进行调整。

❷**"字体效果"下拉列表框**：在该下拉列框表中有"常规"、"常规斜体"、"粗体"、"粗体斜体"选项，单击各个选项可对文字进行设置样式。

❸**"字体大小"下拉列表框**：单击下拉按钮，在弹出的下拉列表框中可以选择软件提供的默认字号，也可以直接在输入框中输入相应的数值以调整文字的字体大小。

❹**字距调整范围**：可对文字的间距进行调整。用于设置图形对象的水平和垂直方向的缩小和放大效果，在其右侧文本框中输入数值即可。

❺**"文字颜色"填充工具组**：包括对字体颜色的填充，对文字底色的填充，还有文字轮廓宽度和颜色的填充。

❻**"交互式OpenType工具组"**：包含了交互式OpenType的各种工具性能，选中文字以后在该工作区单击按钮，可对文字进行快速设置。

❼**"字符删除线"、"字符上划线"下拉列表**：单击该下拉列表可以对文字的字符删除线、字符上划线进行设置，可以是单线也可以是多条线。

❽**"字符水平偏移"、"字符垂直偏移"、"字符角度"数值框**：输入参数可对文字的水平、垂直偏移，角度进行设置。

❾**"打印设置"复选框**：包括"叠印轮廓"和"叠印填充"复选框，可对打印的效果进行设置。

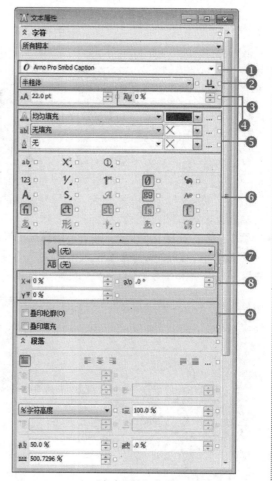

"文本属性"窗口

❿**"文本对齐"按钮**：单击该按钮，弹出文字对齐方式的选项，包括"左"、"居中"、"右"，以及"强制对齐"选项。

⓫**"缩进"数值框**：包含了"首行缩进"、"左行缩进"、"右行缩进"数值框，可对段落文本进行设置。

⓬**"段落间距"数值框**：包含了"字符高度"下拉列表框，"行距"、"段前间距"、"段后距离"数值框，输入数值分别对段落进行调整。

⓭**"字符间距"数值框**：包含了"字符间距"、"语言间距"、"字间距"数值框，输入数值分别对文本进行调整。

⓮**"制表位"复选框**：包含了"项目符号"、"首字下沉"、"断字"复选框，可以对段落文本的整体进行调整。

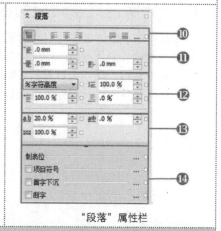

"段落"属性栏

> 📎 **提示：**
> 文本的基本操作有文本的选择、复制、旋转等，其操作方法和图形对象的选择、复制、旋转相同，这里不再一一陈述。文本的选择还可以选择单个文字或字母，其方式是单击文本工具 字，将文本插入点定位到需要选择的字母前或后，单击并拖动鼠标进行选择字母或文字。

8.1.4 实战：制作节奏感强烈的文字效果

💿 光盘路径：第8章\Complete \制作节奏感强烈的文字效果.cdr

步骤1 执行"文件 | 打开"命令，打开"第8章\Media\制作节奏感强烈的文字效果.cdr"文件。

步骤2 单击文本工具 字，在属性栏单击"横排文字"按钮 ，在工作区中输入文字信息，填充白色。

步骤3 继续单击文本工具 字，在属性栏单击"横排文字"按钮 ，在工作区中输入文字，填充黑色。

步骤4 单击选择工具 ，将文字单击选中，然后在其属性栏设置文字的字体和字号。

步骤5 单击属性栏右边的"文本对齐"按钮 ，选择"右"对齐选项。

步骤6 再次单击文字，切换到转转状态，在属性栏中的选择角度文本框中输入旋转角度为30°。

8.1.5 将字符文字转换为曲线

文本的基本操作与图形对象的操作方法相同，可以将其进行转曲操作，转曲后的文字跟图形一样，可以使用形状工具 对其节点进行调节。由于每个人所用的计算机上的系统字库是不一样的，如果不将文字转成曲线，从一台计算机发给另外一台的计算机上打开的字体有可能因对方没有相应字体而产生变化，从而影响到设计者原本的设计排版。

默认输入的是字体

更改字体和颜色

将其转曲

8.1.6 实战：对文字进行变形处理

光盘路径：第8章\Complete\对文字进行变形处理.cdr

步骤1 执行"文件｜打开"命令，打开"第8章\Media\对文字进行变形处理.cdr"文件。

步骤2 单击文本工具 字，在属性栏单击"横排文字"按钮 ，在工作区中输入文字。

步骤3 使用选择工具 选中文字对象，执行"排列｜转换为曲线"命令，将文字转换为曲线，然后使用形状工具 单击文字对象，出现节点。

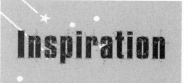

步骤4 使用形状工具 框选中P字母的节点，按住Ctrl键并拖曳节点，将文字调整为如下形状。

步骤5 使用形状工具 框选中R字母下端的节点，按住Ctrl键并拖曳节点，将文字调整为如下形状。接着框选P字母和R字母的节点，在属性栏单击"对齐节点"按钮 ，在弹出的对话框勾选"水平对齐"复选框。

步骤6 使用贝塞尔工具 绘制一条路径，在"轮廓笔"对话框中设置其参数。

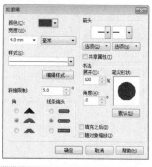

步骤7 使用选择工具 选中文字对象和路径对象，单击属性栏中的"合并"按钮 ，将其合并。

步骤8 使用形状工具 框选中其他字母的节点，按住Ctrl键并拖曳节点，将文字调整为如下形状。

步骤9 使用选择工具 选中对象拖动鼠标将其缩小后，移动到画面的右上角。

8.1.7 系统外字体的安装方法

Windows 7不仅能提供变换的Win7桌面和绚丽的Win7主题，还支持字体安装功能。但是一般用户并不懂得如何添加Win7字体，下面就为读者详解Win7字体的安装过程和安装方法，让Win7系统炫起来，显得更具特色。

1. 用复制的方式安装字体

Windows 7系统采用复制的安装字体方式与Windows XP系统没有区别。操作非常简单，易懂。直接将字体文件复制到字体文件夹中即可。默认的字体文件夹在C:\Windows\Fonts中，可在"控制面板"菜单选项下的"字体"项中打开。

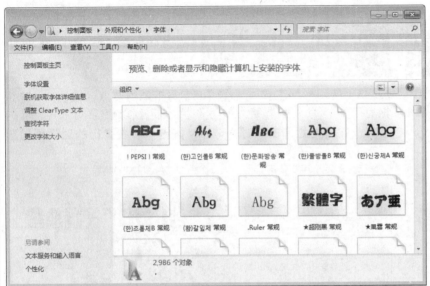

控制面板

系统字体样式

2. 用快捷方式安装字体

用快捷方式安装字体的唯一好处就是节省空间，因为使用"复制的方式安装字体"是将字体全部复制到C:\Windows\Fonts文件夹当中，会使系统盘变大，但是使用快捷方式安装字体就可以起到节省空间的效果。

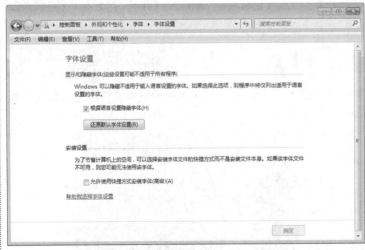

字体设置

将字体作为快捷方式安装

8.1.8　实战：制作艺术文字效果

🔵 **光盘路径**：第8章\Complete \制作艺术文字效果.cdr

步骤1　执行"文件｜打开"命令，打开"第8章\Media\制作艺术文字效果.cdr"文件。	**步骤2**　单击文本工具字，在属性栏单击"横排文字"按钮圭，在工作区中输入文字。	**步骤3**　单击选择工具，将文字单击选中，然后在其属性栏设置文字的字体和字号。

步骤4　单击属性栏左边的"文本对齐"按钮圭，选择"左"对齐选项。	**步骤5**　单击文本工具字选中is和of将其字号改为24像素。	**步骤6**　选中背景图层，执行"效果｜图框精确剪裁｜置于图文框内部"命令，出现箭头。
	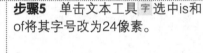	
步骤7　将图像精确剪裁到文字当中。	**步骤8**　单击鼠标右键选择"编辑PowerClip"选项，将图形对象的位置移动到合适位置。	**步骤9**　设置文字的轮廓线宽度为4.3mm，完成效果并添加一个蓝色的背景。
		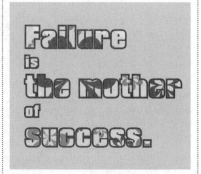

8.2 段落文字的输入和编辑

段落文本是对文字较多的书籍、报纸、海报等进行排版操作时所使用的一种常用文本方式，段落文本以和文字处理软件类似的方式指定文本的属性，并可以自由设置段落文本框架，段落文本框架中提供了设置段落文本属性的多种工具。

8.2.1 输入段落文字

段落文本是将文本置于一个段落框内，以便同时对这些文本的位置进行调整，适用于在文字量较多的情况下对文本进行编辑。

打开CorelDRAW X6新建一个文档后，单击文本工具 字，在工作页面中单击并拖动一个文本框，此时，光标默认显示在文本框的开始部分，此时文本插入点的大小受字号的影响，字号越大，光标越大。在文本属性栏的"字体列表"和"字体大小"下拉列表框中选择合适的选项，设置文字的字体和字号，然后在光标后插入文字即可。

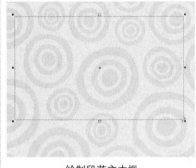

| 绘制段落文本框 | 输入文字 | 文字周围有一个虚线框 |

注意：

段落文本与美术文本的属性设置一样，可在文本工具属性栏中设置相关属性，同时也可以调整段落文本的位置和状态等。

8.2.2 实战：为图像添加段落文字效果

💿 **光盘路径**：第8章\Complete\为图像添加段落文字效果.cdr

步骤1 执行"文件 | 打开"命令，打开"第8章\Media\为图像添加段落文字效果.cdr"文件。

步骤2 单击文本工具 字，在属性栏单击"横排文字"按钮 ，在工作区中输入文字信息。

步骤3 单击选择工具 ，将文字单击选中，然后在其属性栏设置文字的字体和字号。

8.2.3　设置段落文本框

对段落文本框的设计可以使用户在大量文字编辑中，增强版式的设计感，使版式具有极强的视觉传达影响力。

1. 显示或隐藏文本框

显示文本框便于用户在排版时的规范化调整，而有时候不需要文本框的显示，可以通过设置将其隐藏。执行"工具|选项"命令，弹出"选项"对话框，在该对话框左栏选择"工作区|文本|段落文本框"选项，在右栏显示"段落"面板。取消勾选"显示文本框"复选框，并单击"确定"按钮，即可隐藏文本框。

| 显示段落文本框效果 | 取消勾选"显示文本框"复选框 | 隐藏段落文本框效果 |

2. 使文本适合框架

用户可以自由调整文本框的大小和长宽，当调整其长宽时，文本将随文本框长宽的变化自动调整段落的长宽效果，然而调整文本框大小并不能调整其中段落文本的属性。

| 单击"全部调整"对齐方式 | 使文本适合框架 | 缩小段落文本框会出现文本溢出的箭头▼ |

| 缩小文本框后字号不变 | 缩小文本框后字号不变 | 缩小文本框后字号不变 |

3. 首字下沉

"首字下沉"命令与文本工具属性栏中的"首字下沉"按钮功能一样，都是对段落文本的第一个文字作下移处理。不同的是，应用"首字下沉"命令可对首字下沉的状态进行设置。

执行"文本 | 首字下沉"命令，在弹出的对话框中勾选"使用首字下沉"复选框，即可设置首字下沉的行数和该字与段落其他文字间的距离，还可应用悬挂式缩进方式的首字下沉效果，完成设置后单击"确定"按钮。

"首字下沉"对话框　　　　　普通状态下的段落文本　　　　　首字下沉效果

4. 分栏文本

分栏设置是对段落文本的分栏状态进行调整，执行"文本 | 栏"命令，弹出"栏设置"对话框。在该对话框中设置"栏数"的参数，可调整段落文本分栏的数目，分栏之后可通过设置栏的"宽度"和"栏间宽度"数值来调整段落文本的分栏状态。

设置分栏参数　　　　　　　　　　　　　　　　分栏效果

8.2.4　实战：制作光盘上的文本框效果

光盘路径：第8章\Complete\制作光盘上的文本框效果.cdr

步骤1　执行"文件 | 新建"命令，新建一个空白文档，使用椭圆形工具 ○，绘制一个正圆形，在按住Shift键的同时向内拖动鼠标锚点，将正圆形缩小，同时单击鼠标右键进行再制。

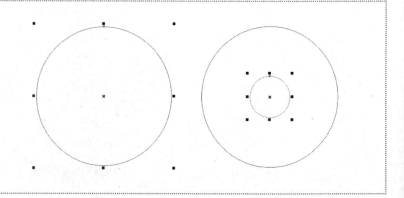

步骤2　使用选择工具 ，选中全部正圆形，在属性栏单击"修剪"按钮 ，将其进行修剪。

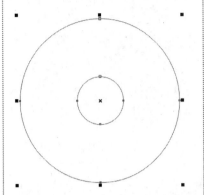

步骤3　按快捷键F11，弹出"渐变填充"对话框，在其中设置为"圆锥"渐变，选择"自定义"渐变按钮，设置渐变洋红（C0、M100、Y0、K0）到白色到蓝色（C100、M0、Y0、K0）渐变，完成后单击"确定"按钮。

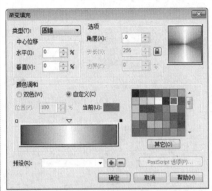

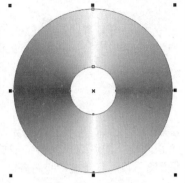

步骤4　使用椭圆形工具 ，绘制一个正圆形，填充白色，与之前绘制的小正圆形进行修剪。

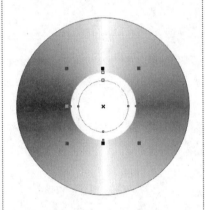

步骤5　按快捷键F12快速弹出"轮廓笔"对话框，在其中设置光盘的轮廓色和轮廓宽度。

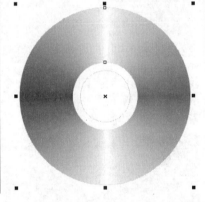

步骤6　单击交互式阴影工具 ，在光盘上拉一个阴影，然后在其属性栏设置参数，调整阴影属性。

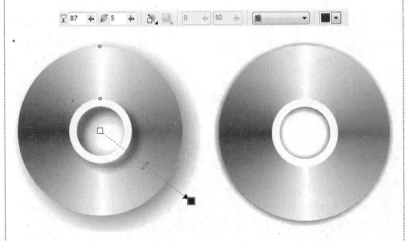

步骤7　单击文本工具 ，在光盘上拖出一个文本框，并输入文字。

步骤8 双击矩形工具 ☐，创建一个和页面相同大小的矩形，填充粉红色（C0、M40、Y0、K0）。

步骤9 使用鼠标左键选中右侧锚点，同时按下Ctrl键向左拖动滑块。单击鼠标右键进行再制，然后填充深紫色（C0、M40、Y0、K60）。

步骤10 使用椭圆形工具 ◯ 绘制一个正圆形，同时选择光盘，按快捷键E使正圆形与光盘中心对齐。

步骤11 使用选择工具 ▸ 选中正圆形和左边的长方形，在属性栏单击修剪按钮 ▢，将其进行修剪，完成以后将正圆形删除。

步骤12 使用矩形工具 ☐ 绘制一个长条矩形，置于图中位置，填充深紫色（C0、M40、Y0、K60）。

步骤13 使用交互式阴影工具 ▢ 在矩形上拉一个阴影，并修改参数。

步骤14 单击文本工具 字，在画面上单击以确定文字输入点，并输入文字。使用矩形工具 ☐ 绘制一些小正方形并填充颜色。

步骤15 使用矩形工具 ☐ 绘制一些小正方形并填充颜色。将制作光盘上的文本框效果制作完成。

8.2.5 使用"段落格式化"命令

执行"文本 | 文本属性"命令,可打开"文本属性"窗口,在其中可设置段落的属性,可分别调整文字间距、文字对齐方式等属性。

1. 调整文字间距

在"文本属性"窗口中可以对段落文字的大小、对齐方式及间距进行设置。输入段落文字以后,全选段落文字可以在"段落"面板中的字符间距处输入相应参数,改变文字的间距。

输入段落文字

间距数值框

调整文字间距后的效果

🌐 **知识连接:使用形状工具调整文字间距**

文字的调整除了使用"文本属性"窗口进行调整外,还可以使用形状工具进行调整,使用形状工具选中文字对象以后拖动其间距控制柄,可以快速调整文本的字距和行距。

输入文字	调整字距	调整行距
落下的叶子 是秋天的梦	落 下 的 叶 子 是 秋 天 的 梦	落 下 的 叶 子 是 秋 天 的 梦

2. 调整文字对齐方式

要调整文字的对齐方式,可在"文本属性"窗口中选择相应的对齐方式。其操作方法是,使用选择工具选中文字对象以后,在属性面板中单击对齐按钮,可对段落文字进行调整。

左对齐	中间对齐	全部调整
I think reading is important in the whole life for people. There are many benefits of reading. Firstly, reading increases our knowledge and we can learn the world affairs without going out. Secondly, reading is a good way to improve reading and writing skills. Before you learn to write, you must know how others write. Thirdly, reading can broaden our knowledge and horizon, which is important to job hunting in the future. Finally, reading helps us become self-cultivation that would be beneficial to our whole life. Therefore, start to reading, no matter how old you are and what you are doing. Then, you may find the great charm and benefits of reading.	I think reading is important in the whole life for people. There are many benefits of reading. Firstly, reading increases our knowledge and we can learn the world affairs without going out. Secondly, reading is a good way to improve reading and writing skills. Before you learn to write, you must know how others write. Thirdly, reading can broaden our knowledge and horizon, which is important to job hunting in the future. Finally, reading helps us become self-cultivation that would be beneficial to our whole life. Therefore, start to reading, no matter how old you are and what you are doing. Then, you may find the great charm and benefits of reading.	I think reading is important in the whole life for people. There are many benefits of reading. Firstly, reading increases our knowledge and we can learn the world affairs without going out. Secondly, reading is a good way to improve reading and writing skills. Before you learn to write, you must know how others write. Thirdly, reading can broaden our knowledge and horizon, which is important to job hunting in the future. Finally, reading helps us become self-cultivation that would be beneficial to our whole life. Therefore, start to reading, no matter how old you are and what you are doing. Then, you may find the great charm and benefits of reading.

8.2.6 实战：调整段落文本的对齐方式

💿 光盘路径：第8章\Complete\调整段落文本的对齐方式.cdr

步骤1 执行"文件丨打开"命令，打开"第8章\Media\调整段落文本的对齐方式.cdr"文件。

步骤2 执行"文本丨文本属性"命令，弹出"文本属性"窗口，在首行缩进数值框中填入10mm设置首行缩进距离。

步骤3 执行"文本丨首字下沉"命令，在弹出的对话框中设置参数，设置完成后单击"确定"按钮，设置首字下沉。

步骤4 调整文本框长宽距离并单击"全部调整"按钮▤，将文本调整成如下样式。

8.2.7 文本绕图

当文本框中有图片时，图片对象会置于文本框的顶部或者底部，为了排版印刷的需要，需要将图片穿插在文本中。在CorelDRAW X6中的具体操作是，使用选择工具▶选中图像对象，右键单击鼠标出现子菜单，在其中选择"段落文本转行"选项，文本会自动围绕图片排列。

打开图片文件　　　　　　　　　　　　　　　　　　文本绕图效果

8.2.8 实战：制作文本环绕图像效果

光盘路径：第8章\Complete\制作文本环绕图像效果.cdr

步骤1 执行"文件｜打开"命令，打开"第8章\Media\制作文本环绕图像效果.cdr"文件。

步骤2 继续打开"第8章\Media\制作文本环绕图像效果.txt"文件。按下快捷键Ctrl+C复制文本内容。

步骤3 切换到原文件中，单击文本工具字，在页面中拖曳绘制一个文本框。

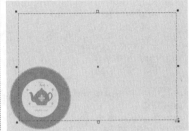

步骤4 按快捷键Ctrl+V粘贴文本。

步骤5 设置文字字体、大小和对齐方式。

步骤6 使用选择工具选中图形对象，右键单击鼠标选择"段落文本转行"选项。

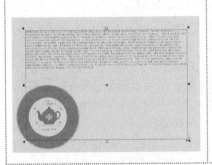
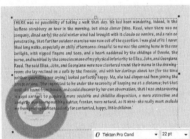

8.2.9 段落文本换行

基本上所有的出版物都会出现图文混排的情况，特别是报纸或杂志，需要使文字绕开图片进行排列，这就需要用到CorelDRAW X6中的段落文本换行操作，下面来进行讲解。

换行样式：

无

轮廓图
文本从左向右排列
文本从右向左排列
跨式文本

正方形
文本从左向右排列
文本从右向左排列
跨式文本
上/下

文本换行偏移(T)：
2.0 mm

文本换行面板

单击"文本从左到右排列"轮廓图效果

单击"跨式文本"正方形效果

8.2.10　实战：编排杂志内页版面

🔵 光盘路径：第8章\Complete\编排杂志内页版面.cdr

步骤1　执行"文件 | 打开"命令，打开"第8章\Media\编排杂志内页版面.cdr"文件。

步骤2　单击文本工具 字，单击左上角的文本框。将第一行标题文字选中，设置其字体和大小。设置字体的颜色为红色（C0、M100、Y100、K0）。在属性栏单击"文本对齐"按钮 ，在菜单中选择"右"对齐选项。

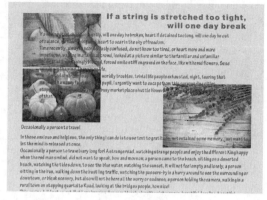

步骤3　拖曳文本框，使正文内容全部显示出来，并调整对齐方式。

步骤4　单击选择工具 ，选中图片，然后按快捷键Ctrl+PageUp，将图像移动到最上层并调整大小，按快捷键Ctrl+Shift+A弹出"对齐与分布"菜单，设置图片与标题右对齐。

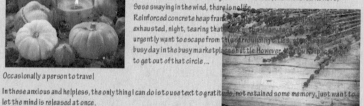

步骤5　单击鼠标右键，打开快捷菜单，选择"段落文本转行"选项，文本会自动围绕图片排列。

步骤6　再次拖曳文本框，修正内容全部显示出来，并调整图像和文本的位置，使其对齐。

步骤7 使用选择工具 ↘ 选中左下方的标题文字，设置其字体和大小，字体颜色为蓝色（C100、M0、Y0、K0）。

步骤8 单击文本工具 字，单击左下角的文本框。设置颜色为80％黑，并设置字体和大小。

步骤9 再次拖曳文本框，修正内容全部显示出来，并调整图像和文本的位置，使其对齐。

步骤10 单击选择工具 ↘，选中图片，然后按快捷键Ctrl+PageUp，将图像移动到最上层，并调整大小。

步骤11 单击鼠标右键，打开快捷菜单，选择"段落文本转行"选项，文本会自动围绕图片排列。按快捷键Ctrl+Shift+A弹出"对齐与分布"菜单，调整对齐方式。

步骤12 单击矩形工具 □，绘制一个矩形并填充白色，置于照片下，按快捷键Ctrl+G将其群组。

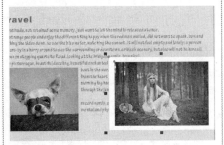

步骤13 将图片段落文本转行后，单击交互式阴影工具 □ 在照片上拉一个阴影，然后在其属性栏设置参数，调整阴影属性。

步骤14 使用选择工具 ↘ 调整图片和文本框的位置和大小，使其全部显示出来。

步骤15 使用相同方法，将右边的文本框进行处理，将右边的两行段落文字中的标题字体进行设置，适当将其放大，然后将正文的部分调整字体，再适当更改文字的填充颜色，最后完成杂志内页版面。

8.3 沿路径编排文字

在CoreIDRAW X6中可以将阿拉伯数字沿着特定的路径来排列，从而得到特殊的排列效果，由于路径的长短同文字的长短不同，所以当对路径进行编辑的时候，沿着路径排列的文本也会跟着改变，这个时候就需要将文字适合路径来进行操作。

8.3.1 输入沿路径文本

使文本适合路径是将输入的文字围绕绘制的路径排列。单击文本工具 字，在工作页面中输入文字后，执行"文本｜使文本适合路径"命令，此时移动光标至相应的路径，可显示路径围绕光标运动的光标样式，然后再单击路径即可将文字放置在路径内。

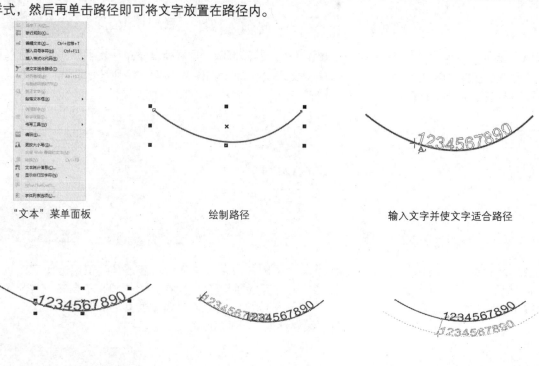

"文本"菜单面板   绘制路径   输入文字并使文字适合路径

应用"使文字适合路径"后   拖动文字调整文字位置   向下拖动文字使文字置于曲线下

8.3.2 实战：制作环形文字

💿 光盘路径：第8章\Complete\制作环形文字.cdr

步骤1 执行"文件｜打开"命令，打开"第8章\Media\制作环形文字.cdr"文件。	步骤2 使用椭圆形工具 ○，绘制一个正圆形，并置于图形中间。	步骤3 单击文本工具 字，在页面中输入文字，并设置字体和大小。按快捷键Ctrl+C复制文字。
		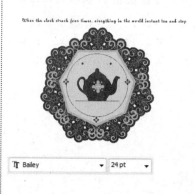

步骤4 按快捷键Ctrl+V粘贴文字。	**步骤5** 然后,按快捷键Ctrl+Q将其转曲,将正圆形路径删除。	**步骤6** 双击矩形工具□,创建一个和页面相同大小的矩形,填充黄色(C0、M20、Y40、K40)。

8.3.3 设置沿路径文本属性

除了执行"使文本适合路径"命令外,还可在绘制路径之后,单击文本工具字,将光标移动至路径之上,当光标显示时可在路径上输入文字。

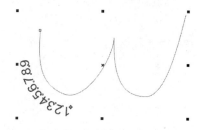

光标移动到路径上输入文字　　　　按住鼠标左键拖动文字控制节点　　　　释放左键以调整文字距离

提示:

执行"使文本适合路径"命令除了能够使文字适合曲线外,还可以使文字适合封闭路径,可以满足广告设计中的一些要求。

8.3.4 实战:制作个性标贴

光盘路径: 第8章\Complete\制作个性标贴.cdr

步骤1 执行"文件|新建"命令,新建一个空白文档,双击矩形工具□,创建一个和页面相同大小的矩形,填充蓝色(C100、M20、Y0、K0)。使用交互式填充工具填充一个辐射的蓝色渐变。	**步骤2** 按快捷键Ctrl+I,导入"第8章\Media\镜头.png"文件,单击选择工具k,将导入的图像选中,调整大小并拖曳到页面右边。	**步骤3** 使用椭圆形工具○,绘制一个正圆形,使用选择工具k同时选中正圆形和镜头,按快捷键E和C,将其进行中心对齐并置于图形中间。

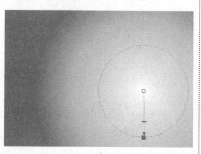
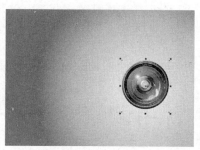
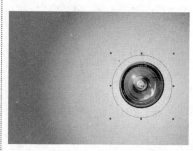

步骤4 单击文本工具 字，当路径上出现光标后输入文字。

步骤5 调整文字的字体和大小，使文字围绕着镜头。

步骤6 按快捷键Ctrl+I，导入"第8章\Media\人物.psd"文件，置于图中位置。

步骤7 单击矩形工具 口，绘制一个长条矩形，填充深蓝色（C100、M100、Y0、K0）。

步骤8 继续打开"第8章\Media\制作个性标贴.txt"文件。按快捷键Ctrl+C复制第一段文本内容。

步骤9 切换到原文件中，单击文本工具 字，在页面中拖曳绘制一个文本框。

步骤10 按快捷键Ctrl+V粘贴文本。

步骤11 使用选择工具 选中文本框，设置文字字体、大小和对齐方式。

步骤12 选中第二段文字，按快捷键Ctrl+C复制文本内容。

步骤13 再次在页面中拖曳绘制一个文本框，按快捷键Ctrl+V粘贴文本。

步骤14 执行"文本 | 栏"命令，设置分栏为2，调整文本框的大小并置于合适的位置。

步骤15 单击文本工具 字 输入文字，设置字体以后拖曳鼠标调整标题文字大小。

8.4 文字的其他编辑与操作

在CorelDRAW X6中还可以对输入的文字执行拼写剪裁、语法检查、自动更正、鱼眼设置及更改大小写等操作。下面介绍的这些内容能够帮助用户对文本的细微之处执行快速有效的编辑操作。

8.4.1 导入与粘贴文本

CorelDRAWY X6延续了以往版面对文本编辑的优点，将文本的导入与粘贴变得更加轻松、快捷。

1. 导入

单击鼠标选中.txt、.doc、.xls等文件，将其拖进CorelDRAW X6的工作页面中，将会出现"导入/粘贴文本"对话框，在其中可以对导入的文本进行编辑，选择"保持字体和格式"选项可将文字的原有格式进行保留。

"导入"对话框   "导入/粘贴文本"对话框   导入.txt文件，文件无格式

2. 粘贴

将文字导入CorelDRAW X6中，还可以打开.txt、.doc、.xls等文件，使用鼠标选中需要粘贴的文字，按快捷键Ctrl+C复制选中内容，然后切换到CorelDRAW面板，按快捷键Ctrl+V粘贴文字。粘贴文字会沿着图形文件的大小居中显示。

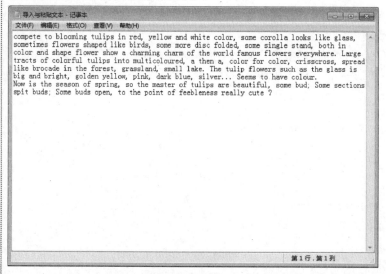

选中文字并复制   在软件中粘贴文字

注意：

使用这种方式粘贴文字可以不用绘制文本框，粘贴的文字以一种类似图片的形式存在。当用户双击该文字时，在CorelDRAW中将会出现word的面板框，此时就可以对文字执行编辑操作。

8.4.2 设置默认文本属性

在CorelDRAW X6中可对文本默认属性进行设置，其操作方法是选择文本工具 字，在不做任何操作的时候，在属性栏中更改字体属性，即选择字体、字号等，完成这些操作以后，系统将会弹出"更改文档默认值"对话框，勾选需要设置的选项即可。

"更改文档默认值"对话框

技巧：

设置默认文本属性可以帮助用户在设计的过程中，将常用的字体、字号、大小设置为默认属性，这样用户就可以更加快速地完成工作了。

8.4.3 调整字符间距和位置

除了使用文本属性调整文本的间距和位置外，还可以通过使用形状工具 直接拖动文本框右下角的文本文字间距控制柄，来调整文本的字距和行距。其具体操作方法是，选择文本对象后单击形状工具 ，在文字两端出现箭头形状的控制柄，此时可以通过拖动左、右控制柄调整其文字间距。另外，还可以拖动上、下的调整文本的行距。

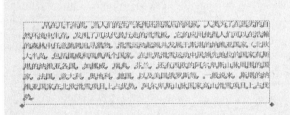

使用形状工具选择文本对象

拖动控制柄调整行距和字距

8.4.4 插入字符

在对图形或文本进行编辑时，常会遇到输入各种特殊符号的情况，此时则可以使用CorelDRAW X6的"插入字符"命令，以便执行相应的操作。

使用文本工具 字 绘制一个文本框，输入文字以后执行"文本 | 插入字符"命令，打开"插入字符"泊坞窗。在"字符"预览框中选择需要的字符，完成后单击"插入"按钮即可将字符插入到文本中。

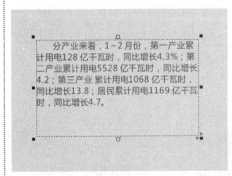

在文本框输入文字

打开"插入字符"泊坞窗

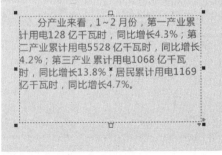

插入字符

提示：

打开"插入字符"泊坞窗，除了使用菜单命令以外，还可以按快捷键Ctrl+F11快速打开。

8.4.5 使用"快速更正"命令

在CorelDRAW X6中可以将文本快速更正，这样使得排列段落文本时，可以更快速地改正文本中将会出现的一些统一错误，同时使后来的校对工作方便快捷。使用文本工具 字，单击并拖曳鼠标绘制一个文本框，执行"文本 | 书写工具 | 快速更正"命令，在其面板中设置相关参数，然后在文本框中输入文字，并全部以小写字母编写，在文本框中输入第一个字母后按下空格键，则首字母自动变成大写，继续输入文字。

设置"快速更正"调整面板

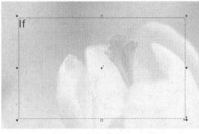

输入字母并按下空格键首字母自动变成大写

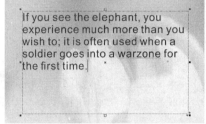

输入一段文字

技巧：

在对英语文字的编辑中可以任意将文本字母执行"句首字母大写"、"小写"、"大写"、"首字母大写"和"大小写转换"操作。只需执行"文本 | 更改大小写"命令，在弹出的"更改大小写"对话框中设置即可。

输入小写字母

更改为大写

设置句首字母大写

8.4.6 使用"编辑文本"命令

在CorelDRAW X6中编辑文本的方法多种多样，一是使用文本工具 字 选中美术字或者段落文本，将光标移动到需要更改的文字将其选中，可以更改局部字的字体和大小；二是使用选择工具 选择需要编辑的文本对象后，在文本工具属性栏执行对齐样式、字体、字号、下划线、加粗等操作；三是使用"编辑文本"命令执行操作，使用选择工具 选择需要编辑的文本对象后，执行"文本 | 编辑文本"命令，将弹出编辑文本对话框，可以在该对话框中对美术字或段落文本进行编辑，更改其字体和大小，此功能结合了前两种功能的优点，并且不会在编辑文字的时候对图形对象执行误操作。

"编辑文本"对话框　　　　　　选择文本　　　　　　更改文本属性

> **注意：**
> 对文本对象进行编辑的过程中，使用"编辑文本"对话框编辑可以很好地保留原图的完整性，而不会在编辑的过程中由于错误操作使原来的图形对象丢失。

> **技巧：**
> 第一次打开软件时，在输入文字的时候CorelDRAW X6系统默认字体是"宋体"，字号是12pt；输入英文默认的字体是Arial，字号是12pt。

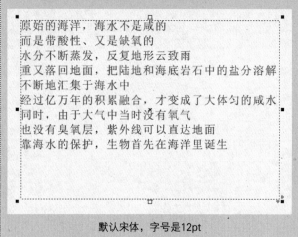

默认宋体，字号是12pt　　　　　　　　　默认Arial，字号是12pt

8.4.7 实战：制作邀请函

🔘 光盘路径：第8章\Complete\制作邀请函.cdr

步骤1 执行"文件｜新建"命令，新建一个A4横向的空白文档。单击矩形工具 □，绘制一个矩形，然后在其长宽的属性栏输入长168.5mm，宽210mm。

步骤2 单击交互式填充工具 ，设置轮廓为无，填充样式为"辐射"渐变模式，设置颜色从红色（C22、M96、Y86、K8）到深红色（C34、M90、Y89、K33）。

步骤3 在按住Ctrl键的同时向右复制一个矩形，单击交互式填充工具 ，更改颜色，从红色（C22、M96、Y86、K8）到深红色（C40、M89、Y90、K46）。

步骤4　按快捷键Ctrl+I导入"第8章\Media\橄榄枝.cdr"文件，将其移动到如图位置。

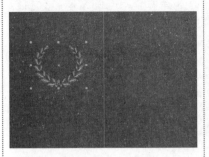

步骤5　单击矩形工具　，绘制一个矩形然后在其长宽的属性栏输入长168.5mm，宽6.946mm。

步骤6　按下F11键弹出"渐变填充"对话框，设置渐变为从金色（C26、M57、Y87、K16）到浅黄色（C4、M3、Y38、K0）。

步骤7　使用选择工具　双击矩形后，同时按下Ctrl键将其旋转成垂直，并单击鼠标右键对其复制。

步骤8　按快捷键Ctrl+I导入"第8章\Media\蝴蝶结.cdr"文件，将其移动到如图位置。

步骤9　单击文本工具　，在属性栏单击"竖排文字"按钮　在页面中输入文字。

步骤10　设置文字的字体和大小，移动到合适的位置。

步骤11　使用椭圆工具　，绘制一个正圆形，并置于图形中间。

步骤12　单击文本工具　，在页面中输入文字，结合属性栏的镜像功能对文字稍作调整。

步骤13　设置文字的字体和大小，并将其进行渐变填充，填充与矩形一样的渐变。

步骤14　结合文本工具　和贝塞尔工具　继续添加文字和效果。

步骤15　按快捷键Ctrl+I导入"第8章\Media\花纹.cdr"文件，将其移动到如图位置。

专家看板：文本的链接

在CorelDRAW X6中进行平面设计时，文字的编排和链接是即为重要的。

链接同一页面的文本

链接同一页面中的文本，可通过执行"链接"命令来实现。同时选择两个不同的文本框，执行"文本 | 段落文本框 | 链接"命令，即可将两个文本框中的文本链接。链接文本之后，调整两个文本框的长宽，若其中一个文本框出现溢流现象，将会把部分文本显示在另外的文本框中，从而避免文本的溢流。

创建文本框并输入文字

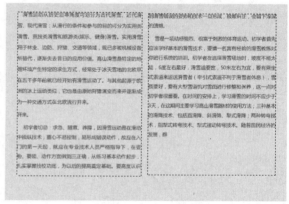

创建新的文本框并输入文本

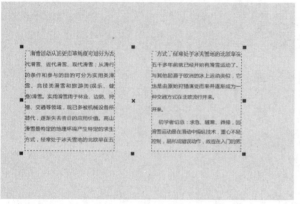

框选两个文本框并链接文本

调整文本框大小显示溢流的文本

知识链接：多行文本框

当遇到文字段出现文字流失的箭头，然后在已经输入文本的文本框右端拖动鼠标添加一个新的文本框，当文本中出现➡箭头时，在空白处绘制一个文本框，将溢流的文本保留到新绘制的文本框中。

文本出现溢流

溢流符号出现箭头

绘制一个新的文本框

8.5 表格工具的应用

利用表格工具，可以通过预设表格的行数和列数来绘制所需的表格，在绘制完成表格后，可对表格的行数和列数进行更改，并且可以更改表格的尺寸和背景色，也可以更改表格轮廓的颜色和宽度等。

表格工具属性栏

❶ **"行数"、"列数"数值框**：在其中可对表格的行数和列数进行输入，设置完成以后绘制的表格将显示设置的行数和列数。

 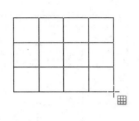 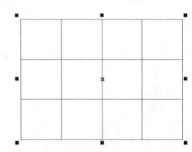

在工作区单击一个点　　　　　　拖动鼠标绘制表格　　　　　　绘制好的表格效果

❷ **"背景颜色"下拉列表框**：单击其下拉按钮，出现色块选择框，选择颜色后单击"确认"按钮，即可对表格的背景颜色进行设置。

❸ **"编辑填充"按钮**：单击该按钮，出现颜色填充拾色器窗口，选择颜色可对表格背景颜色进行设置。

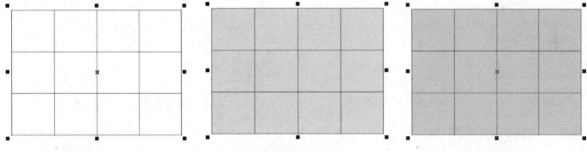

绘制一个表格　　　　　　给表格背景填充颜色　　　　　　更改表格背景颜色

❹ **"边框"下拉列表框**：单击其下拉按钮可设置表格的边框样式并与后面的工具结合对表格轮廓进行调整。

❺ **"轮廓宽度"下拉列表框**：单击该下拉列表按钮可选择并设置系统默认的轮廓宽度。

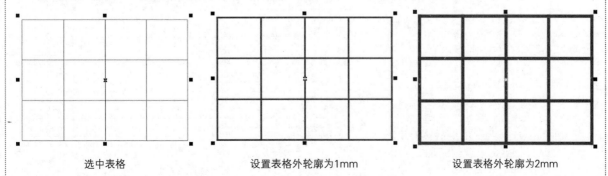

选中表格　　　　　　设置表格外轮廓为1mm　　　　　　设置表格外轮廓为2mm

⑥ **"轮廓颜色"下拉列表框**：单击其下拉按钮，出现色块选择框，选择颜色后单击"确认"按钮，即可对表格的轮廓颜色进行设置。

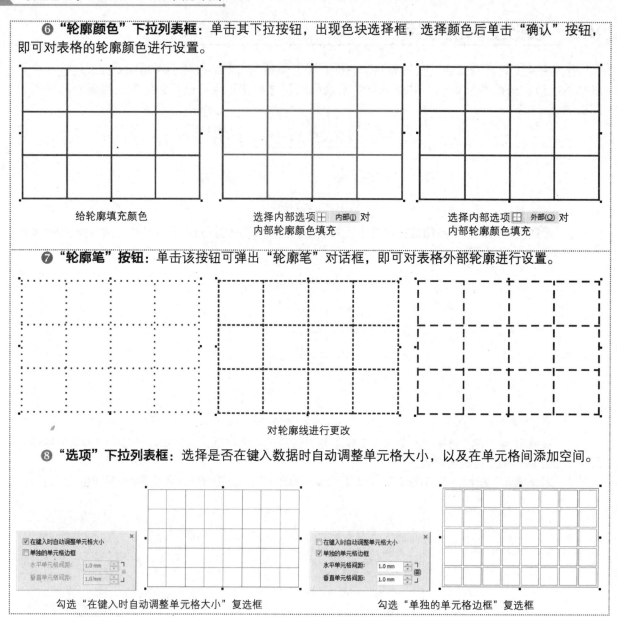

给轮廓填充颜色　　　　　　　　　选择内部选项 ⊞ 内部(I) 对　　　　　选择内部选项 ⊞ 外部(O) 对
　　　　　　　　　　　　　　　　内部轮廓颜色填充　　　　　　　　内部轮廓颜色填充

⑦ **"轮廓笔"按钮**：单击该按钮可弹出"轮廓笔"对话框，即可对表格外部轮廓进行设置。

对轮廓线进行更改

⑧ **"选项"下拉列表框**：选择是否在键入数据时自动调整单元格大小，以及在单元格间添加空间。

勾选"在键入时自动调整单元格大小"复选框　　　　　　　勾选"单独的单元格边框"复选框

8.5.1 表格的创建

　　执行"表格 | 创建新表格"命令，也可创建表格，在弹出的对话框中设置表格的行数、栏数、宽度和高度，完成以后单击"确定"按钮，即可按照设置的参数新建一个表格。

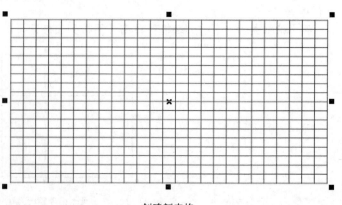

"创建新表格"对话框　　　　　　　　　　　　　　　　　创建新表格

8.5.2　实战：使用表格工具编排版面

步骤1　执行"文件 | 新建"命令，新建一个空白文档。单击表格工具，设置其行数和列数分别为5和4。

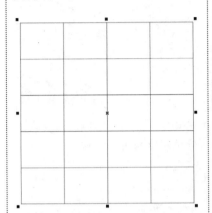

步骤2　双击表格工具左上角的单元格，选择该单元格并向右下角拖动多个单元格，被选中的单元格将以蓝色斜纹显示。

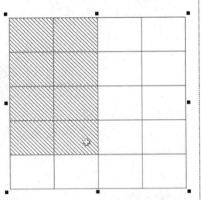

步骤3　单击鼠标右键，在弹出的菜单中选择"合并单元格"选项，将选中的单元格进行合并。

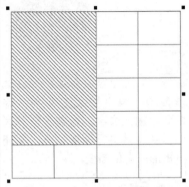

步骤4　按快捷键Ctrl+I导入"第8章\Media\人.jpg"文件，右键拖动该图像至表格中，释放鼠标后在弹出的菜单中选择"置于单元格内部"选项，将位图图像置于表格中。

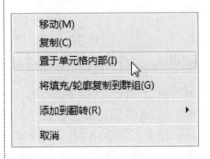

步骤5　继续选中右下角的四个单元格。

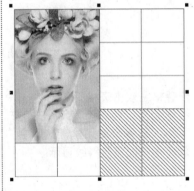

步骤6　单击鼠标右键，在弹出的菜单中选择"合并单元格"选项，将选中的单元格进行合并。

步骤7　按快捷键Ctrl+I导入"第8章\Media\香水.jpg"文件，右键拖动该图像至表格中，释放鼠标后在弹出的菜单中选择"置于单元格内部"选项，将位图图像置于表格中。

步骤8 按快捷键Ctrl+I导入"第8章\Media\蝴蝶.jpg"文件，右键拖动该图像至表格中，释放鼠标后在弹出的菜单中选择"置于单元格内部"选项，将位图图像置于表格中。

步骤9 选择右边最上面的两个表格，将其合并。

步骤10 单击文本工具字，在页面中输入文字，设置字体和大小，并将其进行渐变填充，填充与矩形一样的渐变。

步骤11 结合文本工具字和贝塞尔工具，继续添加文字和效果。

步骤12 选中文字以后对文字的字体和字号进行设置。

步骤13 双击表格工具田左上角的单元格，选择该单元格并向右下角拖动多个单元格，被选中的单元格将以蓝色斜纹显示。

步骤14 单击鼠标右键，在弹出的菜单中选择"合并单元格"选项，将选中的单元格进行合并。然后使用文本工具字，绘制一个文本框，在其中输入文字。

步骤15 选择整个表格，在属性栏中单击"边框"按钮田，选择"全部"选项，以全选表格边框，完成以后设置属性栏中的"轮廓宽度"为"无"，以去除轮廓，完成操作。

> 🖎 **提示：**
>
> 在表格工具属性栏可选择表格指定边框轮廓，可分别选择全部轮廓、外部轮廓、内部轮廓及上下轮廓等，并对选中的轮廓颜色、宽度等进行调整。将选择的轮廓设置为无轮廓状态之后，可隐藏该表格边框轮廓。

8.5.3 编辑单元格

CorelDRAW X6中使用表格工具▦不仅可以绘制表格，而且可以对表格进行行距或间距、背景颜色、轮廓颜色的编辑，使其广泛应用于各行各业中。

1. 调整行距和间距

使用表格工具▦绘制好表格的大体样式以后，为了满足行列需要，就需要对其进行编辑操作。其操作方法是，先用表格工具▦绘制一个表格，然后单击形状工具⬚，将鼠标移动到表格的横线或者纵线上，鼠标光标变成一个双箭头的╪或┿的形状，此时，拖动鼠标即可对表格的行距和间距进行调整，移动到理想位置以后，单击鼠标左键以确认移动。

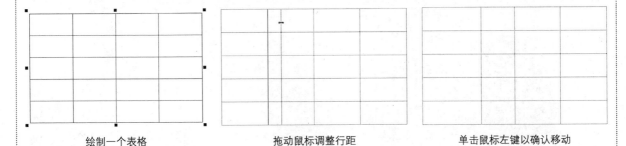

绘制一个表格　　　　　　　拖动鼠标调整行距　　　　　　单击鼠标左键以确认移动

2. 选择表格

将鼠标光标停留在表格的顶端或者左端时，当鼠标光标成单箭头的形状⬇时，然后单击一下即可选择整列或整行的表格。

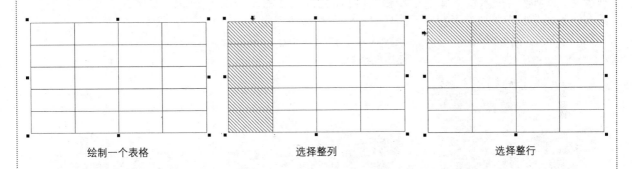

绘制一个表格　　　　　　　　选择整列　　　　　　　　　选择整行

3. 将表格转曲

对表格执行转曲操作以后，表格拆分为只使用线段连接起来的线框，将其取消群组以后可以使用形状工具⬚分别对每条线段执行编辑操作。

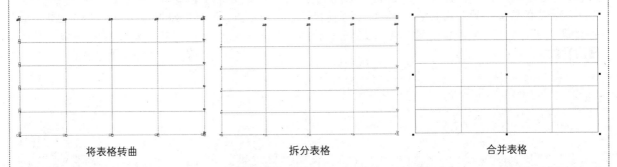

将表格转曲　　　　　　　　　拆分表格　　　　　　　　　合并表格

> 📖 **技巧：**
> 转曲并拆分以后的表格使用选择工具▱全选以后，在属性栏单击"合并"按钮◫，也可以将表格重组。

8.5.4 实战：制作化妆品宣传册内页

光盘路径：第8章\Complete\制作化妆品宣传册内页.cdr

步骤1 执行"文件｜新建"命令，新建一个空白文档，单击椭圆形工具⊙，绘制一个椭圆形，并填充红色（C0、M80、Y40、K0）。

步骤2 按下交互式封套工具⊠，在其属性栏单击"转换为曲线"按钮⊙，将椭圆形转曲，然后在映射模式中选择"自由变形"模式，结合"双弧模式"按钮◻和"非强制模式"按钮✐对图像进行变形处理。

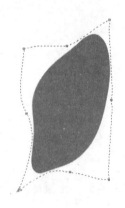

步骤3 使用贝塞尔工具✎在花瓣图形上绘制一个线条形状，填充深粉色（C0、M40、Y40、K0），复制并旋转花瓣图形。

步骤4 继续使用贝塞尔工具✎绘制花蕊的形状，并填充淡粉色（C0、M20、Y20、K0）。

步骤5 绘制完成以后的图形按快捷键Ctrl+G群组并复制一份，调整其大小和旋转角度，以完善花瓣的形状。

步骤6 使用交互式透明工具▢，并使用鼠标在绘制的花朵上拖出透明效果。

步骤7 复制花瓣，并将其移动到画面合适的位置，再单击交互式透明工具▢，在其属性栏设置透明参数。

步骤8 继续复制花瓣叠放在画面中，分别调整其大小和旋转角度，使其有韵律地结合在一起。

步骤9 使用相同方法绘制一些叶子的形状，将其叠在画面中，并使用手绘工具✎绘制一些小圆点，点缀在画面中。

步骤10　双击矩形工具 ▭，创建背景矩形，设置颜色为米黄色（C6、M1、Y13、K0）。

步骤11　单击交互式透明工具 ♙，对花瓣图形应用相应模式的混合透明效果，稍微将其缩小，并置于画面左下角。

步骤12　选择所有的图形，执行"效果 | 图框精确剪裁 | 置于图文框内部"命令，放置所有对象至背景中。完成以后再复制一些圆点。

步骤13　按快捷键Ctrl+I导入"第8章\Media\化妆品人.cdr"文件，适当缩小后，将其移动到如图所示的位置。

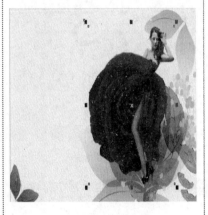

步骤14　按快捷键Ctrl+I导入"第8章\Media\化妆品.cdr"文件，适当缩小后，将其移动至画面左下角。

步骤15　使用文本工具 字 在画面中输入文字信息，并更改其字体和颜色。

步骤16　最后在画面中点缀一些花瓣完成效果。

8.6 | 操作答疑

8.6.1 专家答疑

（1）如何使用交互式OpenType工具？

答：在Windows系统中，在使用文字的时候，感觉到它似乎是矢量的，因为放大或缩小字号都不会损失文字的质量。其实最早的计算机字体是点阵格式的，就如同学习过的点阵图像一样，它只适合在某种尺寸下观看，若是放大缩小就会造成失真。随着技术的发展，从Windows 3.1时代开始使用一种称之为TrueType的字体格式，这就是一种基于矢量制作的字体。现在当通过CorelDRAW、Photoshop、Word或其他应用程序调用文字时，文字都是以矢量方式出现的。除了TrueType之外，常见的还有PostScript、OpenType字体标准。其中TrueType主要应用在屏幕显示及普通打印上，是最常见的。PostScript是由Adobe开发的用作印刷的精细字体标准，但与应用程序的兼容性稍差。而OpenType兼备TrueType与 PostScript的优点，并提供一些新特征，如连笔字、分数字等，可以为文字排版添加新的效果。下面来看一看如何使用OpenType字体的特殊特征。

在字符面板的字体列表中，位于字体名称左方的如果是ɑ，则表示这是一个OpenType字体。如果是т，则表示是TrueType字体。

使用文本工具输入文字信息，选中数字3，在文本属性中的OpenType工具单击"位置"按钮X，在下拉列表中选择"上标"选项，即可将数字作为上标显示出来。

输入数字

选中数字3

选择上标效果

使用文本工具输入文字信息，选中字母H，在文本属性中的OpenType工具单击"大写字母"按钮ab，在下拉列表中选择"小型大写字母"选择，即可将字母缩小显示出来。

输入字母

选中字母H

选择小型大写字母效果

（2）如何拆分文字对象？

答：拆分文字是指将输入的文本文字或段落文字进行打散操作，使其成为独立的点文字。根据文本样式的不同，可将拆分文字操作分为拆分美术字和拆分段落文本两种。

①对美术文本的拆分。此功能在对英文文字进行拆分时最为适用。拆分文字的方法是，在文件中输入美术文本，在文本保持选择的情况下执行"排列｜拆分美术字"命令（快捷键Ctrl+K），即可将美术字进行拆分，拆分后的文字显示为选择一个英文字的效果。

输入美术字

拆分美术字

移动并调整大小

②对段落文本的拆分。拆分段落文本的方法是，·在图像中输入段落文本，在文本保持选择的状态下执行"排列｜拆分段落文本"命令（快捷键Ctrl+K）。在对段落文本进行拆分时，拆分一次以段落为基准，所以拆分后使用选择工具移动文本框即可看到只移动了一个段落的文本框，此时可选择拆分后的段落文本进行二次拆分，此时拆分的是以文字行为标准的一行文字，再次进行拆分即可拆分为单个文字。

输入段落文字

拆分为单行

拆分为单个文字

（3）文字对于版式设计有何重要性？

答：文字在平面设计中不仅具有一定的艺术表现力，而且传递给受众相关的信息，并通过不同的排版方式增强平面设计的艺术化效果。文字在平面设计中的表现可以平衡画面版式，强调画面重点，活跃画面氛围，因此文字是平面广告中不可或缺的应用元素。

在图像较多的版面中，文字占有少量的空间，大量的图像表现出画面浓郁的氛围，而少量文字的应用则能够增强这样的氛围，并传递着重要的图像信息。

在图像较少的版面中，文字占有重要地位，文字不仅是整个版面中重要的组成部分，还是大量相关信息的传递者。这种版面多在报纸、文学杂志等这类文字信息传递比较重要的刊物中出现。

8.6.2 操作习题

1. 选择题

（1）将文本转换为曲线能方便地对文字的形状进行调整，要执行该操作可选择文本后直接按快捷键（　　　）即可。

    A.Ctrl+B   B.Ctrl+Q   C.Ctrl+A   D.Ctrl+D

（2）要在文本框中插入字符可在"插入字符"泊坞窗中进行，快速打开该泊坞窗的快捷键是（　　　）。

    A.Ctrl+D   B.Ctrl+F11   C.Ctrl+G   D.Ctrl+B

（3）在CorelDRAW X6中，可在水平方向上调整段落文本的对齐方式，共有（　　　）方式。

    A.3   B.4   C.5   D.6

2. 填空题

（1）在CorelDRAW X6中，美术文本是指除了段落文本格式之外的文本，也叫＿＿＿＿＿＿。在平面设计中通过输入＿＿＿＿＿，可以丰富图形效果，使其生动。

（2）在CorelDRAW X6中还可以对输入的文字执行＿＿＿＿＿、＿＿＿＿＿、＿＿＿＿＿、＿＿＿＿＿设置及＿＿＿＿＿等操作。

（3）文本的链接除了能在相同页面中进行外，还可以在＿＿＿＿＿中进行，同时还可断开链接，可通过执行"＿＿＿＿＿"命令来完成该操作。

3. 操作题

制作统计报表效果。

操作提示：

（1）在新文件中绘制固定大小、行数和列数的表格。

（2）单击表格工具选中单元格，右键单击鼠标，选择"合并单元格"选项，弹出"合并单元格"对话框将其合并单元格。

（3）单击表格工具选中单元格，右键单击鼠标，选择"拆分单元格"选项，弹出"拆分单元格"对话框将单元格拆分。

（4）使用贝塞尔工具绘制一条直线。

（5）分别选中单元格添加背景颜色。

（6）详细制作见"第8章\Complete\制作统计报表效果.cdr"文件。

第9章

菜单栏的应用

本章重点：

本章介绍了软件的菜单栏知识，包括"文件"菜单命令、"编辑"菜单命令、"视图"菜单命令、"布局"菜单命令、"排列"菜单命令、"效果"菜单命令、"位图"、"文本"和"表格"菜单命令、"工具"菜单命令，以及"窗口"菜单命令等。

学习目的：

通过对本章的学习，使读者掌握最常用的菜单栏知识及其操作和运用方法，在实际的操作过程中能够快速且有效地运用这些命令，将创作环境个性化以满足个人的需求。

参考时间：77分钟

主要知识	学习时间
9.1 "文件"菜单命令	5分钟
9.2 "编辑"菜单命令	10分钟
9.3 "视图"菜单命令	3分钟
9.4 "布局"菜单命令	3分钟
9.5 "排列"菜单命令	15分钟
9.6 "效果"菜单命令	15分钟
9.7 "位图"、"文本"和"表格"菜单命令	5分钟
9.8 "工具"菜单命令	15分钟
9.9 "窗口"菜单命令	3分钟
9.10 "帮助"菜单命令	3分钟

9.1 "文件"菜单命令

在菜单栏单击"文件"按钮 即可弹出文件菜单选项，其中包括新建文件菜单组、关闭文件菜单组、保存文件菜单组、导入导出文件菜单组、打印选项菜单组等，是我们进行图形制作的必备菜单命令。

9.2 "编辑"菜单命令

在菜单栏单击"编辑"按钮 编辑(E) 即可弹出编辑菜单选项，其中包括图形对象的基本操作功能，如剪切、复制、粘贴、再制、克隆、复制属性至、查找和替换等命令，该菜单帮助用户快速地对图形对象进行编辑。

9.2.1 "撤销"和"重做"命令

在图形绘制的过程中，常会执行错误的操作或者需要回到开始编辑的步骤，这时用户需要用到"撤销"命令，其使用方法是，需要撤销步骤时，执行"编辑 | 撤销"命令，即可回到上一步的操作，并且此功能可以重复使用；而撤销操作后又想回到撤销之前的操作时，可以使用"重做"命令，其使用方法是，执行"编辑 | 重做"命令，即可重做该操作。

| 使用鼠标拖动图像 | 向右移动位置 | 执行"撤销"命令回到上一步 |

> **技巧：**
> "撤销"命令除了使用菜单栏中"编辑 | 撤销"命令外，还可以使用快捷键Ctrl+Z。"重做"命令除了使用菜单栏中"编辑 | 重做"命令外，还可以使用快捷键Ctrl+Shift+Z。

9.2.2 应用"符号"命令

符号是从对象中创建的，选择一个图形对象后，执行"编辑 | 符号 | 新建符号"命令，可将对象转换为符号，新的符号会被添加到"符号管理器"泊坞窗中。此外，还可以对符号进行编辑，执行"编辑 | 符号 | 编辑符号"命令，将会进入"符号"窗口中对符号进行编辑；当从外部库中插入符号时，该符号的副本会被添加到活动文档中，但该副本仍保持与源符号的链接。

| 选择对象 | 将图形作为符号 | 对符号进行颜色的编辑 |

> **提示：**
> 创建、编辑和删除符号时只需定义一次，然后就可以在绘图中多次引用对象。符号的选择手柄不同于对象的选择手柄。符号的选择手柄是蓝色的；对象的选择手柄是黑色的。对绘图中多次出现的对象使用符号有助于减小文件大小。

> **注意：**
> 　　用户可以编辑链接的符号，或者可以决定断开与外部库的链接，使符号成为内部符号。断开链接后，符号的本地副本仍作为内部符号保留在绘图中，并且可以独立于外部库中的符号进行编辑。可以删除符号。如果删除在文档中使用的某符号，则将从文档中删除该符号的所有实例。用户还可以删除存储在文档库中，但未在文档中使用的所有符号。

9.2.3　实战：使用符号丰富画面层次感

> 🔵 **光盘路径：** 第9章\Complete\使用符号丰富画面层次感.cdr

步骤1 执行"文件 l 打开"命令，打开"第9章\Media\使用符号丰富画面层次感.cdr"文件。	**步骤2** 执行"文件 l 导入"命令，导入"第9章\Media\花纹.cdr"文件。	**步骤3** 使用选择工具选中各个花纹对象后，分别执行"编辑 l 符号 l 新建符号"命令。

9.3 "视图"菜单命令

　　在菜单栏单击"视图"按钮 视图(V) 即可弹出视图菜单选项，其中包括CorelDRAW中的视图显示设置选项，包括视图类型、标尺、网格、辅助线、显示选型等命令，在实际的操作过程中用户可以个性化地对软件进行设置，以满足用户对设计环境的需求。

9.4 "布局"菜单命令

　　在菜单栏单击"布局"按钮 布局(L) 即可弹出布局菜单选项，其中包括CorelDRAW中的插入、删除页面，再制页面，重命名页面，切换到某页等，主要是对工作区和工作页面、页码的设置。

9.5 "排列"菜单命令

　　在菜单栏单击"排列"按钮 排列(A) 即可弹出排列菜单选项，其中主要是对图层的叠加顺序、对齐与分布、群组、取消群组、锁定对象、造型工具组的集合，且都有相应的快捷键，可以在制作图形对象的过程中帮助用户快速地进行制作编辑，是重要的菜单命令之一。

　　1. **变换：** CorelDRAW允许用户对对象进行变换调整。要精确地变换对象，可以通过"变换"泊坞窗来完成，可变换位置、旋转、比例、大小、倾斜等。

　　2. **清除变换：** 使用选择工具选中变换后的对象后，执行"排列 l 清除变换"命令，即可清除对对象的变换效果，将图形还原为没有变换的效果。

　　3. **对象的排列顺序：** 通过调整对象的排列顺序，可以改变图像的显示效果，在实际的工作中也是常用到的操作之一。

　　4. **对象的对齐和分布：** CorelDRAW X6提供的对齐和分布命令，可以将选中的对象进行特定的对齐和分布操作。

9.5.1 使用造型命令

造型工具按钮组可对图形对象执行任意的造型操作，是用户设计过程中不可缺少的工具组。

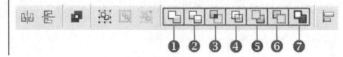

造型工具组

❶ "合并"按钮：单击该按钮，可将两个或两个以上的对象合并为具有单一填充和轮廓的单一对象。
❷ "修剪"按钮：单击该按钮，使用当前图形修剪下方图形。
❸ "相交"按钮：单击该按钮，可从两个或两个以上的对象的相交部分创建新的对象。
❹ "简化"按钮：单击该按钮，可修剪对象的重叠区域。
❺ "移除后面对象"按钮：单击该按钮，可移除前面对象中的后面对象。
❻ "移除前面对象"按钮：单击该按钮，可移除后面对象中的前面对象。
❼ "创建边界"按钮：单击该按钮，可创建一个所选对象周围的轮廓图形。

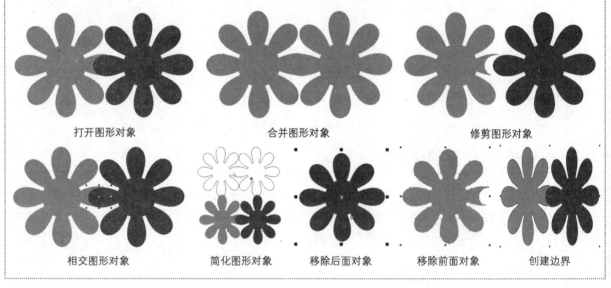

| 打开图形对象 | 合并图形对象 | 修剪图形对象 |

| 相交图形对象 | 简化图形对象 | 移除后面对象 | 移除前面对象 | 创建边界 |

9.5.2 实战：制作图形特殊外形

💿 光盘路径：第9章\Complete\制作图形特殊外形.cdr

步骤1 新建一个空白文档，使用椭圆形工具◎并结合形状工具◊绘制尖角椭圆，然后双击图形出现控制锚点，将中心点下移同时拖动控制柄将其复制，再按下快捷键Ctrl+D将其复制再制，全选图形并单击"合并"按钮◻。

步骤2 使用多边形工具◎绘制一个八边形，使用形状工具◊向内拖动一条边的中心节点，将多边形转换成八角星形。

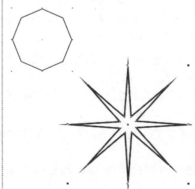

步骤3 将八角星形移动到先前绘制好的花形当中，使其中心对齐，并将其填充为白色，去掉轮廓。然后同时选中两个图形单击"修剪"按钮◻，以前图形剪去后图形，使用相同方法并绘制多个不同花形。

专家看板：图形对象的特殊造型

在CorelDRAW X6中还可以将一个图形对象进行外轮廓造型，将造型工具巧妙地结合起来可以制作出各种各样造型奇特的图形，使其满足用户日常设计的需要，如将合并和修剪功能结合可以制作出镂空的花纹，简化可以修剪掉复杂的图形重叠的部分，创建边界可以快速绘制出复杂的图形的外部轮廓边界等。

1. 合并和修剪对象

可以通过合并和修剪对象来创建不规则形状。几乎可以对任何对象（包括克隆、不同图层上的对象以及带有交叉线的单个对象）进行合并或修剪。但是不能合并或修剪段落文本、尺度线或克隆的主对象。可以合并对象以创建具有单一轮廓的对象。新对象使用合并对象的边界作为它的轮廓，并采用目标对象的填充和轮廓属性，所有交叉线都消失。

不管对象之间是否相互重叠，都可以将它们合并起来。如果合并不重叠的对象，则它们形成起单一对象作用的合并群组。在上述两种情况下，合并的对象都采用目标对象的填充和轮廓属性。可以使用修剪图形，这样对象就可以分解成几个子路径，而其外观保持不变，只会修剪掉重叠的部分。

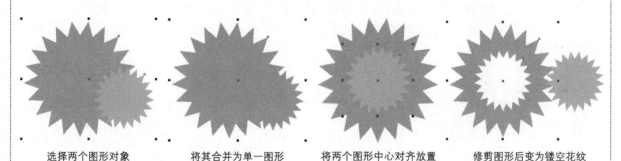

| 选择两个图形对象 | 将其合并为单一图形 | 将两个图形中心对齐放置 | 修剪图形后变为镂空花纹 |

2. 简化可以修剪掉复杂的图形重叠的部分

简化功能可以将复杂的图形简化，使用选择工具选择复杂的图形对象，然后执行"布局｜造型｜简化"命令，即可将复杂图形对象的重叠区域进行修剪，以达到简化成单一图形的目的。

3. 在选定对象周围创建边界

可以自动在图层上的选定对象周围创建路径，从而创建边界。此边界可用于各种用途，如生成拼版或裁切线。

可以由遵照选定对象的形状的闭合路径来创建边界。默认的填充和轮廓属性将应用于根据该边界创建的对象。

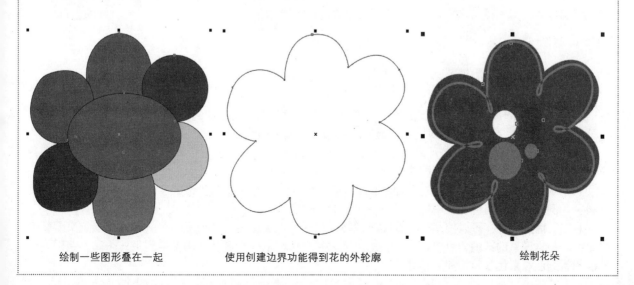

| 绘制一些图形叠在一起 | 使用创建边界功能得到花的外轮廓 | 绘制花朵 |

9.6 | "效果"菜单命令

在菜单栏单击"效果"按钮 效果(C) 即可弹出效果菜单选项,其中包括调整命令、变换命令、艺术笔命令、调和命令、封套命令、透视和克隆等。通过对效果菜单的了解,可以帮助用户在制作图形图像对象时将其调整成用户所需的效果。

9.6.1 颜色调整命令

在CorelDRAW X6中可以调整位图的颜色和色调。例如,可以替换颜色及调整颜色的亮度、光度和强度。通过调整颜色和色调,可以恢复阴影或高光中丢失的细节,移除色偏,校正曝光不足或曝光过度,并且全面改善位图质量。还可以使用"图像调整实验室"快速校正颜色和色调。可以使用"自动调整"命令或使用以下功能自动调整位图的颜色和色调。

下面先来介绍一些调整命令的功能。

(1)**高反差**:用于在保留阴影和高亮度显示细节的同时,调整色调、颜色和位图对比度。交互式柱状图使用户可以将亮度值更改或压缩到可打印限制,也可以通过从位图取样来调整柱状图。

(2)**局部平衡**:用来提高边缘附近的对比度,以显示明亮区域和暗色区域中的细节。可以在此区域周围设置高度和宽度来强化对比度。

原图

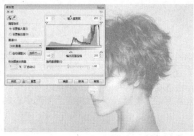
高反差效果

局部平衡效果

(3)**取样\目标平衡**:可以使用从图像中选取的色样来调整位图中的颜色值。可以从图像的黑色、中间色调及浅色部分选取色样,并将目标颜色应用于每个色样。

(4)**调合曲线**:用来通过控制各个像素值来精确地校正颜色。通过更改像素亮度值,可以更改阴影、中间色调和高光。

(5)**亮度\对比度\强度**:可以调整所有颜色的亮度以及明亮区域与暗色区域之间的差异。

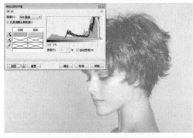

取样\目标平衡效果

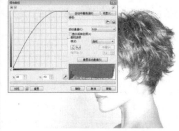
调合曲线效果

亮度\对比度\强度

(6)**颜色平衡**:用来将青色或红色、品红或绿色、黄色或蓝色添加到位图中选定的色调中。

(7)**伽玛值**:用来在较低对比度区域强化细节而不会影响阴影或高光。

(8)**色度\饱和度\亮度**:用来调整位图中的颜色通道,并更改色谱中颜色的位置。这种效果使用户可以更改颜色及其浓度,以及图像中白色所占的百分比。

(9)**所选颜色**:可以通过更改位图中红、黄、绿、青、蓝和品红色谱的CMYK印刷色百分比来更改颜色。例如,降低红色色谱中的品红色百分比会使颜色偏黄。

(10)**替换颜色**:可以使用一种位图颜色替换另一种位图颜色。会创建一个颜色遮罩来定义要替换的颜色。根据设置的范围,可以替换一种颜色或将整个位图从一个颜色范围变换到另一个颜色范围。还可以为新颜色设置色度、饱和度和亮度。

（11）**取消饱和**：用来将位图中每种颜色的饱和度降到零，移除色度组件，并将每种颜色转换为与其相对应的灰度。这将创建灰度黑白相片效果，而不会更改颜色模型。

（12）**通道混合器**：可以混合颜色通道以平衡位图的颜色。例如，如果位图颜色太红，可以调整RGB 位图中的红色通道以提高图像质量。

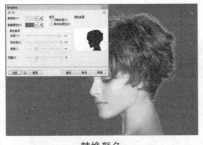

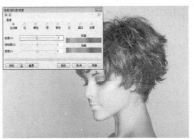

| 替换颜色 | 取消饱和 | 通道混合器 |

9.6.2 实战：调整风景图像神秘色调

光盘路径：第9章\Complete\调整风景图像神秘色调.cdr

步骤1 执行"文件 | 新建"命令，新建一个空白文档，按快捷键Ctrl+I，导入"风景.jpg"文件，将其置于工作页面中。

步骤2 按快捷键+将其复制一份，执行"效果\色度\饱和度\光度"命令，在弹出的对话框中调整参数，完成以后单击确定按钮，即可应用该色调效果。

步骤3 继续复制图形对象，使用交互式透明工具设置为"标准"透明化效果，并设置混合模式将画面整体调亮。

步骤4 双击矩形工具创建一个矩形，填充薄荷绿（C40、M0、Y40、K0），按快捷键Ctrl+Pageup将其置顶，使用交互式透明工具调整效果。

步骤5 双击矩形工具创建一个矩形，填充薄荷绿（C100、M0、Y100、K0），按快捷键Ctrl+Pageup将其置顶，使用交互式透明工具调整效果。

步骤6 按快捷键Ctrl+I打开导入文件对话框，导入"第9章\Media\星光.png"文件，将其移动到画面当中，给画面添加星光的感觉，制作完成神秘色调。

专家看板：位图颜色的特殊调整

在执行相关调整命令操作时，会发现还有"变换"和"校正"命令，在这两个命令中又包括了"去交错"、"反显"、"极色化"及"尘埃与刮痕"4个子命令，使用这些较为特殊的命令能快速将位图图像处理出另类的特殊视觉效果。

1. 反显图像

"反显命令"是将图像中的所有颜色自动替换为相应的补色，制作出类似负片的图像效果。其操作方法是选择位图图像后执行"效果 | 变换 | 反显"命令，该命令没有参数设置对话框，软件自动将图像中的绿色替换为紫色。

选中位图图像　　　　　　执行"效果 | 变换 | 反显"命令　　　　　　反显效果

2. 极色化

"极色化"命令可以重新分布图像中像素的亮度值，与Photoshop中的"阈值"命令有类似之处，以更均匀地显现所有范围的亮度级。使用此命令时，CorelDRAW X6将在整个灰度范围中均匀分布图像中每个色阶的灰度值，其操作方法是，选择位图图像，执行"效果 | 变换 | 极色化"命令，弹出"极色化"对话框，在其中可设置灰阶分布的层次，完成后单击"确定"按钮即可完成对图像的调整。

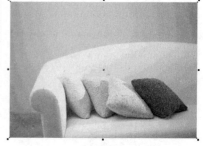

选中位图图像　　　　　　执行"效果 | 变换 | 极色化"命令　　　　　　极色化效果

3. 尘埃与刮痕

"尘埃与刮痕"命令是通过消除超出所设置的对比度阈值的像素之间的对比度来擦除细微的颗粒或划痕，可以通过在弹出的对话框中设置半径以确定更改影响的像素数量，而设置阈值则能设置杂点减少的数量。其操作方法是，选择位图图像，执行"效果 | 校正 | 尘埃与刮痕"命令，打开"尘埃与刮痕"对话框，在其中可设置阈值和半径，设置完成以后单击确定按钮，即可应用调整效果。

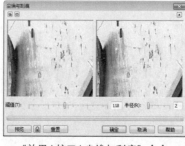

选中位图图像　　　　"效果 | 校正 | 尘埃与刮痕"命令　　　　校正尘埃与刮痕效果

9.6.3 "斜角"命令

在CorelDRAW X6中，也可以像Photoshop那样为矢量的图形添加浮雕等效果，这就要用到"斜角"命令。斜角效果通过使对象的边缘倾斜（切除一角），将三维深度添加到图形或文本对象。斜角效果可能包含专色和印刷色(CMYK)，是打印的理想选择。随时可以移除斜角效果，斜角效果只能应用到矢量对象和文本，不能应用到位图。

斜角效果

为对象添加斜角效果，可制作出立体化效果或是浮雕效果，也可将应用斜角效果后的对象拆分。可执行"效果 | 斜角"命令，弹出"斜角"泊坞窗，在该窗口中可对对象作立体化的处理，也可作平面化样式处理。

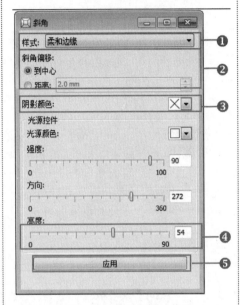

"斜角"泊坞窗

❶ **"样式"下拉列表框**：可为对象添加不同的斜角样式，包括"柔和边缘"和"浮雕"样式，选择不同的样式可切换至该样式的选项面板。

❷ **"斜角偏移"选项**：在给对象添加斜角以后，设置斜角在对象中的位置和状态。当样式为"柔和边缘"时，可选择"到中心"或"距离"选项；当样式为"浮雕"时，则只能选择"距离"选项。

❸ **"阴影颜色"选项**：可设计对象的斜角和阴影颜色。

❹ **"光源控件"选项**：可设置光源的颜色和方向等。更改"光源颜色"后，将以该颜色调和至斜角对象的光源颜色中；"强度"选项可增加光照的明暗对比强度，数值越大，对比越强；"方向"选项可调整光源的照射方向；"高度"选项可调整光照的明暗平滑度，数值越大，效果越平滑。

❺ **"应用"按钮**：设置完成以后，单击该按钮可将设置效果应用到对象中。

绘制一个图形

设置参数

完成效果

注意：

设计"柔和边缘"的斜角效果，要应用对象的"浮雕"斜角效果，可在"样式"下拉列表中选择"浮雕"选项，切换至该选项面板，单击"应用"按钮可应用当前设置的效果。设置对象的"浮雕"斜角选项同样可以更改其颜色和强度等属性。与"柔和边缘"斜角效果不同的是，"浮雕"斜角效果中添加的新对象为矢量图形，对其拆分后可继续编辑。

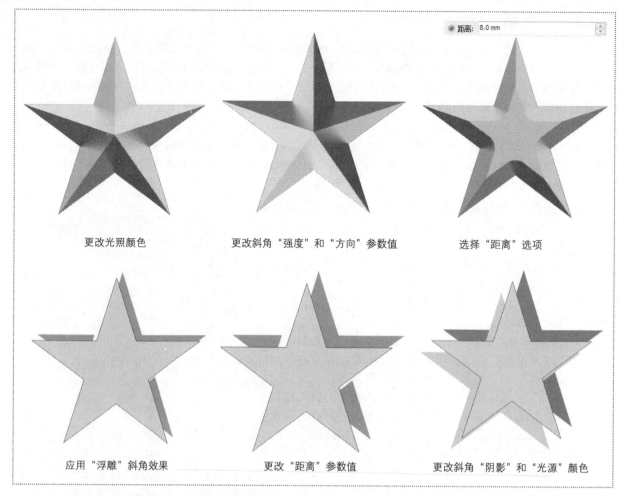

更改光照颜色　　　　　　更改斜角"强度"和"方向"参数值　　　　　　选择"距离"选项

应用"浮雕"斜角效果　　　　　　更改"距离"参数值　　　　　　更改斜角"阴影"和"光源"颜色

9.6.4　实战：制作立体星形效果

🔘 **光盘路径：**第9章\Complete\制作立体星形效果.cdr

步骤1　执行"文件｜打开"命令，打开"第9章\Media\制作立体星形效果.cdr"文件。

步骤2　使用多边形工具 ⬡，绘制一个正八边形，单击形状工具 ▶，拖动一条边上的中心点，按住Ctrl键将其变形为正八边形，将其填充为淡绿色（C57、M0、Y38、K0）。执行"效果｜斜角"命令，在弹出的对话框中设置参数，完成后单击"应用"按钮。

步骤3　使用选择工具 ▶ 选中正八角星形，将其缩小并复制一份，然后更改颜色为橘色（C0、M40、Y80、K0）。

9.6.5 "透镜"命令

执行"效果 | 透镜"命令，可打开"透镜"泊坞窗，通过"透镜"泊坞窗可为对象添加不同类型的透镜效果，可调整对象的显示内容及其色调效果。添加透镜的快捷键是Alt+F3。

透镜效果包括"变亮"、"颜色添加"、"色彩限度"、"鱼眼"、"热图"、"反显" 和"线框"等十多种效果，选择某一种透镜效果后将弹出相应设置选项。

"透镜"泊坞窗

9.6.6 实战：制作艺术质感插画效果

💿 **光盘路径**：第9章\Complete\制作艺术质感插画效果.cdr

步骤1 执行"文件 | 新建"命令，新建一个空白文档，双击矩形工具 ▢ 绘制一个矩形，填充橄榄色（C49、M52、Y97、K33）。再使用贝塞尔工具 ✎ 绘制形状分别填充蓝色（C60、M0、Y20、K0）和褐色（C27、M55、Y100、K10）。执行"效果 | 透镜"命令，打开"透镜"泊坞窗添加其透镜效果。

步骤2 使用贝塞尔工具 ✎ 绘制一些花纹的形状，将其填充为棕色（C27、M55、Y100、K10），然后添加透镜效果。

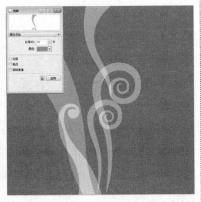

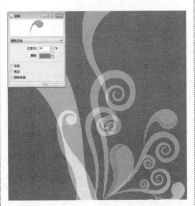

步骤3 使用贝塞尔工具 ✎ 绘制一些花纹的形状，将其填充为褐色（C0、M60、Y60、K40），再在绘制的形状上面添加一些黑色线条，然后添加透镜效果。

步骤4 使用贝塞尔工具 ✎ 绘制一个小鸟的形状，然后将其填充为黑色。

步骤5 使用贝塞尔工具描绘鸟的外部轮廓的一些线条，然后全部选中图像，使用透镜的"热图"效果，完成其绘制。然后使用文本工具字，添加文字信息。

9.6.7 "添加透视"命令

在对象中应用透视效果时，可以通过缩短对象的一边或两边，创建透视效果。这种效果使对象看起来像是沿一个或两个方向后退，从而产生单点透视或两点透视效果。

在对象或群组对象中可以添加透视效果，也可以将透视效果添加至轮廓图、调和及立体化等链接的群组。不能将透视效果添加到段落文本、位图或符号。

其使用方法是，选中图形对象以后，执行"效果 | 添加透视"命令。此时图形对象将会出现很多网格，拖动网格外面的节点并拖动鼠标即可应用透视效果。

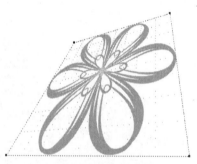

| 选中图形对象 | 执行"效果 | 添加透视"命令 | 拖动网格添加透视效果 |

技巧：

按住 Ctrl 键可以强制节点沿水平或垂直轴移动，从而产生单点透视效果；拖动时按住 Ctrl + Shift 组合键可以将相对的节点沿相反的方向移动相同的距离。

9.6.8 实战：制作开阔的街道

光盘路径： 第9章\Complete\制作开阔的街道.cdr

步骤1 执行"文件 | 打开"命令，打开"第9章\Media\制作开阔的街道.cdr"文件。

步骤2 使用贝塞尔工具在画面中绘制曲线，将节点重合以得到道路的大体形状。然后执行"效果 | 添加透视"命令，使用鼠标拖动出现的透视网格，将其扭曲成道路的形状。

步骤3 然后更改颜色为橘色（C0、M40、Y60、K0）。	**步骤4** 使用手绘工具 ✏ 绘制小圆点，填充橘色（C0、M20、Y20、K60）。	**步骤5** 最后添加图形和文字信息完成制作。

9.6.9 "图框精确剪裁"命令

　　使用图框精确剪裁对象能快速将图形对象置入所选定的容器中，这个容器可以是图形，也可以是美术字，让整体图形形成特殊的视觉效果。其操作方法是选择需要置入到另一个容器中的图形对象，执行"效果｜图框精确剪裁｜置入图文框内部"命令，在页面中移动光标到容器对象上，当光标变为 ➡ 形状时单击需要置入的图文框中，即可将图形对象置入。置入容器中后，可通过"效果｜图框精确剪裁｜编辑PowerClip"命令重新对图形执行移动、缩放、放大等相关操作。完成编辑后通过执行"效果｜图框精确剪裁｜结束编辑"命令，退出编辑状态。还可以通过执行"效果｜图框精确剪裁｜提取内容"命令，将图文框中的图形对象提取出来。

打开一个图形对象	输入文字	图框精确剪裁

9.6.10 实战：制作CD封面

💿 **光盘路径：**第9章\Complete\制作CD封面.cdr

步骤1 执行"文件｜新建"命令，新建一个空白文档，单击矩形工具 ▢ 绘制一个正方形，填充淡黄色（C6、M5、Y31、K0）。	**步骤2** 按快捷键Ctrl+I，导入"第9章\Media\制作CD封面.cdr"文件。	**步骤3** 使用选择工具 ▯ 选中图形对象后，执行"效果｜图框精确剪裁｜置入图文框内部"命令，当鼠标变成 ➡ 时，单击正方形即可。

步骤4 使用椭圆形工具○绘制正圆形与封面上下对齐，单击"修剪"按钮□，然后使用交互式阴影工具□添加阴影效果，完成CD封面的制作。

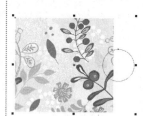

9.7 | "位图"、"文本"和"表格"菜单命令

单击菜单栏的"位图"按钮 位图(B)，可弹出位图菜单选项，其中包括了转换为位图、自动调整、矫正位图、裁剪位图、位图颜色遮罩、模式和滤镜效果等，通过对这些命令的学习了解，可以帮助用户掌握位图的编辑方法。

单击菜单栏的"文本"按钮 文本(X)，可弹出文本菜单选项，其中包括了文本属性、制表符、栏、项目字符、首字下沉、断行规则、插入符号字符、插入格式化代码、书写工具、文字统计等命令，通过对这些命令的学习了解，可以帮助用户在文字编辑、排版上更加快速地完成作业。

单击菜单栏的"表格"按钮 表格(T)，可弹出表格菜单选项，其中包括了创建新表格、将文本转换为表格、合并单元格、拆分单元格等命令，通过对这些命令的学习了解，能帮助我们快速地对表格进行编辑修改，快速完成作业。

9.8 | "工具"菜单命令

单击菜单栏的"工具"按钮添加工具按钮，可弹出工具菜单选项，其中包括了选项、自定义、颜色管理、校样颜色、对象管理器、对象数据管理器等多个命令，通过这个命令，用户可以自定义工具设计，以方便在实际工作中更好地运用。

9.8.1 "选项"命令

执行"工具 | 选项"命令，或按快捷键Ctrl+J即可弹出"选项"对话框，

❶ **"工作区"选项组**：其中包括了常规、显示、编辑和贴齐对象等15种不同的选项，用户可以选择相应的选项，对软件的常规显示及各种工具的预设属性进行设置。

❷ **"文档"选项组**：其中包括了大小、标签、版面、背景4个选项，每个小选项又包括了不同的子选项，可以自定义调整文档的显示结构。

❸ **"全局"选项组**：其中包括了打印、位图效果、过滤器3个选项。

❹ **对象的选项组设置**：选择相应选项后在该区域可对其进行调节。

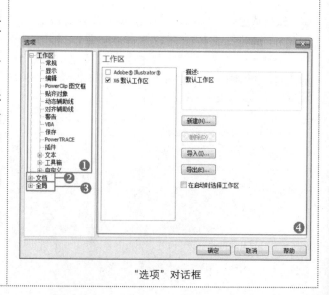

"选项"对话框

9.8.2　"自定义"命令

　　CorelDRAW X6的自定义特性允许修改菜单栏及其包含的菜单，可以改变菜单和菜单命令的顺序；添加、移除和重命名菜单和菜单命令；以及添加和移除菜单命令分隔符。如果没有记住菜单位置，可以搜索菜单命令，还可以将菜单重置为默认设置。

　　自定义选项既适用于菜单栏菜单，也适用于通过右击访问的快捷键菜单。

　　帮助主题是CorelDRAW软件的默认设置，因此，在自定义菜单中对设置进行更改，与之相关的"帮助"主题并不会反映用户对软件所作的更改。

9.8.3　"对象管理器"命令

　　在CorelDRAW X6中，图层包括了图形对象之间的层次关系，在"对象管理器"泊坞窗中可清晰地对图层进行查看。执行"工具 | 对象管理器"命令，即可显示"对象管理器"窗口，下面对其进行讲解。

　　❶ **"显示对象属性"按钮**：单击该按钮即可显示或隐藏图形对象的属性信息。

　　❷ **"跨图层编辑"按钮**：可同时对图层中的所有图层进行编辑。

　　❸ **"图层管理器"按钮**：用于切换到"图层管理器"窗口，单击该按钮即可弹出图层列表的面板。

　　❹ **"显示"或"隐藏"按钮**：用于控制页面中图形对象的可见性。单击该按钮，当其变为　状态时，页面中所对应的图形对象被隐藏。

　　❺ **"启动还是禁用打印和导出"图标**：用于控制当前图层的对象是否可被打印的图标，单击该图标，当图标显示为　状态时，表示当前图层上的图形不能被打印出来。

　　❻ **"锁定"或"解锁"图标**：用于控制当前突出显示的图形对象是否被编辑的图标。单击该图标，当其显示为　状态时，表示当前图层上的图形对象被锁定，无法执行任何编辑操作，包括选择该图形。

　　❼ **"新建图层"按钮组**：可添加新的图层或者控制层。

　　❽ **"删除"按钮**：用于删除被选中的图形对象、图层和控制层。

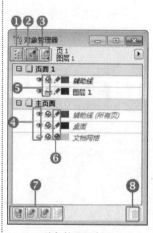

对象管理器窗口

9.8.4　实战：管理不同页面中的图形对象

🅒 **光盘路径**：第9章\Complete\管理不同页面中的图形对象.cdr

步骤1　执行"文件	打开"命令，打开"第9章\Media\管理不同页面中的图形对象.cdr"文件。	**步骤2**　选中页面1的曲线改变其颜色。

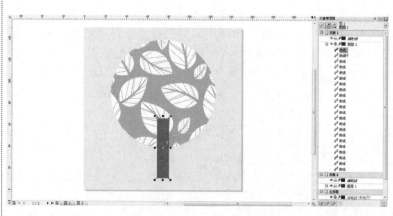

步骤3 单击页面1的□按钮，将下拉子选项隐藏，单击页面2的□按钮，打开子选项，选中曲线改变其颜色。

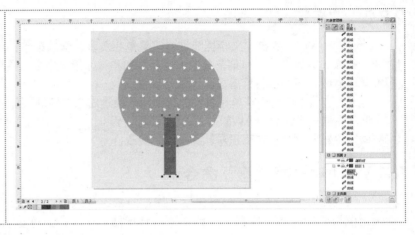

9.8.5 "颜色样式"命令

　　在对图像整体效果进行查看和调整时，可以通过编辑颜色样式的方法快速调整拥有相同颜色的所有图形对象的颜色，从功能上来讲类似于应用"样式"命令。

　　编辑颜色样式的操作方法是，选择一个图形对象，执行"工具 I 颜色模式"命令（或"窗口I 泊坞窗I 颜色样式"）命令，在弹出的"颜色样式"泊坞窗中选择该图形对象运用的颜色样式，单击"编辑颜色样式"下拉列表框，打开其对话框，在其中对颜色进行选择和调整，完成后单击窗口中的小色块，将颜色运用到选定对象中，此时图形中使用该颜色的地方自动替换为编辑后的颜色效果。

| 选中一个对象 | 创建颜色样式 | 调整颜色 | 应用颜色 |

9.8.6 "调色板编辑器"命令

　　在CorelDRAW X6中，可以使用调色板编辑器来调整调色板的颜色，执行"工具 I 调色板编辑器"命令，可弹出"调色板编辑器"对话框，自定义调色板是所保存的颜色或颜色样式的集合。它们可以包含来自任何颜色模型（包括专色）或调色板库的调色板中的颜色或颜色样式。用户可以创建一个自定义调色板来保存当前项目或将来项目需要使用的所有颜色或颜色样式。这使得与他人共享调色板变得简单。通过选择各个颜色或颜色样式，或者使用所选对象或整个文档中的颜色，可以创建自定义调色板。自定义调色板会保存为.XML 文件，存储在 My Documents\My Palettes 文件夹中。

调色板编辑器

注意：

　　默认的调色板色块是不能对其进行编辑、重命名和删除的，只有通过自行添加的色块才能对其执行编辑、删除、更改名称等操作。

9.8.7 "创建"命令

通过创建命令，可以创建箭头、字符和图样，其操作方法是，先使用形状工具绘制一个图形，然后分别执行"工具丨创建丨创建箭头\创建图样"命令，将弹出对应的对话框，设置参数以后单击"确定"按钮。然后出现截图光标，将需要载入的图形框选中即可。

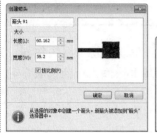

"创建箭头"对话框

"插入字符"对话框

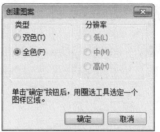

"创建图案"对话框

截取图样

9.9 "窗口"菜单命令

单击菜单栏的"窗口"按钮，可弹出窗口菜单选项，其中包含了新建窗口、层叠、调色板和泊坞窗等菜单命令，它们主要用于控制窗口的显示方式，以泊坞窗和工具栏来显示等。

1. 新建窗口

执行"窗口丨新建窗口"命令，可以对当前文件创建多个工作窗口，每一个窗口都具有相同的设置。当某一个窗口工作时，其他窗口会与当前窗口保持同步。新建或打开的所有窗口名称，都将显示在"窗口"菜单栏的底部。单击窗口名称，即可切换至该窗口。

2. 层叠

执行"窗口丨层叠"命令，可以将CorelDRAW中打开或新建的所有窗口按层叠的方式进行排列。

3. 水平平铺

执行"窗口丨水平平铺"命令，可以将CorelDRAW中打开或新建的所有窗口按水平平铺的方式进行排列。

4. 垂直平铺

执行"窗口丨垂直平铺"命令，可以将CorelDRAW中打开或新建的所有窗口按垂直平铺的方式进行排列。

5. 排列图标

单击窗口右上角的"最小化"按钮，窗口即可转换为图标状态，然后执行"窗口丨排列图标"命令，可以将图标排列在工作区的左下角。

6. 调色板

使用"调色板"命令，可以对工作区中调色板的显示状态进行设置，同时还可以自定义调色板的属性。

7. 泊坞窗

执行"窗口丨泊坞窗"命令，可以打开"泊坞窗"命令子菜单，其中包括了"属性"、"对象管理器"和"提示"等命令，执行其中的命令，可以打开或关闭相应的泊坞窗。

8. 工具栏

执行"窗口丨工具栏"命令，展开"工具栏"子菜单，该菜单中包括了"菜单栏"、"状态栏"、"标准"等13个命令，勾选各个命令前的复选框，可以打开或关闭相应的工具栏。

9. 关闭

用户在完成对文档的编辑后，执行"窗口丨关闭"命令，可以将当前窗口关闭。如果是多个文件的窗口，则显示为下一个窗口。

10. 全部关闭

执行"窗口|全部关闭"命令，会将软件中所有打开的窗口关闭。若打开的窗口未保存则会提示是否保存。

11. 刷新窗口

执行"窗口|刷新窗口"命令，或按快捷键Ctrl+W，即可刷新窗口。

9.10 "帮助"菜单命令

单击菜单栏的"帮助"按钮 帮助(H) ，可弹出帮助菜单选项，其中包含了帮助主题、视频教程、指导手册和欢迎屏幕等，它们主要用于介绍CorelDRAW X6的新增功能和基本操作，帮助读者学习CorelDRAW软件。

9.11 操作答疑

9.11.1 专家答疑

（1）透视效果对应用了其他特殊效果的图形对象适用吗？

答：透视效果也同样适用于已应用了其他特殊效果的对象，如交互式立体化效果和交互式调和效果等，通过为已应用其他特殊效果的对象添加透视效果，可调整出更为丰富的图形效果。

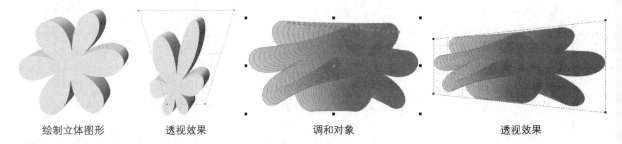

| 绘制立体图形 | 透视效果 | 调和对象 | 透视效果 |

（2）复制和克隆对象效果具体的操作是什么？

答：执行"效果 | 复制效果"命令，可复制多种特殊效果并可将其应用到其他对象中。交互式阴影工具中的"复制阴影的属性"按钮、交互式立体化工具中的"复制立体化属性"按钮等也同样可以复制对象的属性效果。

执行"效果 | 复制效果"命令，在弹出的子菜单中包括了"建立透视点自…"、"建立封套自…"、"调和自…"命令。要复制对象的效果属性，在执行相关的命令后，鼠标光标显示为可复制属性的状态，此时将光标移动到对象效果的应用区域即可复制其效果。

克隆效果与复制效果类似，也是将对象的属性复制到选定的对象中。

复制阴影效果前　　　　　　　　　　　　　　　　复制阴影效果后

（3）"复制属性自…"命令的具体操作是什么？

答：在CorelDRAW X6中可以同时将选中对象的轮廓属性、填充属性和文字属性进行复制，这就是"复制属性自…"命令，执行"编辑 | 复制属性自…"命令，可弹出"复制属性"对话框，勾选相应的复选框即可对其进行设置。

"复制属性"对话框　　　　　　　　　选中文字对象　　　　　　　　　复制属性后效果

9.11.2 操作习题

1. 选择题

（1）在CorelDRAW X6中要打开"对象样式"泊坞窗，需要按快捷键（　　　）。

A.Ctrl+F5　　　　　B.Ctrl+F6　　　　　C.Ctrl+F1　　　　　D.Alt+F5

（2）在CorelDRAW X6中要显示出"颜色样式"泊坞窗，可执行（　　　）命令。

A.布局 | 颜色样式　　　　　　　　　B.窗口 | 泊坞窗 | 颜色样式

C.窗口 | 调色板 | 颜色样式　　　　　　D.窗口 | 颜色样式

（3）在CorelDRAW X6中添加透镜的快捷键是（　　　）。

A. Alt+F3　　　　　B. Alt+F4　　　　　C.Ctrl+F3　　　　　D.Shift+F3

2. 填空题

（1）在菜单栏单击"效果"按钮 效果(C) 即可弹出效果菜单选项，其中包括_____、_____、_____、_____、_____和_____等。

（2）在CorelDRAW X6中，要打开"图层管理器"窗口可通过在"_____"泊坞窗中单击"_____"按钮来进行。

（3）单击菜单栏的"位图"按钮 位图(B) ，可弹出位图菜单选项，其中包括了_____、_____、_____、_____、_____和_____等，通过对这些命令的学习了解，可以帮助用户掌握位图的编辑方法。

3. 操作题

1. 调整图层对象的顺序。

  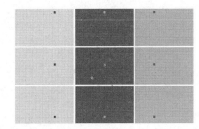 

操作提示：

（1）执行"文件 | 打开"命令，打开"第9章\Media\调整图层对象的顺序.cdr"文件。

（2）执行"工具 | 对象管理器"命令，即可显示"对象管理器"窗口。

（3）在"对象管理器"窗口中选中花图层，将其移动到矩形图层下面。

（4）工作页面中花图层移动到矩形图层下。

（5）详细制作见"第9章\Complete\调整图层对象的顺序.cdr"文件。

2. 将图像精确裁剪到形状中。

操作提示：

（1）打开"第9章\Media\风景（2）.jpg"文件。

（2）使用文本工具输入文字。

（3）执行"效果 | 图框精确裁剪 | 置入到图文框内部"命令。

（4）详细制作见"第9章\Complete\将图像精确裁剪到形状中.cdr"文件。

第10章

位图效果的应用

本章重点:

本章详细介绍了有关位图的编辑操作方法，包括矢量图与位图的转换，位图的编辑、裁剪和重新取样，位图的颜色遮罩，三维效果滤镜，以及其他艺术效果滤镜组等。

学习目的:

通过对本章的学习，使读者掌握常用的位图编辑和调整方法，在实际的操作过程中能够独立且有效地对图形对象进行编辑处理，并熟悉滤镜的效果和使用方法。

参考时间: 53分钟

主要知识	学习时间
10.1 矢量图与位图的转换	8分钟
10.2 位图的编辑、裁剪和重新取样	8分钟
10.3 位图的颜色遮罩	10分钟
10.4 三维效果滤镜	10分钟
10.5 其他艺术效果滤镜组	12分钟
10.6 插件	5分钟

|10.1| 矢量图与位图的转换

CorelDRAW X6是一个矢量软件，但也能对位图进行处理，首先将位图导入软件页面中，然后对其进行编辑，也可以将绘制的矢量图转换为位图，以便对其效果作进一步调整，下面来对其进行介绍。

10.1.1 将矢量图转换为位图

在CorelDRAW X6中，可以将矢量图转换为位图图像，其方法是打开一幅矢量图图像，执行"位图 | 转换为位图"命令，在弹出的对话框中可对生成位图的分辨率、光滑处理、透明效果等选项进行设置，完成后单击"确定"按钮，即可将矢量图转换为位图，转换以后即可使用效果菜单中的命令和滤镜命令对其进行编辑。

打开一张矢量图

转换为位图图像

调整"色度/饱和度/亮度"参数

提示：
将对象转换为位图时，若对象存在镂空空白区域，则可在弹出的对话框中勾选"透明背景"复选框。若未勾选该复选框，则导出的对象空白区域为填充的像素。

10.1.2 将位图转换为矢量图

同样，在CorelDRAW X6中，也可以将位图转换为矢量图图像。其方法是打开一幅矢量图图像，执行"位图 | 快速描摹"命令，即可快速将位图转换为矢量图图像。转换以后可以将其取消群组，然后使用选择工具选其中的某一部分，执行更改颜色等操作。

打开一张位图图像

快速描摹为矢量图

可选择其中某一部分对其更改颜色

提示：
将位图转换为矢量图，可以使用"快速描摹"命令将其转换，也可以使用"中心线描摹"、"轮廓描摹"命令，分别选择这两个命令的子选项，在弹出的调整窗口中分别设置各个选项的参数，即可以根据个人需求将位图转换为用户所需的形式。

10.1.3 实战：将位图制作为矢量插画

💿 光盘路径：第10章\Complete\将位图制作为矢量插画.cdr

步骤1 执行"文件 | 打开"命令，打开"第10章\Media\将位图制作为矢量插画.cdr"文件，使用选择工具选中图形。

步骤2 将图形复制一份，执行"轮廓描摹 | 徽标"命令。在弹出的对话框中设置参数，完成后单击"确定"按钮。

步骤3 按住Alt键同时单击图层选择原图层，并按小键盘上的快捷键+，将其复制一份，执行"轮廓描摹|线条画"命令。在弹出的对话框中设置参数，完成后单击"确定"按钮。

步骤4 使用选择工具选中两个图形对象，按快捷键C、E将其中心对齐，并使线条画置于徽标图像上。

步骤5 按快捷键F12弹出"轮廓笔"对话框，设置轮廓宽度为0.8mm，颜色为白色，完成以后单击"确定"按钮。

步骤6 使用矩形工具绘制一个和图形相同大小的矩形，填充粉色（C0、M40、Y20、K0），然后使用交互式透明工具绘制标准透明效果，并设置混合模式。

✍ 提示：
使用描摹命令可以快速将位图转换为矢量图像，这在一定程度上减少了用户的设计操作时间。

专家看板：描摹位图

　　描摹位图是将位图转换为矢量图的一种方法，在CorelDRAW X6中导入位图后选择该位图图像，在选择工具属性栏中单击"描摹位图"按钮，在弹出的菜单中提供了"快速描摹"、"中心线描摹"及"轮廓描摹"三个选项，而在"轮廓描摹"选项下还有其子选项，可以根据设计需求选择相应的选项进行参数设置。

1. 快速描摹

　　选择该选项，CorelDRAW X6会快速地把当前位图图像转换为矢量图，快速地进行路径和节点的编辑。

2. 中心线描摹

　　选择该选项，会出现"技术图解"、"线条画"两个子选项，都是将位图图像转换为矢量的线条画的选项。

位图

技术图解

线条画

3. 轮廓描摹

　　选择"轮廓描摹"选项弹出子选项，选择任意一个选项都会弹出设置对话框，在其中可进行参数调整。

（1）**线条图**：以线条的形式转换图像。

（2）**徽标**：造型单纯、意义明确的统一、标准的视觉符号。

（3）**详细徽标**：相对徽标，色块相对复杂一些。

（4）**剪贴画**：将位图像素转换为大的、简单的色块的矢量图形。

（5）**低品质图像**：转换出来的矢量图相对粗糙一些。

（6）**高质量图像**：转换出来的矢量图相对精细一些。

线条图(I)...
徽标(O)...
详细徽标(D)...
剪贴画(C)...
低品质图像(L)...
高质量图像(H)...

轮廓描摹子菜单

线条图

徽标

详细徽标

剪贴画

低品质图像

高质量图像

|10.2| 位图的编辑、裁剪和重新取样

在学习了如何导入位图以后，还应常做一些位图的编辑操作。这些编辑操作包括导入并裁剪位图、重新取样位图及裁剪位图形状等。

10.2.1 位图的编辑

在CorelDRAW X6中导入位图后，单击属性栏的"编辑位图"命令，可弹出"编辑位图"窗口，在其中可以帮助用户对位图快速执行填充、变形、添加阴影、去除红眼等操作。

"编辑位图"窗口

10.2.2 实战：去除人物红眼

💿 光盘路径：第10章\Complete\去除人物红眼.cdr

步骤1 打开"编辑位图"窗口，新建一个空白文档导入"去除人物红眼.jpg"文件。

步骤2 单击去除红眼工具，在属性栏调整大小后在人物左眼处涂抹。

步骤3 然后在右眼处进行涂抹，以完成去除人物红眼操作。

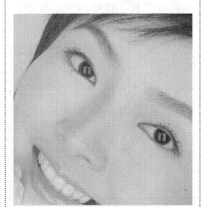

10.2.3 位图的裁剪

对于导入的位图图像，可使用裁剪位图的方法快速改变位图的大小或仅保留需要的部分，去掉不需要的部分。裁剪位图可使用裁剪工具、菜单命令或形状工具。

1. 使用裁剪工具裁剪图像

位图图像和矢量图相同，都可以使用裁剪工具对其进行裁剪，其方法是导入位图图像后，单击裁剪工具 ，在图像中拖出裁剪框，调整图像显示效果，完成后显示区域内双击鼠标即可。

导入位图图像

拖出裁剪框

裁剪后的位图图像

2. 使用形状工具快速裁剪图像

选择导入的位图图像，单击工具箱中的形状工具 ，在页面中图像的节点上按住鼠标左键，向所需方法拖动到适合的位置后释放鼠标，此时位图图像不需要的部分即被隐藏。

导入位图图像

使用形状工具调整曲线

移动锚点后部分图像被隐藏

10.2.4 实战：裁剪位图特殊形状

⊙ **光盘路径：**第10章\Complete\裁剪位图特殊形状.cdr

步骤1 执行"文件｜新建"命令，新建一个空白文档，按快捷键Ctrl+I导入"第10章\Media\裁剪位图特殊形状.jpg"文件，使用形状工具 选中图形对象。	**步骤2** 在属性栏单击"转换为曲线"按钮 ，然后"单击平滑节点"按钮 ，使用鼠标调整控制柄将边缘调整成弧度的形状。	**步骤3** 使用相同的方法将位图的其他节点也转为曲线，单击锚点将其转换为平滑节点，使用鼠标拖动控制柄调整为特殊形状。

10.2.5　位图的重新取样

　　使用自动拖动裁剪框的方法得到的图像尺寸不是非常精确，对于一些有特定大小要求的图像还需要再次裁剪，而此时则可使用"重新取样"命令对图像进行导入，同时也能一步到位地对图像进行精确裁剪。

　　重新取样位图有两种方法。一种方法是在"导入"对话框的"文本类型"选项右侧的下拉列表中，选择"重新取样"选项，打开"重新取样图像"对话框，进行参数设置后单击"确定"按钮导入位图。另外一种方法是选择导入的位图图像，执行"位图|重新取样"命令，打开"重新取样"对话框，在其中可对宽度和高度重新设置，同时还能取消勾选"保持纵横比"复选框以调整图像的比例，完成设置后单击"确定"按钮即可重新取样图像。

"重新取样图像"对话框　　　　　　更改参数　　　　　　　　　导入图形　　　　　　　　裁剪位图

"重新取样"对话框　　　　　　打开位图　　　　　　　　调整参数　　　　　　　　裁剪图像

10.2.6　实战：调整位图大小和精度

🌐 **光盘路径：** 第10章\Complete\调整位图大小和精度.pdf

步骤　执行"文件|新建"命令，新建一个空白文档，按快捷键Ctrl+I导入"调整位图大小和精度.jpg"文件，在弹出的对话框中选择"裁剪并装入"选项调整裁剪框的大小，完成后单击"确定"按钮，然后在工作页面中导入图像即可。

专家看板：位图的模式转换

位图和矢量图一样，都可以对其进行色彩模式的转换，以便让图像适合更多的使用环境。同时，还可结合颜色遮罩功能对图像效果进行调整，赋予位图不同的图像效果。

位图的色彩模式可以理解为软件用于显示位图效果的预设模式。在CorelDRAW X6中，位图有黑白、灰度、双色、调色板、RGB颜色，Lab颜色和CMYK颜色7种色彩模式。可通过执行"位图 | 模式"命令，在弹出的菜单中，选择相应的子命令，即可将位图转换到相应的色彩模式下。

（1）**黑白模式**：只显示出黑白两种颜色，但在"转换为1位"对话框中，可通过在"转换方法"下拉列表框中进行设置，调整位图图像的黑白效果。

（2）**灰度模式**：该色彩模式是由256个级别的灰度应用形成图像效果的。

（3）**双色模式**：混合两种或两种以上的颜色对图像效果进行变现，此时可在"双色调"对话框中的"类型"下拉列表框中对混合的类型进行选择，可以是三色调或四色调。

（4）**调色板模式**：将位图图像更改为8位位图模式。

（5）**RGB颜色模式**：选择该命令，表示将位图转换为RGB模式，这里的RGB模式与矢量图的色彩模式的效果是相吻合的，值得注意的是，若当前选择的位图图像为RGB模式，则该命令呈灰色显示。

（6）**Lab颜色模式**：选择该命令，表示将该位图转换为Lab模式。

（7）**CMYK颜色模式**：选择该命令，表示将位图转换为CMYK颜色模式，在该色彩模式下显示的位图颜色，与使用默认CMYK调色板中的颜色是相匹配的。

原图

黑白模式 灰度模式

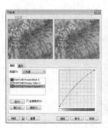
双色模式 调色板模式

RGB颜色模式 Lab颜色模式 CMYK颜色模式

10.3 | 位图的颜色遮罩

位图颜色遮罩是对位图上的特定的颜色区域或该颜色的近似色区域执行显示或隐藏的操作。应用颜色遮罩的方法，是在CorelDRAW X6中导入位图图像，选择位图图像后执行"位图 | 位图颜色遮罩"命令，显示出"位图颜色遮罩"泊坞窗，在其中可通过选中"隐藏颜色"或"显示颜色"单选按钮设置颜色遮罩的隐藏与显示，默认选择的是"隐藏颜色"。

此时在颜色调中勾选一个颜色调，然后单击"颜色选择"按钮 ，在图像中需要应用遮罩的地方单击吸取颜色，此时该颜色出现在颜色显示框中，拖动滑块设置容限，设置完成以后，单击"应用"按钮。

打开一个位图图像

吸取颜色

应用颜色遮罩

🌐 **知识链接：**

颜色遮罩可同时针对多种颜色使用，只需勾选多条黑色颜色条，然后分别选择黑色颜色调，单击"颜色选择"按钮 ，在图像中选择吸取多种需要应用遮罩的颜色，设置容限后单击"应用"按钮，即可应用多个颜色遮罩。

打开一个位图图像

吸取颜色

应用颜色遮罩

应用颜色遮罩后，容限数值会显示在相应的颜色调整后，应用颜色遮罩后若想查看原图效果，可单击移动遮罩按钮 ，此时图像恢复到原来的效果。

遮罩后的图形

删除遮罩颜色

还原位图图像

10.4 三维效果滤镜

在CorelDRAW X6中的所有滤镜组中，有一个特殊的滤镜效果，即"三维效果"滤镜，执行"位图|三维效果"命令，在弹出的菜单中即可查看该组的滤镜，包括了"三维旋转"、"柱面"、"浮雕"、"卷页"、"透视"、"挤远/挤近"和"球面"7种滤镜。使用这些滤镜能让位图图像呈现出三维变换效果。

10.4.1 使用"三维旋转"命令

使用"三维旋转"滤镜可以使平面图像在三维空间内进行旋转。其方法是选择位图图像，执行"位图|三维效果|三维旋转"命令，打开"三维旋转"对话框，在其中的数值框中输入相应的数值，也可直接在左下角的三维效果中单击并拖动进行直观的效果调整，设置完成以后应用该滤镜即可。

打开位图图像　　　　　　　　　　设置参数　　　　　　　　　　三维旋转效果

💡 注意：

执行滤镜命令时即可打开相应的参数设置对话框。在左上角都有切换窗口显示按钮，在预览窗口中还可滚动鼠标滚轮调整窗口显示大小，分别为默认情况下的参数设置对话框效果和双预览窗口，可根据个人习惯进行选择设置。

10.4.2 实战：旋转图像三维视角

💿 光盘路径：第10章\Complete\旋转图像三维视角.cdr

步骤1 执行"文件|新建"命令，新建一个空白文档，按快捷键Ctrl+I导入"旋转图像三维视角.jpg"文件。

步骤2 执行"位图|三维效果|三维旋转"命令，在弹出的对话框中设置参数，单击"确定"按钮。

10.4.3 使用"柱面"命令

使用"柱面"滤镜可以使平面图像在从画面中心开始突起扭曲，执行"位图|三维效果|柱面"命令，打开"柱面"对话框，在其中可调整水平、垂直方向的扭曲程度。

打开一个位图图像　　　　　　水平方向柱面效果　　　　　　垂直方向柱面效果

10.4.4 使用"浮雕"命令

使用"浮雕"滤镜可快速将位图制作出类似浮雕的效果,其原理是通过勾画图像的轮廓和降低周围色值,进而产生视觉上的凹陷或凸出效果,形成浮雕感。在CorelDRAW X6中制造浮雕效果时,还可以根据不同的需求设置浮雕颜色、深度等。

其操作方法是,选择位图图像,执行"位图 | 三维效果 | 浮雕"命令,打开"浮雕"对话框,在其中调整合适的预览窗口。此时还可选中"原始颜色"单选按钮,进行参数设置,预览效果后,单击"确定"按钮即可应用该滤镜。

选择图形

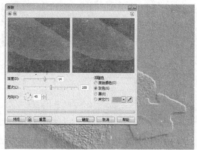

将图形的顺序向前一层

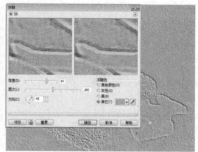

将图形的顺序排列到图层后面

注意:
浮雕的颜色是可以调整的,可在"浮雕"对话框中分别选中"灰色"、"黑色"或"其他"单选按钮,对图像的浮雕颜色进行设置。

10.4.5 实战:制作立体浮雕效果

光盘路径: 第10章\Complete\制作立体浮雕效果.cdr

步骤1 执行"文件 | 新建"命令,新建一个空白文档,按快捷键Ctrl+I导入"制作立体浮雕效果.jpg"文件。

步骤2 执行"位图 | 三维效果 | 浮雕"命令,在弹出的对话框设置参数,完成后单击"确定"按钮,将其应用效果。

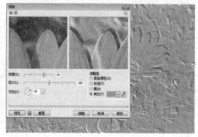

10.4.6 使用"卷页"命令

卷页效果是指图像的4个变焦边缘形状的向内卷曲的效果。使用"卷页"滤镜可快速制作出这样的卷页效果,在排版过程中、经常使用此功能,以便制作出丰富的版面效果。

应用"卷页"滤镜的方法是,选择位图图像,执行"位图 | 三维效果 | 卷页"命令,打开"卷页"对话框,在其中单击左侧的方向按钮即可设置卷页方向,同时还可以通过选中"不透明"或"透明的"单选按钮,对卷页的效果进行设置,另外,还可结合"卷曲"和"背景"下拉按钮对卷曲部分和背景颜色进行设置。单击按钮可在图形中取样颜色,此时卷页的颜色以吸取的颜色进行显示,完成相关设置后进行预览,效果满意以后再单击"确定"按钮应用滤镜。

10.4.7 实战：为画面添加卷页效果

光盘路径：第10章\Complete\为画面添加卷页效果.cdr

步骤1 执行"文件 | 新建"命令，新建一个空白文档，按快捷键Ctrl+I导入"为画面添加卷页效果.jpg"文件。

步骤2 执行"位图 | 三维效果卷页"命令，在弹出的对话框设置参数，完成后单击"确定"按钮，将其应用效果。

10.4.8 使用"透视"命令

透视是一个相对的空间概念，它用线条显示物体的空间位置、轮廓和投影，形成视觉上的空间感。使用"透视"滤镜可快速赋予图像三维的景深效果，从而调整其在视觉上的空间效果。

应用"透视"滤镜的方法是，选择位图图像，执行"位图 | 三维效果 | 透视"命令，打开"透视"对话框，其透视效果有"透视"和"切变"两种透视类型，此时选中相应的单选按钮即可进行应用。同时，要改变图像的透视效果，可以调整对话框中设置参数，并且可预览图像。

打开一张位图　　　　　　　　　　透视效果　　　　　　　　　　切变效果

10.4.9 实战：调整图像透视效果

光盘路径：第10章\Complete\调整图像透视效果.cdr

步骤1 执行"文件 | 新建"命令，新建一个空白文档，按快捷键Ctrl+I导入"调整图像透视效果.jpg"文件。

步骤2 执行"位图 | 三维效果透视"命令，在弹出的对话框设置参数，完成后单击"确定"按钮，将其应用效果。

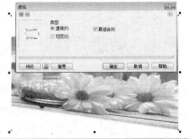

10.4.10 使用"挤远/挤近"命令

挤远效果是指图像产生向外凹陷的效果，挤近效果是指使图像产生向内凸出的效果。使用"挤远/挤近"滤镜可以使图像相对于中心点，通过弯曲挤压图像，从而产生向外凸出或向内凹陷的变形效果。该滤镜的使用方法是，选择位图图像，执行"位图 | 三维效果 | 挤远/挤近"命令，打开"位图 | 三维效果 | 挤远/挤近"对话框，在其中拖动"挤远/挤近"栏的滑块或在文本框中输入相应的数值，即可使图像产生变形效果，当数值为0时，表示无变化；当数值为正数时，将图像挤远，形成凹陷效果；当数值为负数时，将图像挤近，进行凸出效果，设置完成参数以后单击"确定"按钮应用该滤镜。

打开一张位图

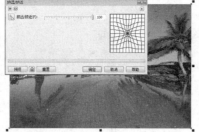

挤远效果

挤近效果

10.4.11 实战：制作画面凹凸效果

💿 **光盘路径：**第10章\Complete\制作画面凹凸效果.cdr

步骤1 执行"文件 | 新建"命令，新建一个空白文档，按快捷键Ctrl+I导入"制作画面凹凸效果.jpg"文件。

步骤2 使用选择工具⬚选中图像，将图形对象复制以后，执行"位图 | 三维效果 | 挤远/挤近"命令，拖动滑块至参数为100。

步骤3 使用选择工具⬚选中图像，将图形对象复制以后，执行"位图 | 三维效果 | 挤远/挤近"命令，拖动滑块至参数为-100。

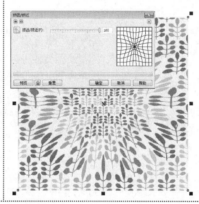

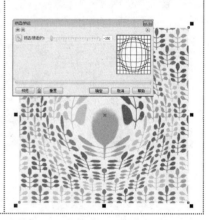

10.4.12 使用"球面"命令

利用"球面"命令可以使位图产生一种贴在球体上的球化效果，CorelDRAW的球面效果指在图像中形成平面凸起，模拟出类似球面效果，可通过球面滤镜来实现效果。

10.4.13 实战：制作图像球面效果

💿 **光盘路径：**第10章\Complete\制作图像球面效果.cdr

步骤1 执行"文件 | 新建"命令，新建一个空白文档，按快捷键Ctrl+I导入"制作图像球面效果.jpg"文件。

步骤2 执行"位图 | 三维效果 | 球面"命令，在弹出的对话框设置参数，完成后单击"确定"按钮，将其应用效果。

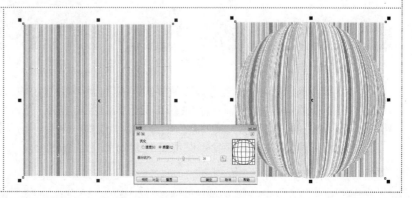

10.5 | 其他艺术效果滤镜组

在CorelDRAW X6中还有"艺术笔触"、"模糊"、"相机"、"颜色转换"、"轮廓图"、"创造性"、"扭曲"、"杂点"和"鲜明化"9个滤镜组，每个滤镜还包含子滤镜，共计70多个，接下来对这些艺术滤镜进行讲解。

10.5.1 "艺术笔触"命令

"艺术笔触"类滤镜的功能是对图像进行一种绘制风格的艺术加工，该组包含了14种滤镜命令，执行"位图 | 艺术笔触"命令，在弹出的子菜单中选择需要的选项即可打开相应的参数对话框，在其中根据情况的不同进行设置，单击"确定"按钮即可。

（1）**炭笔画**：使用"炭笔画"滤镜可以制作出类似使用炭笔在画面上绘制图像的效果，多用于对人物图像或照片进行艺术化处理。选择位图图像，执行"位图 | 艺术笔触 | 炭笔画"命令，打开"炭笔画"对话框，在其中调整"大小"滑块可以改变笔的粗细，而调整边缘滑块可以改变图像中的边缘效果。

（2）**单色蜡笔画及彩色蜡笔画**：使用这类滤镜能快速将图像中的像素分散，模拟出蜡笔画的效果，不同的是，单色蜡笔画创建的是一种单色蜡笔画效果，而彩色蜡笔画则是在原有色的像素基础上进行组合创造。

| 炭笔画 | 蜡笔画 | 单色蜡笔 | 彩色蜡笔画 |

💡 **注意：**
应用"炭笔画"滤镜后，图像自动变为黑色效果，通过为图像添加淡淡的斑点，增加图像的艺术感。

（3）**立体派**：使用该滤镜可以将相同颜色的像素组成小颜色区域，让图像具有立体派的油画风格。

（4）**印象派**：使用该滤镜可以将相同颜色的像素组成小颜色区域，让图像具有印象派的油画风格。

（5）**调色刀**：使用该滤镜可以使图像中相近的颜色相互融合，减少了细节以产生写意效果。

| 立体派 | 印象派（笔触） | 印象派（色块） | 调色刀 |

（6）**钢笔画**：使用该滤镜可为图像创建钢笔素描绘制图的效果。

（7）**点彩派**：该滤镜是将位图图像中相近的颜色融合为一个一个的点状色素点，并将这些色素点组合形状，使图像看起来由大量的色点组成，赋予图像一种点彩画派的风格。

（8）**木版画**：使用该滤镜的原理是将相同颜色的像素组成小颜色区域，让图像具有木版画的风格。

（9）**素描**：使用该滤镜可以使图像产生扫描草稿的效果。

| 钢笔画 | 点彩派 | 木版画 | 素描 |

（10）**水彩画**：使用该滤镜可以描绘出图像中静物的形状，同时对图像进行简化、混合、渗透调整，进而使其产生水彩画的效果。

（11）**水印画**：可以为图像创建水彩斑点绘画的效果。在其参数设置对话框中调整"变化"栏，设置不同的图案，包括默认图案、顺序图案及随机图案，调整"大小"滑块，可以改变笔尖的粗细，调整"颜色变化"滑块，可改变笔画之间的对比。

（12）**波纹纸画**：可以使图像看起来好像绘制在带有底纹的波纹纸上，在其对话框中的"笔刷颜色模式"选项栏中选择刷子的颜色，调整"笔触压力"滑块可以设置绘制时笔画的压力。

| 水彩画 | 水印画 | 波纹纸画（颜色） | 波纹纸画（黑白） |

10.5.2 实战：制作钢笔淡彩插画

💿 **光盘路径**：第10章\Complete\制作钢笔淡彩插画.cdr

步骤1 执行"文件 | 新建"命令，新建一个空白文档，按快捷键Ctrl+I导入"制作钢笔淡彩插画.jpg"文件。

步骤2 使用选择工具选中图像，将图形对象复制一份，执行"位图 | 艺术笔触 | 点彩派"命令，调整参数制作效果。

步骤3 使用选择工具选中原图像，执行"位图 | 艺术笔触 | 钢笔画"命令，设置参数制作钢笔画效果，并将其置于顶层。

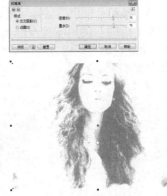

步骤4 使用交互式透明工具 ☜，将应用钢笔画效果的图层进行透明化，并调整其混合模式，最后使用文本工具 字 为其添加文字，完成插画效果。

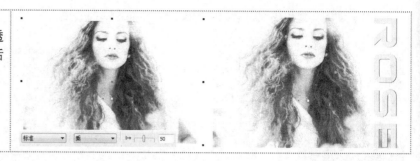

10.5.3 "模糊"命令

使用"模糊"滤镜组可以对位图中像素进行模糊处理。执行"位图丨模糊"命令，在弹出的子菜单中可以看到，该滤镜组中包含了"定向平滑"、"高斯模糊"、"锯齿状模糊"、"低通滤波器"、"动态模糊"、"放射式模糊"、"平滑"、"柔和"或"缩放"9种滤镜命令，这些滤镜能矫正图像，体现图像柔和模糊的效果。合理运用它们还能表现出多种动态效果。接下来以图文结合的形式讲述这些命令的功能。

（1）**定向平滑**：使用该滤镜可以在图像中添加微小的模糊效果，使图像中渐变的区域变得平滑。

（2）**高斯式模糊**：高斯分布是指对像素进行加权平均时所产生的钟形曲线，使用该滤镜可以根据数值使图像按照高斯分布快速地模糊图像，产生很好的朦胧效果。

（3）**锯齿状模糊**：使用该滤镜可以在相邻颜色的一定高度和宽度范围内产生锯齿波动的模糊效果。

（4）**低通滤波器**：使用该滤镜可以调整图像中尖锐的边角和细节，让图像的模糊效果更柔和，产生一种朦胧的模糊效果。

（5）**动态模糊**：使用该滤镜可以模仿拍摄运动物体的手法，通过使像素进行某方向上的线性位移来产生运动模糊效果，同时也让图像具有一种运动动态感。

| 定向平滑 | 高斯式模糊 | 低通滤波器 | 动态模糊 |

注意：

"模糊"滤镜中的有些效果不是非常明显，需要将图像放大数倍才能观察出其变化效果，并且可以多次重复使用。

（6）**放射式模糊**：使用该滤镜可以使图像产生从中心放射模糊的效果，中心点处的图像效果不变，离中心点越远，图像的模糊效果越强烈。

（7）**平滑**：使用该滤镜可以减小相邻像素之间的色调差别，使图像产生细微的模糊变化。这种模糊变化很小，必须将图像放大才能看出变化效果，可以重复使用。

（8）**柔和**：使用该滤镜可以使图像产生轻微的模糊效果，但不影响图像中的细节。

（9）**缩放**：使用该滤镜可以使图像中的像素从中心点向外模糊，离中心点越近，模糊效果越弱，这种效果就好像在照相过程中使相机快速推近物体时拍摄的效果。

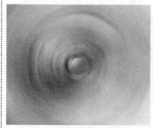   

| 放射式模糊 | 平滑 | 柔和 | 缩放 |

10.5.4　实战：增强画面速度感

☀ **光盘路径：** 第10章\Complete\增强画面速度感.cdr

| **步骤1** 执行"文件 | 新建"命令，新建一个空白文档，按快捷键Ctrl+I导入"增强画面速度感.jpg"文件。 | **步骤2** 使用选择工具 📍 选中图像，按快捷键+将其复制一份，执行"位图 | 模糊 | 缩放"命令，调整参数制作效果。使用交互式透明工具 🔻，在样式选项中选择"辐射"选项。按快捷键+将其再次复制一份，以增强动态感觉 |

10.5.5　使用"相机"命令

　　"相机"滤镜组较为特殊，仅有扩散滤镜，使用扩散滤镜能让图像形成一种平滑视觉过渡效果，其原理是将图像中像素的色彩周围像素进行颜色的柔和与过渡匹配。在其参数设置对话框中，层次即表示过渡的像素的多少，数值越高，过渡越明显。

10.5.6　"颜色转换"命令

　　使用"颜色转换"滤镜组可以将位图图像模拟成一种胶片印染效果，执行"位图 | 颜色转换"命令，在弹出的子菜单中可以看到，该滤镜组中包含了"位平面"、"半色调"、"梦幻色调"和"曝光"4种滤镜，这些滤镜能转换像素的颜色，形成多种图像特殊效果。

　　（1）位平面：使用该滤镜可以将图像中的颜色减少到基本的RGB色彩，使用纯色来表现色调，这种效果适用于分析图像的渐变。在其参数设置对话框中可分别调整红、绿、蓝滑块，设置不同位平面强度。

　　（2）半色调：使用该滤镜可以为图像创建彩色的半色调效果，图像将由用于表现不同色调的不同大小的圆点组成。在其参数设置对话框中可调整青、品红、黄和黑颜色滑块，以指定相应颜色的筛网角度。

　　（3）梦幻色调：使用该滤镜可以将图像中的颜色转换为明亮的电子色，如橙色、粉红色、青色和酸橙绿等。使用较小的值可以获得一些有趣的效果。在参数设置对话框中，调整"层次"滑块可改变梦幻效果的强度，该数值越大，颜色变化效果越强。

　　（4）曝光：使用该滤镜可以使图像转换为类似照相中的底片效果，在其参数设置对话框中的拖动"层次"滑块可以改变曝光效果的强度，数值越大，对图像使用的光线越强。

| 位平面 | 半色调 | 梦幻色调 | 曝光 |

10.5.7　实战：制作画面艺术色调

光盘路径：第10章\Complete\制作画面艺术色调.cdr

步骤1　执行"文件 | 新建"命令，新建一个空白文档，按快捷键Ctrl+I导入"制作画面艺术色调.jpg"文件。

步骤2　使用选择工具选中图像，将图形对象复制一份，执行"位图 | 颜色转换 | 半色调"命令，调整参数制作效果。

步骤3　使用选择工具选中原图像，执行"位图 | 颜色转换 | 梦幻色调"命令，设置参数制作梦幻色调效果，并将其置于顶层。

步骤4　选中梦幻色调效果图层，使用交互式透明工具，设置其透明属性，然后使用矩形工具绘制一个相同大小的矩形，填充鳄梨绿（C20、M0、Y40、K40），接着使用交互式透明工具设置其透明属性，最终完成画面艺术色调效果。

10.5.8　"轮廓图"命令

　　使用"轮廓图"滤镜组可以跟踪位图图像边缘，以独特方式将复杂图像以线条的方式表现，在"轮廓图"滤镜中包含了"边缘检测"、"查找边缘"、"描摹轮廓"3种滤镜命令，用户可根据需要选择使用。

　　（1）**边缘检测**：使用该滤镜可以检测到图像中各种对象的边缘，并将其转换为曲线，这种效果常适用于高对比度图像，也称高饱和度图像。

　　（2）**查找边缘**：使用该滤镜能查找图像对象的边缘，并将其转换为柔和的或者尖锐的曲线，这种效果也适用于高对比度的图像。

　　（3）**描摹轮廓**：该滤镜的原理是以亮度级别0~255设定为基准，跟踪上下两端边缘，并将其作为轮廓进行显示，多用于需要显示高对比度的位图图像。

边缘检测

查找边缘（纯色）

描摹轮廓

提示：
该滤镜类似于Photoshop中的"查找边缘"滤镜，可以快速将图形对象的边缘较深像素显示出来。

10.5.9　实战：制作质感线条图像

光盘路径：第10章\Complete\制作质感线条图像.cdr

步骤1　执行"文件｜新建"命令，新建一个空白文档，按快捷键Ctrl+I导入"制作质感线条图像.jpg"文件。

步骤2　使用选择工具选中图像，执行"位图｜轮廓图｜查找边缘"命令，在弹出的对话框中选中"纯色"单选按钮，调整参数制作效果。使用矩形工具绘制一个相同大小的矩形，填充浅橘红色（C0、M20、Y40、K0），使用交互式透明工具设置其透明属性，完成质感线条图像。

10.5.10　"创造性"命令

　　使用创造性滤镜组中的这些滤镜可以将图像转换为各种不同的形状和纹理。该滤镜组中包含了"工艺"、"晶体化"、"织物"、"框架"、"玻璃砖"、"儿童游戏"、"马赛克"、"粒子"、"散开"、"茶色玻璃"、"彩色玻璃"、"虚光"、"旋涡"等14种滤镜，下面分别对其进行讲解。

　　（1）**工艺**：使用该滤镜可以用拼图板、齿轮、弹珠、糖果、瓷砖、筹码等形式来改变图像的效果，在参数设置对话框中，选择样式后调整"大小"滑块，可改变工艺品图块的大小，调整"完全"滑块可设置图像，调整"亮度"滑块可以改变光线的强弱。

　　（2）**晶体化**：使用该滤镜可将图像转换为水晶碎块效果。在参数设置对话框中，调整"大小"滑块，可改变水晶碎块的大小。

　　（3）**织物**：使用该滤镜可以为图像创建不同织物底纹的效果，在对话框的"样式"下拉列表中可选择不同的织物样式。

原图　　　　工艺　　　　晶体化　　　　织物

　　（4）**框架**：使用该滤镜可以将图像装在预设的框架中，形成一种画框的效果。

　　（5）**玻璃砖**：使用该滤镜可以使图像产生透过厚玻璃块看到的折射效果，在参数设置对话框中调整"块宽度"，可以改变玻璃块的宽度，调整"块高度"滑块，可以改变玻璃块的高度。

　　（6）**儿童游戏**：使用该滤镜可将图像转换为具有儿童游戏一般形状和纹理的图像，在参数设置对话框中选择"游戏"选项中包含的"圆点图案"、"积木图案"、"手指绘画"和"数字绘画"中的任意选项并单击"确定"按钮，图片即可呈现其形状和纹理。

　　（7）**马赛克**：使用该滤镜可将图像分割为若干颜色块，在参数设置对话框中调整"大小"滑块可以改变颜色块的大小，在"背景色"下拉列表框中可以选择背景颜色，若勾选"虚光"复选框，则可在马赛克效果上添加一个虚光框架。

| 框架 | 玻璃砖 | 儿童游戏 | 马赛克 |

（8）**粒子**：使用该滤镜可为图像添加星形或者气泡的粒子效果。调整"粗细"滑块可改变星形或者气泡的大小，调整"密度"滑块可以改变星形或者气泡的密度，调整"着色"滑块可以改变星形或者气泡的颜色，调整"透明度"滑块可以改变星形或者气泡的透明度，并可以设置光线的角度。

（9）**散开**：使用该滤镜可将图像中的像素散射，产生特殊的效果。在参数设置对话框中调整"水平"滑块可改变水平方向的散开效果，调整"垂直"滑块可改变垂直方向的散开效果。

（10）**茶色玻璃**：使用该滤镜可在图像上添加一层色彩，这就类似透过彩色玻璃所看到的图像效果。在参数设置对话框中设置"淡色"滑块可以改变颜色的不透明度，调整"模糊"滑块可以设置模糊效果，在"颜色"下拉列表中可以选择玻璃的颜色。

（11）**彩色玻璃**：使用该滤镜得到的效果与晶体化效果类似，但它可以设置玻璃块之间边界的宽度和颜色。在参数设置对话框中调整"大小"滑块可以改变玻璃的大小，调整"光源强度"滑块可以改变光线的强度。在焊接宽度框中输入数值可以设置玻璃块边界的宽度。可以改变玻璃块的颜色。勾选"三维照明"复选框可创建三维灯光效果。

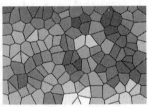

| 粒子 | 散开 | 茶色玻璃 | 彩色玻璃 |

（12）**虚光**：使用该滤镜可在图像中添加一个边框，使图像产生朦胧的效果。这个边框可以是虚框或者实线框，并可以设置边框的颜色。在选项中，可以选择黑、白或其他颜色作为框架的颜色；在形状选项中，可以选择椭圆、圆、矩形、正方形，作为虚光框架的形状。调整"偏移"滑块可以设置框架中心的大小；调整"褪色"滑块可以改变图像与框之间的过渡效果。

（13）**旋涡**：使用该滤镜可使图像绕指定的中心产生旋转效果。在其参数设置对话框的"样式"下拉列表中可选择不同的旋转样式。调整"大小"滑块可设置画笔宽度，同时还能设置中心像素的旋转方向。

（14）**天气**：使用该滤镜可在图像中添加雨、雪、雾等自然效果。在其参数对话框的"预设"栏中可选择雨、雪、雾效果，若单击"随机化"按钮则可使雨、雪、雾效果进行随机选择。

| 虚光 | 旋涡 | 天气（雪） |

10.5.11 实战：制作个性装饰画

光盘路径：第10章\Complete\制作个性装饰画.cdr

步骤1 执行"文件｜新建"命令，新建一个空白文档，按快捷键Ctrl+I导入"制作个性装饰画.jpg"文件。

步骤2 使用选择工具 选中图像，执行"位图｜创造性｜玻璃砖"命令，在弹出的对话框中，调整参数制作效果。执行"位图｜创造性｜彩色玻璃"命令，在弹出的对话框中设置轮廓颜色为金色（C0、M20、Y40、K40），完成质感线条图像。

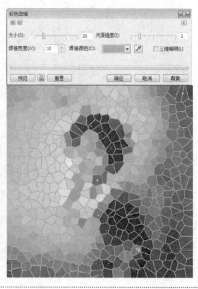

10.5.12 "扭曲"命令

使用"扭曲"滤镜组中的滤镜可以以不同的方式对位图图像中的像素表面进行扭曲，在"扭曲"滤镜组中包含了"块状"、"置换"、"偏移"、"像素"、"龟裂"、"旋涡"、"平铺"、"湿笔画"、"涡流"和"风吹效果"10种滤镜命令，接下来分别对其进行讲解。

（1）**块状**：使用该滤镜可使图像分裂为若干小块，形成拼贴镂空效果。在参数设置对话框的"未定义区域"下拉列表中可设置图块之间空白区域的颜色。

（2）**置换**：使用该滤镜可在两个图像之间评估像素颜色的值，并根据置换图的值来改变当前图像的效果，置换图可以决定所选的图像中像素的变形形式。

（3）**偏移**：使用该滤镜可按照指定的数值偏移整个图像，并按照指定的方法填充偏移后留下的空白区域，在其参数设置对话框中调整"水平"滑块和"垂直"滑块可设置图像在水平方向和垂直方向的偏移值。

| 原图 | 块状 | 置换 | 偏移 |

（4）**像素**：使用该滤镜可以将图像分割为正方形、矩形或者放射状的单元格。可以使用正方形或者矩形选项创建夸张的数字化图像效果，使用放射状选项创建蜘蛛网效果。

（5）**龟裂**：该滤镜是通过为图像添加波纹产生变形效果。在参数设置对话框中调整"周期"滑块可改变水平波纹的周期，调整"振幅"滑块可改变波纹的震动幅度。

（6）**旋涡**：使用该滤镜可使图像按照指定的方向、角度和旋转中心制作出旋涡效果。

（7）**平铺**：使用该滤镜可将图像作为平铺块平铺在整个图像范围中，多用于网页图像背景中。

（8）**湿笔画**：使用该滤镜可使图像产生一种类似于油画未干透、有颜料流动的效果。

（9）**涡流**：使用该滤镜可为图像添加流动的旋涡图案。在其参数设置对话框的"样式"下拉列表中选择其样式可以使用预设的涡流样式。

（10）**风吹效果**：使用该滤镜可在图像上制作出物体被风吹动后形成的拉丝效果。调整"浓度"滑块可设置风的强度。调整"不透明性"滑块可改变风吹效果的不透明度程度。

像素　　　　　　　　　龟裂　　　　　　　　　旋涡　　　　　　　　　平铺

湿笔画　　　　　　　　　涡流　　　　　　　　　风吹效果

10.5.13　实战：制作画面个性纹理

📀 **光盘路径**：第10章\Complete\制作画面个性纹理.cdr

步骤1　执行"文件 | 新建"命令，新建一个空白文档，按快捷键Ctrl+I导入"制作画面个性纹理.jpg"文件。

步骤2　使用选择工具选中图像，执行"位图 | 扭曲 | 块状"命令，在弹出的对话框中，调整参数制作效果。

步骤3　再次选中图像，执行"位图 | 扭曲 | 像素"命令，在弹出的对话框中，勾选"射线"复选框，调整参数制作效果。

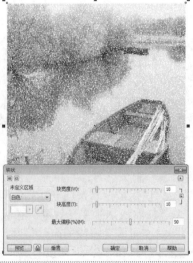

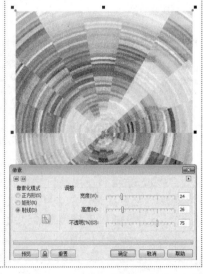

10.5.14 "杂点"命令

使用"杂点"滤镜组可在位图图像中添加或去除杂点，"杂点"滤镜组中包含了"添加杂点"、"最大值"、"中值"、"最小值"、"去除龟纹""去除杂点"6个命令，下面分别进行介绍。

（1）**添加杂点**：使用该滤镜可为图像添加颗粒状的杂点，让图像呈现出陈旧的效果。

（2）**最大值**：根据位图最大值颜色附近的像素颜色值来调整像素的颜色，以消除图像中的杂点。

（3）**中值**：该滤镜是通过平均图像中像素的颜色值来消除杂点和细节。在参数设置对话框中调整"半径"滑块可设置在使用这种效果时选择的像素的数量。

| 添加杂点 | 最大值 | 中值 |

（4）**最小值**：该滤镜是通过使图像像素变暗的方法消除杂点。在参数设置对话框中调整"百分比"滑块可设置效果的强度，调整"半径"滑块可设置在使用这种效果时选择和评估的像素的数量。

（5）**去除龟纹**：使用该滤镜可去除在扫描的半色调图像中经常出现的图案杂点。在参数设置对话框中调整"数量"滑块可确定去除杂点的数量。

（6）**去除杂点**：使用该滤镜可去除扫描图像或者抓取的视频图像中的杂点，使图像变柔和，这种效果通过比较相邻像素并取一个平均值来使图像变得平滑。

| 最小值 | 去除龟纹 | 去除杂点 |

10.5.15 实战：添加画面油画质感

光盘路径：第10章\Complete\添加画面油画质感.cdr

步骤1 执行"文件｜新建"命令，新建一个空白文档，按快捷键Ctrl+I导入"添加画面油画质感.jpg"文件。

步骤2 使用选择工具 选中图像，执行"位图｜杂点｜添加杂点"命令，在弹出的对话框中设置参数。

步骤3 再次选中位图，执行"位图｜扭曲｜置换"命令，选择置换图形样式后设置参数，完成效果。

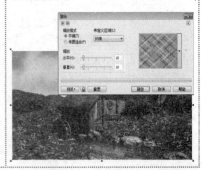

10.5.16 "鲜明化"命令

使用"鲜明化"滤镜组中的滤镜，可以使图像的边界更加鲜明。该滤镜组中包含了"适应非鲜明化"、"定向柔化"、"高通滤波器"、"鲜明化"和"非鲜明化遮罩"5种滤镜，下面分别对其功能进行介绍。

（1）**适应非鲜明化**：使用该滤镜，可通过分析相邻像素的值，使图像的边缘细节突出。这种效果可以保护大多数图像的细节，但对于高分辨率的图像，效果不明显。

（2）**定向柔化**：使用该滤镜，通过分析图像中边缘部分的像素，确定柔化效果的方向。这种效果可使图像边缘变得鲜明，但不会产生细纹。

（3）**高通滤波器**：使用该滤镜通过凸出图像中的高光和明亮的区域消除图像细节。

（4）**鲜明化**：使用该滤镜，通过找到图像的边缘并提高相邻像素与背景之间的对比度，突出图像的边缘，使图像轮廓鲜明。

（5）**非鲜明化遮罩**：使用该滤镜，使图像中的边缘及某些模糊的区域变得鲜明。

| 定向柔化 | 高通滤波器 | 鲜明化 | 非鲜明化遮罩 |

> 📌 **注意：**
> 以上5种滤镜效果中，"鲜明化"效果和"非鲜明化遮罩"效果不能应用于调色板和黑白模式的图像。"适应非鲜明化"效果、"定向柔化"效果和"高通滤波器"效果不能应用于48位RGB、16位灰度、调色板和黑白模式的图像。

10.6 插件

Digimarc水印用于在图像中嵌入版权详细资料、联系信息及图像属性。水印会使图像中的像素亮度有一些细微的变化。这些变化不易发现；但在较高的放大倍数下，部分像素的亮度变化会比较明显。Digimarc 水印不受正常编辑、打印和扫描的影响。

64 位版本的 CorelDRAW Graphics Suite 不支持删除和嵌入 Digimarc 水印。

1. 检测水印

在 CorelDRAW 中打开图像时，用户可以检查是否含有水印。如果水印存在，标题栏上会出现一个版权符号。通过阅读嵌入的消息或链接到 Digimarc 数据库中的联系信息预置文件，可以找到有关带水印图像的信息。

2. 嵌入水印

在 CorelDRAW 中，还可以将 Digimarc 水印嵌入图像。首先，用户必须预订 Digimarc 在线服务以获取唯一的创建者身份标识。创建者身份标识包括姓名、电话号码、地址、电子邮件及 Web 地址等联系人详细资料。一旦拥有创建者身份标识，就可以在图像中嵌入水印。可以指定版权年份、图像属性和水印耐久性。还可以指定图像的目标输出方式，如打印或 Web 方式。

> 📌 **注意：**
> Digimarc 水印不能保护图像免受未授权使用或版权侵犯。但是，水印确实表达了版权声明。它们还为那些想使用图像或者想授予图像使用权的人提供了联系信息。

|10.7| 操作答疑

10.7.1 专家答疑

（1）使用形状工具裁剪的图形是永久裁剪吗？

答：使用形状工具裁剪的位图图像，并没有将图像永久裁剪，而是将其隐藏了，其类似于"图框精确剪裁"命令，将图像部分隐藏，当用户需要对裁剪的图像重新进行编辑时，可以使用形状工具，拖动位图边缘的锚点，将图像重新调整。

| 选中位图图像 | 使用形状工具裁剪 | 使用形状工具调整 |

（2）如何使用滤镜给位图添加星光效果？

答：在"位图"菜单中有许多滤镜，不仅可以对图像进行有规律的处理，还可以在图像中添加一些小元素，使其成为具有合成效果的图像。要制作星形效果只需要选中图像后执行菜单栏中的"位图 | 创造性 | 粒子"命令，在弹出的"粒子"对话框中选中"星星"单选按钮，设置参数后即可应用效果。

| 选择一个图形对象 | 设置"粒子"对话框参数 | 添加星光效果 |

在CorelDRAW X6中兼容了矢量图形的位图图像的处理，在其功能上更显示出与众不同的优势，配合快捷键使用，可以更快应用需要进行的操作，下面来介绍其快捷键和操作方法。

工具及功能	快捷键	工具及功能	快捷键
亮度/对比度/强度	Ctrl+B	颜色平衡	Ctrl+Shift+B
色度/饱和度/亮度	Ctrl+Shift+U	轮廓图	Ctrl+F9
封套	Ctrl+F7	透镜	Ctrl+F3
透镜	Alt +F3	渐变窗口	F11
轮廓笔	F12	当前工具与挑选工具之间切换	Ctrl+Space

10.7.2 操作习题

1. 选择题

（1）使用扩散滤镜让位图形成一种平滑视觉过渡效果，该滤镜收录在"（   ）"滤镜中。

A.相机　　　　　　　　B.杂色　　　　　　　　C.扭曲　　　　　　　　D.艺术笔触

（2）若要在三维空间中对平面图像进行调整，除了可以使用"三维旋转"滤镜外，还可以使用（　　　）。

　A."球面"滤镜　　　　　B."挤远/挤近"滤镜　　　　C."浮雕"滤镜　　　　D."透视"滤镜

（3）在CorelDRAW X6炭笔画收录在（　　　）滤镜组中。

　A.艺术笔触　　　　　B.模糊　　　　　　　　C.颜色转换　　　　　D.创造性

2. 填空题

（1）在CorelDRAW X6中，除了"三维效果"滤镜组外，还为用户提供了＿＿＿＿＿＿、＿＿＿＿＿＿、＿＿＿＿＿＿、＿＿＿＿＿＿、＿＿＿＿＿＿、＿＿＿＿＿＿、和＿＿＿＿＿＿滤镜组。

（2）在CorelDRAW X6中，将位图转换为矢量提供了＿＿＿＿＿＿、＿＿＿＿＿＿和＿＿＿＿＿＿三种描摹方法。

（3）在CorelDRAW X6中，对于位图的剪裁有＿＿＿＿＿＿、＿＿＿＿＿＿和＿＿＿＿＿＿三种方法。

3. 操作题

1. 制作印象派画作效果。

 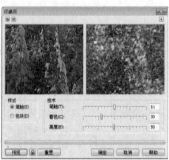 

操作提示：

（1）在新文件中导入一张位图。

（2）选中位图对象，执行"位图 | 艺术笔触 | 印象派"命令，设置相关设置参数，赋予图像印象派画作效果。

（3）详细制作见"第10章\Complete\制作印象派画作效果.cdr"文件。

2. 制作朦胧虚光效果。

 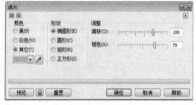 

操作提示：

（1）在新文件中导入一张位图。

（2）选中位图对象，执行"位图 | 创造性 | 虚光"命令，设置相关参数，添加图像柔角边缘效果。

（3）详细制作见"第10章\Complete\制作朦胧虚光效果.cdr"文件。

第11章

打印和输出文件

本章重点：

　　本章详细介绍了有关打印操作与输出的参数设置等知识，包括打印前的设置、设置打印机、打印预览、设置输出选项与设置合并打印的应用等。

学习目的：

　　通过对本章的学习，使读者掌握最常用的输出设置操作和设置方法，在实际的操作过程中能够独立且有效地对打印输出设置，并调整到合适参数，以免不必要的浪费。

参考时间：30分钟

主要知识	学习时间
11.1　打印前的设置	5分钟
11.2　设置打印机	10分钟
11.3　打印预览	3分钟
11.4　设置输出选项	10分钟
11.5　设置合并打印	2分钟

| 11.1 | 打印前的设置

通过前面的学习，相信用户已经对如何在CorelDRAW X6中对图形执行编辑处理的操作有所掌握，而对这些经过调整处理后的图形进行打印输出则是完成整个设计的最后一个步骤。客观地说，这是一个相对重要的步骤，相关的打印设置直接决定打印后图像最直观的视觉效果。接下来就系统地对图像输出前应进行的设置做一个介绍。

| 11.2 | 设置打印机

CorelDRAW X6中的"打印"命令，可用于设置打印的参数、颜色和版面布局等选项，设置内容包括打印范围、打印样式、图像状态和出血宽度等。在保证页面中有图像内容的情况下，执行"文件 | 打印"命令，可弹出"打印"对话框。该对话框中包括"常规"、"颜色"、"复合"、"布局"和"预印"选项卡，以及一个用于检查有无问题的选择卡。

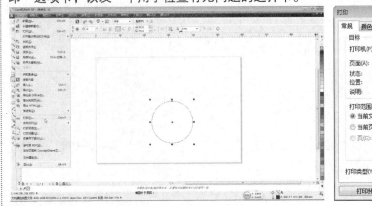

| 执行"打印"命令 | "打印"对话框 |

11.2.1 设置页面大小

在完成对图形图像的编辑处理后，最后的操作是对图像进行打印，而在打印图形之前，还应该对其进行相应的设置。通过调整页面的大小能让显示图像的页面做到与打印报纸相符，从而让打印效果更客观。在CorelDRAW中,设置页面大小有三种方法，下面分别进行介绍。

1. 在新建对话框中设置

启动CorelDRAW X6之后，执行"文件 | 新建"命令或按快捷键Ctrl+N，打开"创建新文档"对话框，此时可在"大小"下拉列表框中选择相应的选项，在选择选项后，还可以在"宽度"和"高度"数值框中输入相应的数值，设置新建文档的页面大小，完成以后单击"确定"按钮，即可新建一个具有相应页面的空白图形文件。

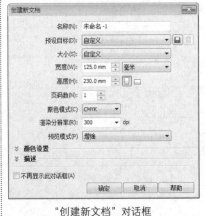

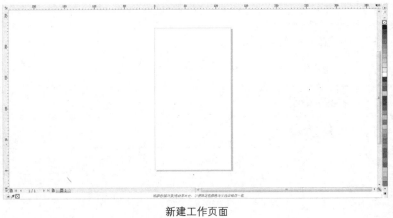

| "创建新文档"对话框 | 新建工作页面 |

2. 在"选项"对话框中设置

新建一个空白图形文件之后，若觉得还需要对页面尺寸进行设置或调整，可执行"布局 | 页面设计"命令，打开"选项"对话框。此时自动跳到"页面尺寸"面板中。在其中的"大小"下拉列表框和"宽度"、"高度"数值框中都可进行相应的设置，并且可以调整页面方向，完成以后单击"确定"按钮，即可调整页面大小，适应于打印要求。

"选项"对话框

设置页面大小

3. 在属性栏中设置

要调整页面的大小，还可以在属性栏的数值框中进行直接设置，在新建文件中，单击选择工具 ，此时显示出工具属性栏，在其中的"页面大小"下拉列表中可选择相应的选项，同时还可以在"页面度量"数值框中分别设置页面的宽度和高度，完成后按Enter键确定即可。

选项栏   工作界面

❶ **"页面大小"下拉列表框**：在其中可快速选择页面的大小。
❷ **"页面度量"数值框**：通过输入数值，快速设置页面大小。

11.2.2 设置版面

在调整完页面的大小之后，还可以对页面的版面进行设置，可在"选项"对话框中选择"布局"选项，显示出相应的面板，可在"布局"下拉列表框中选择相应的选项，也可勾选"对开页"复选框，激活"起始于"下拉列表框，即可对版面进行设置。

❶页面选项：单击该选项可弹出"布局"面板，在其中设置各项参数可调整页面大小。

❷"布局"下拉列表框：单击该按钮可选择系统设置好的页面大小。

❸预览窗口：可查看设置的页面布局。

❹"宽度"、"高度"预览框：选择不同的布局选项后，可查看该布局的长宽参数。

"布局"面板

11.2.3 制作标签

在CorelDRAW X6中，输入前的设置还可以包括标签的设置，通过系统自带的标签预设，可快速将图像添加到不同的显示效果下，使其更符合打印要求。

设置标签的方法是，打开经过编辑的图形文件，在标准工具栏中单击"选项"按钮，打开"选项"对话框，选择"标签"选项，显示"标签"面板，选中"标签"单选按钮，从而激活右侧的标签选项框，在其中选择一种标签样式，完成以后，单击"确定"按钮，即可创建标签。

另外，也可在"选项"对话框中单击"自定义标签"按钮，打开"自定义标签"对话框，在其中可调整标签的样式、尺寸、栏间距、布局等选项，以制作出需要的标签样式。

"标签"面板

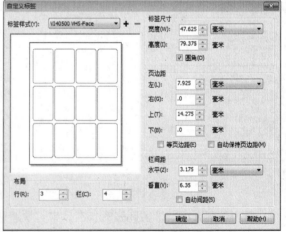

"自定义标签"对话框

执行"文件 | 打开"命令或按快捷键Ctrl+O，打开"第11章\Media\拼图.cdr"文件，此时图像在页面显示，按快捷键Ctrl+J，打开"选项"对话框。选择"标签"选项，将显示"标签"面板，选中"标签"单选按钮，激活标签选项框。在其中拖动下拉滑块，设置一种标签样式，完成后单击"确定"按钮。

此时，我们发现工作页面发生了变化，显示为标签样式的正方形，选择图形对象，将其缩小并复制出一个相同的图形，置于标签页面上，完成后执行"文件丨打印预览"命令。打开打印预览窗口，在其中可看到，图像按标签样式进行显示。

打开文件并设置标签样式

设置页面效果

打印预览效果

11.2.4 设置页面背景

执行"文件丨打开"命令，打开"第11章\Media\设置页面背景.cdr"文件。按快捷键Ctrl+J打开"选项"对话框，在"背景"面板中选中"纯色"单选按钮，在弹出的拾色器中使用吸管吸取图片中的暗部，完成后回到"选项"对话框，单击"确定"按钮，即可将背景的颜色改变。

打开图形文件

弹出拾色器窗口

设置好颜色

更改背景颜色

11.2.5　实战：快速设置打印效果

💿 光盘路径：第11章\ Complete \快速设置打印效果.cdr

步骤1　执行"文件 | 打开"命令，打开"第11章\Media快速设置打印效果.cdr"文件。

步骤2　按快捷键Ctrl+P弹出"打印"对话框，单击"打印预览"旁边的快捷按钮，可弹出"打印"对话框，然后在对话框中设置打印范围和打印的份数，完成以后，单击"打印"按钮。

11.3　打印预览

在CroelDRAW X6中，为避免重复打印带来的浪费，可在输出图形文件前执行"打印预览"命令，同时还可以掌握一些与打印输出相关的应用设置，如预览设置、布局设置及颜色设置等。了解这些功能，可在图像输出过程中优化处理图像，使其达到最佳的输出状态。

11.3.1　打印预览设置

1. 认识打印预览窗口

打开图形文件，执行"文件 | 打印预览"命令，即可打开打印预览窗口，在打印预览窗口中最常用的是工具箱和属性栏，在对图像进行设置时，在预览区中将会显示预览图像效果，用户可对图像进行调整。

打印预览窗口

❶标题栏：用于显示当前文件名称。

❷菜单栏：提供了4个菜单，执行菜单栏的命令可对图形对象进行设置。

❸标准工具栏：其中的按钮代表了一连串的功能命令，通过单击这些按钮可以适当简化操作。

❹属性栏：属性栏是一个相对变化的面板，当在工具箱中选择不同的工具时，属性栏的显示也会有所不同。

❺工具箱：其中包含了选择工具、版面布局工具、标记放置工具、缩放工具。在打印预览页面中的大部分操作都是通过这4个工具来完成的。

❻预览区：用于预览画面的区域。

2. 调整预览设置

在打印预览窗口中可对图像的位置、显示比例、大小缩放及旋转等进行设置。在打印预览窗口中单击选择工具，在预览区中选中图像，在属性栏的"页面中的图像位置"下拉列表框中设置图像位置，也可以选中图像后直接拖动调整图像位置。可以通过标准工具栏中的"缩放"下拉列表框中设置图像的显示比例，同时还能在图形对象的控制点上单击并拖动鼠标缩放图象。

预览窗口

使用选择工具将图像移动到中间位置

此时若单击版面布局工具，页面显示为灰色，将鼠标光标移动到箭头上，此时光标呈旋转状态，单击页面变成红色箭头，且旋转180°。此时再次单击选择工具，即可在预览区中显示出旋转后的图形效果。

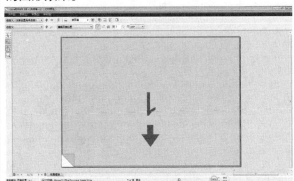

使用版面布局工具将图像旋转方向

垂直翻转效果

📌 提示：

要设置打印预览效果，可直接在"打印"对话框中单击左下角的"打印预览"按钮，弹出打印预览的工作界面；也可以执行"文件 | 打印预览"命令，直接打开工作界面，再在其中进行调节。

💡 注意：

对软件打印效果的设置可以帮助用户对需要打印的图形图像有个初步的认识，以免打印出来以后效果达不到预想的范围而进行重新打印。这样不仅浪费人力、物力，更会延长工作时间，不利于工作保质保量地完成。

11.3.2 实战：设置打印预设效果

光盘路径：第11章\ Complete \设置打印预设效果.cdr

步骤1 执行"文件 | 打开"命令，打开"第11章\Media \设置打印预设效果.cdr"文件。

步骤2 执行"文件 | 打印预览"命令，打开工作界面。单击界面左上角的"页面中的图像位置"下拉三角按钮，在弹出的下拉列表中选择"顶部中心"选项，可切换至图像的顶部中心区域。

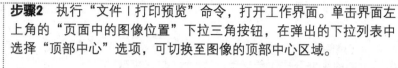

步骤3 单击界面顶端属性栏的"反显"按钮，可反相显示图像效果。

步骤4 单击界面顶端属性栏中的"镜像"按钮，可水平镜像显示图像效果。

步骤5 单击属性栏中的"缩放"下拉三角按钮，选择"到合适大小"选项，可调整图像。

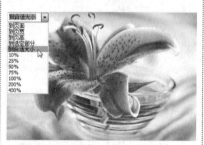

步骤6 恢复图像缩放比例，并单击版面布局工具，可查看当前图像显示预览模式。

步骤7 单击工作区中的阿拉伯数字，并在属性栏中设置旋转角度为180°，可调整图像的显示角度。

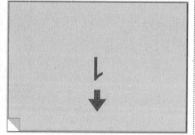

步骤8 单击选择工具，切换至正常显示状态，可看见图像已经翻转。

步骤9 单击缩放工具，在工作界面中拖动鼠标框选出一个虚线框，可快速放大该区域。

11.4 设置输出选项

CorelDRAW X6为用户提供了用于专业出版的打印选项，用户可以根据需要对这些选项进行设置，打印符合专业的出版要求的文档。

11.4.1 输出设置

输出设置是在执行"打印"命令后，最先需要对其进行设置的窗口，下面来介绍在设置输出选项时，首先要设置的常规设置的具体操作步骤。

执行"文件 | 打开"命令或按快捷键Ctrl+O，打开"第11章\ Media \输出设置.cdr"文件，执行"文件 | 打印"命令，弹出"打印"对话框，切换到"常规"选项卡，并设置参数，完成以后，单击"另存为"按钮，可将设置好的打印样式进行保存。

打印"常规"设置窗口   "设置另存为"窗口

11.4.2 版面设置

版面的设置关系到输出时，打印出来的版面效果，包括是否适合纸张，是否居中打印等效果，下面来介绍在设置输出选项时版面设置的具体操作步骤。

执行"文件 | 打开"命令或按快捷键Ctrl+O，打开"第11章\ Media \版面设置.cdr"文件，执行"文件 | 打印"命令，弹出"打印"对话框，切换到"布局"选项卡，设置如下参数，完成后单击"应用"按钮。

打开文件   打印"布局"设置窗口

11.4.3　颜色设置

　　CorelDRAW X6可以将图像按照印刷四色创建CMYK颜色分离的页面文档，并可以指定颜色分离的顺序，方便在出片的时候保证颜色的准确性，下面来介绍在设置输出选项时分色设置的具体操作方法。

　　执行"文件｜打开"命令，打开"第11章\ Media \颜色选项设置.cdr"文件，执行"文件｜打印"命令，在弹出的对话框中切换至"颜色"选项卡，设置参数，完成后单击"应用"按钮。

打开文件

打印"颜色"设置窗口

　　在"颜色"选项卡中选中"分色打印"单选按钮，可看见打印图像的预览效果已经改变，选择"分色打印"选项后，可看见"复合"选项卡转换为"分色"卡，然后单击"分色"标签，以切换至该选项卡，通过取消勾选一些颜色复选框，可调整打印图新的效果。

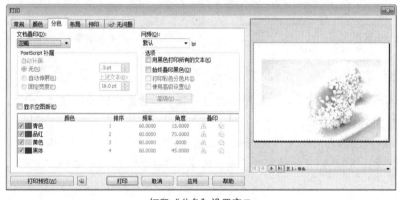

打印"分色"设置窗口

打印预览

11.4.4　实战：输出图形的分色设置

　　💿 光盘路径：第11章\ Complete \输出图形的分色设置.cdr

步骤1　执行"文件｜打开"命令，打开"第11章\Media\输出图形的分色设置.cdr"文件。

步骤2 执行"文件 | 打印"命令，在弹出的对话框中切换至"颜色"选项卡。

步骤3 在"颜色"选项卡下选中"分色打印"单选按钮，可看见打印的效果改变。

步骤4 选择"分色打印"选项后，可看见"复合"选项卡转换为"分色"选项卡，然后单击"分色"选项卡，以切换至该选项卡，通过取消勾选一些颜色复选框，可调整打印图新的效果。

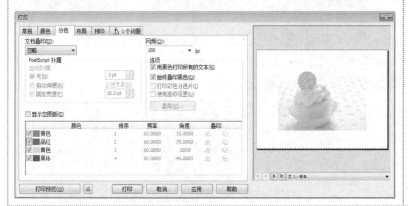

步骤5 取消勾选青色、黄色的复选框，将去除图像中该颜色通道的信息，从而在输出的图像中表现为不同的颜色效果。

11.4.5 输出到胶片

要使用印刷机将出版物印刷出来，必须要先将文件输出到胶片中，在CorelDRAW X6中可以直接对其进行设置，方便用户的操作，下面来介绍在设置输出时，设置输出到胶片的具体操作方法。

执行"文件 | 打开"命令，打开"第11章\ Media \输出到胶片.cdr"文件，执行"文件 | 打印"命令，切换至"预印"选项卡，完成设置后单击"应用"按钮，即可将所设置的参数应用到文件的打印设置中。

打开文件

打印"预印"设置窗口

11.4.6 实战：将图形文件发布为PDF格式

🔵 光盘路径：第11章\ Complete \将图形文件发布为PDF格式.cdr

步骤1 执行"文件 | 打开"命令，打开"第11章\Media\将图形文件发布为PDF格式.cdr"文件。打开具有多个页面的图像文件。

步骤2 执行"文件 | 发布至PDF"命令，在弹出的对话框设置文件所要存放的位置等属性，完成后单击"保存"按钮，将图像文件保存为PDF格式的文件。

将图形文件发布为PDF格式

步骤3 双击刚才导出的PDF文件，在PDF浏览窗口中即可浏览该文件信息和页面图像。

11.5 设置合并打印

　　设置合并打印可以将几个文件合并到一起打印出来，将多个输出要求相同的文件一起打印，避免了设置参数的反色，可以提高工作效率，下面来介绍设置合并打印的操作方法。

　　执行"文件 | 打开"命令，打开"第11章\ Media \设置合并打印.cdr"文件，执行"文件 | 合并打印 | 创建/载入合并域"命令，弹出"合并打印向导"对话框，设置参数如下，单击"下一步"按钮，在"文本域"文本框中输入"花瓶"然后单击"添加"按钮，如下图所示。

打开文件

第一步

第二步

　　此时看到，刚才创建的文本域名称粘贴到下方的列表中，单击将其选中，单击"下一步"按钮，进入到"合并打印"的第三步页面，设置参数如下，单击"下一步"按钮，进入到"合并打印向导"的第四步页面，并设置参数如下，完成后单击"完成"按钮。

第三步

第四步

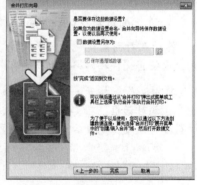
完成设置

　　回到工作页面中，出现"合并打印"浮动面板，此时浮动面板中可按照需要任意添加或合并文件，单击"合并到新文档"按钮，然后单击"创建\装入"按钮，即可弹出"合并打印向导"对话框。按上面的步骤添加新文件到"合并文件"浮动面板中。

出现"合并打印"浮动面板

弹出"合并打印向导"对话框

继续创建合并打印文件

|11.6 | 操作答疑

11.6.1 专家答疑

（1）如何设置打印优化图像？

答：优化图像是将图像文件的大小在不影响画质的基础上进行适当的压缩，从而提高图像在网络上的传输速度，便于访问者快速查看图像或下载图像文件，可在导出图像为.html网页格式之前，对其进行优化处理，以减小文件的大小，让文件的网络应用更加流畅。

在CorelDRAW X6中打开图形文件，执行"文件｜导出到网页"命令，打开"导出到网页"对话框，在该对话框中可在"预设列表"、"格式"、"速度"等下拉列表框中设置相应的选项，从而调整图像的格式、颜色优化和传输速度等，然后单击"另存为"按钮，在弹出的对话框中进行设置即可。

打开文件　　　　　　　　　　　　　　　　　设置网页参数

（2）如何将图形文件发布为HTML格式？

答：在对图像优化的操作有所了解以后，可将图像文件发布为HTML格式，使文件以网页的形式打开，以便将文件在网络上进行发布。

其方法是，打开一个具有多个页面的图像的文件，执行"文件｜导出HTML"命令，打开"导出HTML"对话框，在其中可单击"浏览器预览"按钮，在弹出的对话框中对导出的HTML格式文件的存放位置进行设置，完成后单击"确定"按钮。

"导出HTML"对话框　　　　　　　　　　　　　以网页的形式打开

（3）如何设置版面布局？

答：在"布局"选项卡中设置版面布局，可对其要输出的纸张大小或纸张方向进行设置，并可以根据实际情况对设置的布局进行精确修改。打开"打印"对话框，切换到"布局"选项卡，单击"版面布局"下拉按钮，在下拉菜单中选择一种布局样式，然后单击右边的"编辑"按钮，即可在打印预览窗口中调整版面布局。

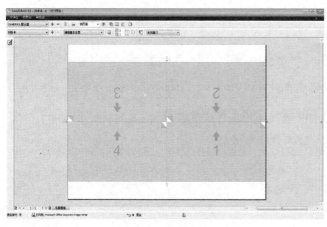

设置一种版面布局样式

在"打印"对话框中调整版面布局

（4）输出中的常用快捷键及条形码设置有哪些？

答：①常用快捷键

在CorelDRAW X6中打印和输出文件过程中，常用的快捷键有以下几种。

功能	快捷键	功能	快捷键
打印	Ctrl+P	创建\装入合并域	Alt+F/G/C
打印预览	Alt+F+R	打印设置	Alt+U

②条形码的设置

在使用CorelDRAW X6进行出版物封面的制作过程中，会要求在书籍封面上出现条形码，在CorelDRAW中可以自动生成条形码，执行"编辑｜插入条形码"命令，即可弹出"条码向导"对话框，根据提示，即可生成需要的条形码。

"条码向导"对话框

15465132131321

生成条形码

11.6.2　操作习题

1. 选择题

（1）在CorelDRAW X6中，可通过应用软件自带的（　　　）快速将图像添加到不同显示效果中。

A.版面样式预设　　　　B.布局样式预设　　　　C.背景　　　　D.标签预设

（2）要对图像进行相关打印操作，可在"打印"对话框中进行，此时按快捷键（　　　）即可打开该对话框。

    A.Ctrl+D   B.Ctrl+P   C.Shift+P   D.Ctrl+B

（3）要将关闭后的"合并打印"浮动面板显示出来，可执行（　　　）命令。

    A.窗口｜泊坞窗｜合并打印   B.窗口｜调色板｜合并打印

    C.窗口｜工具栏｜合并打印   D.文件｜合并打印

2. 填空题

（1）在"打印"对话框中，单击选项卡，可分别对＿＿＿＿＿、＿＿＿＿＿、＿＿＿＿＿、＿＿＿＿＿、＿＿＿＿＿和＿＿＿＿＿等相关选项进行设置。

（2）在"打印"对话框中显示预览图像效果，可通过单击＿＿＿＿＿按钮来实现。

（3）在CorelDRAW X6中，设置页面大小的方法有＿＿＿＿＿、＿＿＿＿＿和＿＿＿＿＿三种。

3. 操作题

打开一个图形文件，制作条形码、标签样式并调整图像大小，对图形进行效果预览。

操作提示：

（1）打开一个文件。

（2）执行"编辑｜插入条形码"命令，即可弹出"条码向导"对话框，根据提示，即可生成需要的条形码。

（3）将条形码缩小后移动到画面左下角。

（4）按快捷键Ctrl+J弹出"选项"对话框设置标签样式。

（5）执行"文件｜打印预览"命令，将图形调整到合适的位置。

（6）详细制作见"第11章\Complete\珠宝标签.cdr"文件。

第12章

综合案例

本章重点：

前面已经对软件的学习有了一定的了解，所以本章主要讲解CorelDRAW X6中的案例应用，在学习本章的过程中由浅入深，一步一步讲解并学习CorelDRAW 在平面设计中的应用知识，使读者掌握和运用有关知识点和技巧。

学习目的：

通过本章的学习掌握CorelDRAW X6与实战设计应用的具体操作，帮助读者灵活应用CorelDRAW X6进行商业设计，为进入设计行业做好铺垫。

参考时间：280分钟

主要知识	学习时间
12.1　VI设计	45分钟
12.2　平面广告设计	50分钟
12.3　界面与网页设计	45分钟
12.4　产品造型与包装设计	50分钟
12.5　书籍装帧与版式设计	45分钟
12.6　插画设计	45分钟

12.1 VI设计

VI设计是CorelDRAW矢量设计中应用最为广泛的功能之一，通过前面对软件知识的学习，现在运用所学知识进行实际案例操作，学习VI设计的处理技巧。

12.1.1 工作室标志设计

案例分析：

本案例是通过基本形状工具的使用绘制标志的基本形状轮廓，然后使用交互式立体化工具绘制标志的大体形状，再结合交互式阴影工具给图形添加光影效果，增加其立体感。

主要使用功能：

矩形工具、文本工具、交互式立体化工具、交互式阴影工具、网状填充工具、图框精确剪裁命令。

💿 **光盘路径：** 第12章\Complete\1\设计工作室标志设计.cdr

🎬 **视频路径：** 第12章\设计工作室标志设计.swf

步骤1 执行"文件 | 新建"命令，新建一个300x180mm的空白文档，单击矩形工具 ▢，在按住Ctrl键的同时绘制一个正方形。使用形状工具 ⬚ 拖动锚点将矩形变成圆角矩形。

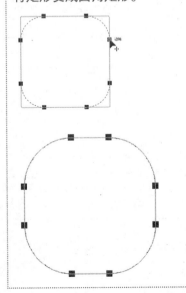

步骤2 继续单击矩形工具 ▢，在按住Ctrl键的同时绘制一个小正方形，然后使用选择工具 ⬚ 移动到之前绘制的矩形的右上角，此时将自动出现"边缘"小字。

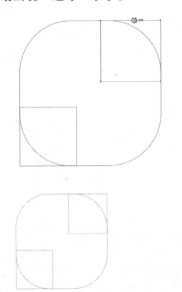

步骤3 单击选择工具 ⬚，选中图形，在属性栏中单击"合并"按钮 ▢，完成合并以后对其填充灰色（C0、M0、Y0、K10）。然后使用交互式轮廓图工具 ▢，在属性栏设置参数，为其添加内部轮廓颜色。

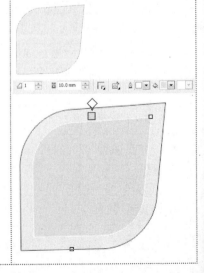

步骤4　使用选择工具 选中图形，然后单击鼠标右键弹出快捷菜单，选择"拆分轮廓图"选项，将其拆分，然后同时选中图形，在属性栏单击"修剪"按钮 ，将其裁剪。

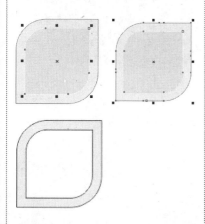

步骤5　使用文本工具 输写一个美术文字d，然后使用轮廓笔工具 ，在属性栏设置参数，为其添加外部轮廓颜色。

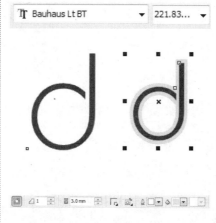

步骤6　使用选择工具 选中字母d图形，单击鼠标右键弹出快捷菜单，选择"拆分轮廓图"选项，将其拆分，然后同时选中图形，在属性栏单击"合并" 按钮，将其合并。

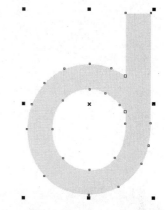

步骤7　使用选择工具 将字母d图形移动到图中位置，并适当放大图形。

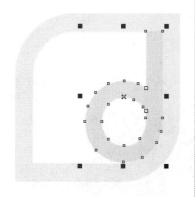

步骤8　使用选择工具 选中字母d图形对象，并且复制一个，旋转其角度后移动到另外一边，接着选中全部图形，在属性栏单击"合并"按钮 ，将其合并，完成以后为其添加一个细的轮廓。

步骤9　将形状适当压扁一些，然后使用交互式立体化工具 ，在属性栏设置参数以添加立体化效果。

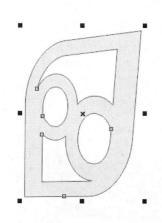

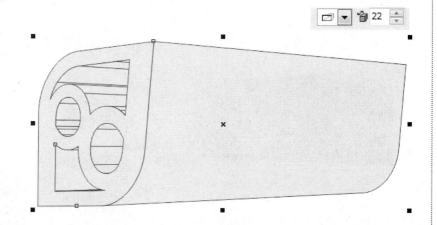

步骤10 按下F11弹出"渐变填充"对话框，设置渐变为深红（C10、M85、Y100、K20）到橘红（C0、M50、Y100、K20）的渐变。

步骤11 在属性栏单击"立体化颜色"按钮，设置从深褐色（C62、M100、Y100、K59）到深橘色（C9、M81、Y100、K18）。

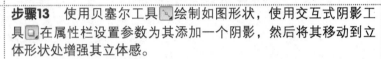

步骤12 使用贝塞尔工具绘制一个形状并填充白色，作为立体形状的高光。

步骤13 使用贝塞尔工具绘制如图形状，使用交互式阴影工具在属性栏设置参数为其添加一个阴影，然后将其移动到立体形状处增强其立体感。

步骤14 使用椭圆形工具绘制一个椭圆形，再使用相同方法给立体形状添加阴影。

步骤15 设置阴影颜色为橘红色（C0、M80、Y100、K0）。

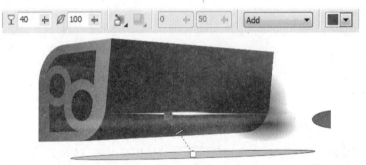

步骤16 使用椭圆形工具绘制不同的椭圆形，在属性栏设置相关参数以后，给立体形状添加高光。

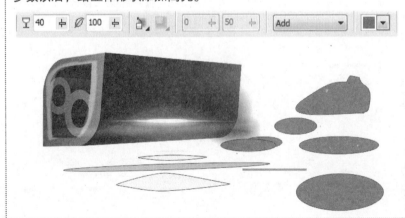

步骤17 使用椭圆形工具绘制一个椭圆形，再使用交互式封套工具对其进行变形，变成扭曲的椭圆形，再使用交互式阴影工具，绘制一个阴影，并叠于立体形状之上。

步骤18 继续使用椭圆形工具○绘制不同的椭圆形，使用相同方法在属性栏设置相关参数，给立体形状添加高光。

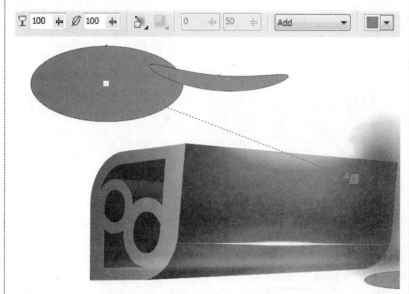

步骤19 使用贝塞尔工具✎绘制如图形状，然后单击交互式阴影工具▣，在属性栏设置参数为其添加一个阴影，设置阴影颜色为橘红色，添加高光的感觉。

步骤20 继续使用贝塞尔工具✎绘制如图形状，结合交互式阴影工具▣给立体图形添加高光的感觉。

步骤21 继续在标志表面绘制添加高光部分。

步骤22 采用相同的方法绘制更多的高光图像，丰富标志效果使标志光泽感更强烈。

步骤23 完成高光与阴影的绘制以后，使用选择工具 选中形状，按两次快捷键Ctrl+K将阴影和形状拆分。

步骤24 使用贝塞尔工具 勾勒一个立体形状的外形，然后将末尾部分的阴影选中，执行"效果 | 图框精确剪裁 | 置于图文框内部"命令，将其置于外形框中。

步骤25 使用文本工具 输入文本信息，然后按快捷键Ctrl+Q将其转曲，调整倾斜角度并填充淡黄色（C0、M0、Y10、K0）。

步骤26 复制文字，单击交互式立体化工具 为文字添加立体化效果，完成以后按快捷键Ctrl+K拆分立体文字。

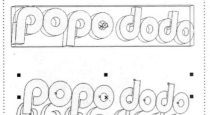

步骤27 按快捷键F11，弹出"渐变填充"对话框，在其中设置渐变颜色为深褐色（C62、M95、Y100、K57）到浅褐色（C54、M90、Y100、K38）到深褐色（C75、M94、Y93、K72）的线性渐变。

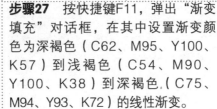

步骤28 按快捷键Ctrl+K再次拆分文字，单击网状填充工具 ，并结合形状工具 ，为字母填充颜色。

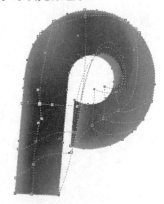

步骤29 选中字母o，填充橘黄色（C0、M62、Y100、K0）。

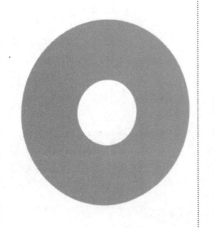

步骤30 使用椭圆形工具 绘制一个圆形，然后使用网状填充工具 并结合形状工具 ，分别添加锚点并填充颜色，完善字母颜色。

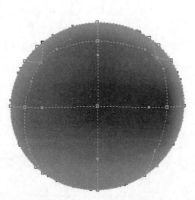

步骤31 使用椭圆形工具 绘制一个圆形，按快捷键F11，弹出"渐变填充"对话框，并设置各项参数。

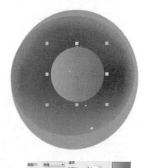

步骤32 完成以后选中两个较小的圆形，执行"效果丨图框精确剪裁丨置于图文框内部"命令，将其置于外形框中。

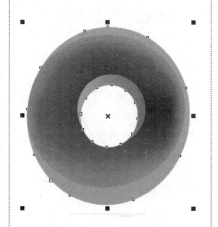

步骤33 选择第二个字母p，单击网状填充工具 ⊞ 并结合形状工具 ，为字母填充颜色。

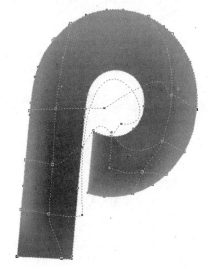

步骤34 使用相同方法绘制第二个字母o。

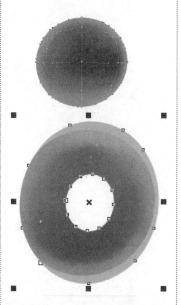

步骤35 使用网状填充工具 ⊞ 并结合形状工具 ，为字母d、o填充颜色。

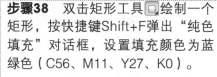

步骤36 完成以后将其移动到之前绘制好的立体形状上，并调整到合适的透视角度。

步骤37 选中之前复制的英文，使用交互式阴影工具 ，添加阴影。

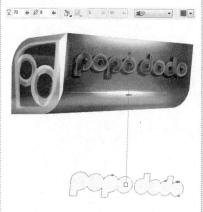

步骤38 双击矩形工具 绘制一个矩形，按快捷键Shift+F弹出"纯色填充"对话框，设置填充颜色为蓝绿色（C56、M11、Y27、K0）。

步骤39 单击网状填充工具 ⊞ 在属性栏设置网格为4x4，然后结合形状工具 选中中间的8个节点填充浅绿色（C18、M0、Y20、K0），选中中间的节点填充白色。

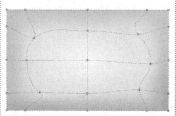

步骤40 按快捷键Shift+PageDown将矩形置于最底层。

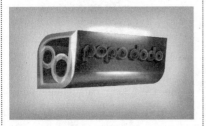

步骤41 使用矩形工具▢绘制一个长条矩形，填充蓝色（C75、M25、Y38、K0），按快捷键Ctrl+Q将其转曲，然后使用形状工具调整其透视效果。

步骤42 单击网状填充工具，在属性栏设置网格为4x3，然后结合形状工具，分别选中节点填充颜色，使其具有光影的感觉。

步骤43 使用多边形工具◯绘制一个四边形，然后按快捷键Ctrl+Q将其转曲，再结合形状工具将其调整为梯形，然后使用网状填充工具为其填充颜色。

步骤44 继续使用多边形工具◯绘制一个四边形，然后按快捷键Ctrl+Q将其转曲，再结合形状工具将其调整为梯形，使用交互式阴影工具，在属性栏设置相关参数，绘制一个阴影，然后按快捷键Ctrl+K拆分阴影和形状。

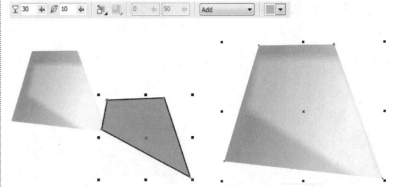

步骤45 继续绘制阴影作为高光，移动到合适的位置。执行"效果丨图框精确剪裁丨置于图文框内部"命令，将两个高光进行图文框精确剪裁，剪裁到梯形中。

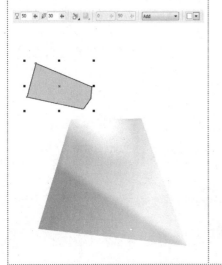

步骤46 使用选择工具将其移动到合适位置作为一个底座，并继续绘制一个三角形，以完善绘制。再结合交互式阴影工具绘画面适当添加光影效果，工作室标志设计完成。

12.1.2 标准色标准图形

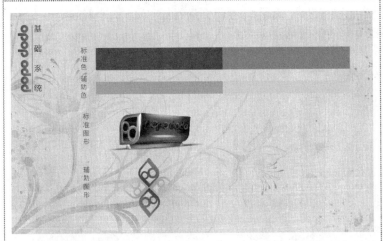

案例分析：
　　本案例制作VI视觉识别系统中的标准色标准图形等的页面效果。通过将标志图形中的颜色和图形提取出来并进行简化调整，方便在后面的应用中进行统一。

主要使用功能：
选择工具、矩形工具、"水平镜像"按钮、"垂直镜像"按钮、文本工具、"对齐与分布"命令。

📀 **光盘路径：** 第12章\Complete\1\标准色标准图形.cdr

🎬 **视频路径：** 第12章\标准色标准图形.swf

步骤1　执行"文件 | 新建"命令，在弹出的对话框中分别设置"名称"、"高度"和"宽度"等参数，单击"确定"按钮以新建一个空白文档，按快捷键Ctrl+I导入"第12章\Media\1\底纹.jpg"，将其移动到工作界面中，调整大小以适合工作页面。

步骤2　使用交互式透明工具 📷 在底纹上拉一条透明线，在属性栏设置相关参数，以适当降低底纹的不透明度。

步骤3　使用文本工具 字 在空白处单击一个点，再在其中输入文字，并设置其字体、大小和间距。

步骤4　在选中文字的同时按快捷键F11，弹出"渐变填充"对话框，设置文字从深橘色（C10、M84、Y100、K20）到浅橘色（C3、M58、Y100、K5）的线性渐变。

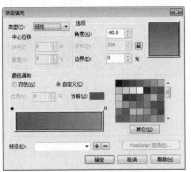

步骤5 使用选择工具 选中文本，单击属性栏"竖排文字"按钮 ，然后分别按下"水平镜像"按钮 和"垂直镜像"按钮 ，将其调整成如下样式。

步骤6 使用选择工具 ，将文字移动到工作页面左上角，单击贝塞尔工具 ，在按住Shift键的同时单击鼠标绘制第一条直线，将轮廓填充为浅橘色。

步骤7 使用文本工具 在空白处单击一个点，再在其中输入文字，并设置其字体、大小和间距。

步骤8 使用文本工具 在空白处单击一个点，再在其中输入文字，并设置其字体、大小。

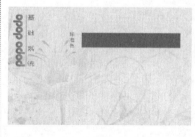

步骤9 单击矩形工具 绘制一个长条矩形，填充深橘色（C10、M84、Y100、K20），在按住Ctrl键的同时向右翻转矩形，结合鼠标右键，快速复制矩形，填充浅橘色（C3、M58、Y100、K5）。

步骤10 同时选中两个矩形，并复制一份，适当缩小以后，分别填充深蓝色（C49、M0、Y20、K0）和浅蓝色（C20、M0、Y20、K0）。

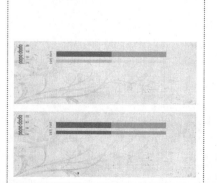

步骤11 使用选择工具 适当调整文字大小，更改文字为"辅助色"。

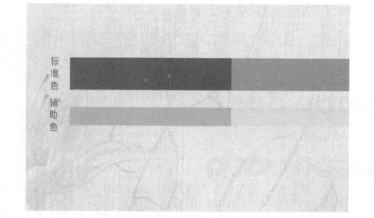

步骤12 使用文本工具 字 输入"标准图形"说明文字后,复制"工作室标志设计.cdr"文件中的立体图形,作为标准图形。

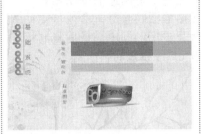

步骤13 复制"工作室标志设计.cdr"图形文件中的标志图形,将其翻转复制后,单击属性栏的"水平镜像"按钮 。

步骤14 执行"对齐与分布"命令使两个形状对齐,然后再次翻转复制一份,单击"垂直镜像"按钮 ,得到如下图形。

步骤15 选中其中的图形对象后,按快捷键F11弹出"渐变填充"对话框,更改渐变颜色为深蓝色(C49、M0、Y20、K0)和浅蓝色(C20、M0、Y20、K0)。

步骤16 使用选择工具 选中图像,按快捷键Ctrl+G将其群组,再次单击出现旋转锚点,在按住Ctrl键的同时旋转锚点,旋转45°,完成以后移动到工作页面中。

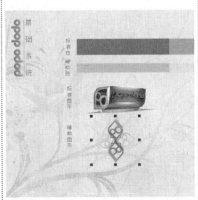

步骤17 使用选择工具 选中文字,向下拖动并复制文字,更改文字信息为"辅助图形"。最后适当调整图像和文字的大小,完成整个画面的绘制。

12.1.3 手提袋设计

案例分析：
　　本案例主要使用矩形工具与"修剪"按钮，绘制手提袋的基本形状，复制之前制作的辅助图形，运用"图框精确剪裁"命令将辅助图形剪裁进矩形框中，最后复制标准图形完成手提袋的制作。

主要使用功能：
矩形工具、文本工具、交互式透明工具、交互式阴影工具、贝塞尔工具、"图框精确剪裁"命令。

光盘路径：第12章\Complete\1\手提袋设计.cdr

步骤1　执行"文件丨新建"命令，新建一个空白文档，复制"标准色标准图形.cdr"中的底纹和文字，再使用文本工具字，对左上角的文字进行更改调整。

步骤2　使用矩形工具□绘制一个矩形并填充白色。

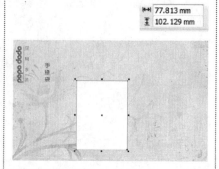

步骤3　再在其上方绘制一个深橘色（C10、M84、Y100、K20）的矩形，然后使用贝塞尔工具在深橘色矩形的左边绘制一个同样颜色的图形，然后复制一个，单击属性栏的"水平镜像"按钮，移动到右边，作为手提袋的提手。

步骤4　复制一个辅助图形，调整大小后将其移动到图中位置，并精确剪裁到手提袋中。

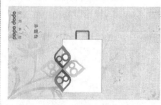
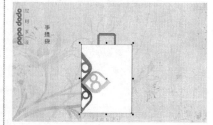

步骤5 复制一个辅助图形，将其缩小后移动到图中位置。

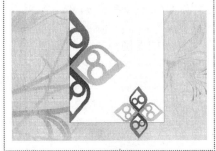

步骤6 使用交互式透明工具，对小的辅助图形设置透明参数，并剪裁到手提袋中。

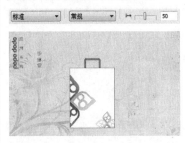

步骤7 复制标准图形，将其缩小后移动到图中位置，以作标志。

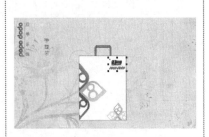

步骤8 完成以后将其群组，并使用交互式阴影工具，为其添加一个阴影。

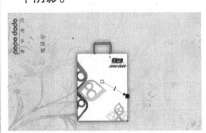

步骤9 继续使用矩形工具绘制一个矩形。

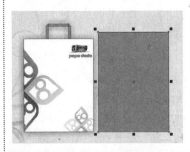

步骤10 单击椭圆形工具，在画面中绘制一个半圆。

步骤11 使用选择工具同时选中图形，在属性栏单击"修剪"按钮，将其修剪。

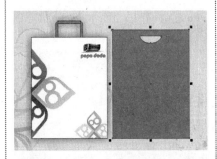

步骤12 复制一个辅助图形并填充白色，放大并旋转角度后置于图中位置。

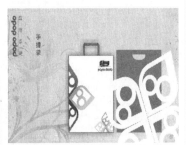

步骤13 单击交互式透明工具并设置其参数，将辅助图形透明化。

步骤14 使用选择工具选中辅助图形后，执行"效果丨图框精确剪裁丨置于图文框内部"命令，将其置于外形框中。

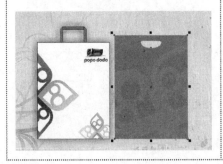

步骤15 继续复制一个辅助图形并填充白色，放大旋转角度后置于图中位置。再次复制标准图形。

步骤16 完成以后将其群组，并使用交互式阴影工具，给其添加一个阴影，完成手提袋设计。

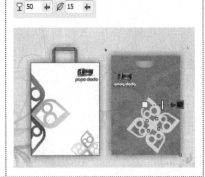

12.1.4 名片设计

案例分析：
　　本案例制作的是VI视觉识别系统中的名片，通过设计名片添加标准图形和辅助图形，以制作名片的效果。

主要使用功能：

矩形工具、文本工具、交互式透明工具、"图框精确剪裁"命令、"对齐与分布"命令。

🎴 **光盘路径：** 第12章\Complete\1\名片设计.cdr

🎬 **视频路径：** 第12章\名片设计.swf

步骤1　执行"文件 | 新建"命令，新建一个空白文档，复制"标准色标准图形.cdr"中的底纹和文字，再使用文本工具🖹，对左上角的文字进行更改调整。

步骤2　使用矩形工具🔲绘制一个90x50mm的矩形，并填充深红色（C10、M84、Y100、K20）。

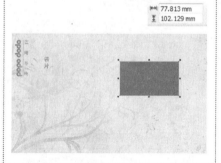

步骤3　复制一个辅助图形并填充白色，放大并旋转角度后置于图中位置。单击交互式透明工具🔲设置其参数，将辅助图形透明化。

步骤4　使用文本工具🖹输入文字后填充浅橘色（C3、M58、Y100、K5）。

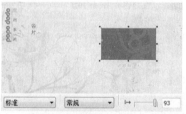

步骤5　使用文本工具🖹输入美术文字，完成以后再绘制一个文本框输入基本信息。

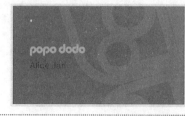

步骤6　使用选择工具![选择工具]选中图形，向下拖动并复制图形，完成以后更改填充颜色为浅橘色（C3、M58、Y100、K5）。

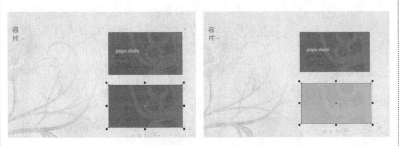

步骤7　复制辅助图形，将其移动到当前工作页面中。

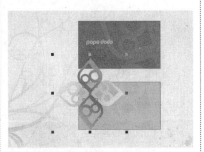

步骤8　使用选择工具![选择工具]选中辅助图形，在属性栏的"高度"数值框中输入50mm，将其精确缩小后，移动到矩形左边位置，使其中心对齐矩形。

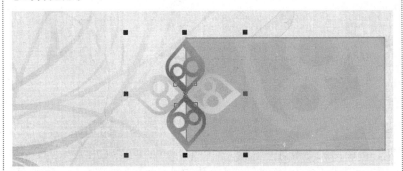

步骤9　使用选择工具![选择工具]选中辅助图形后，执行"效果｜图框精确剪裁｜置于图文框内部"命令，将其置于外形框中。

步骤10　使用文本工具![文本工具]输入文字后填充深橘色（C10、M84、Y100、K20）。

步骤11　使用选择工具![选择工具]选中文字信息，在按住Shift键的同时拖动鼠标将其适当放大。

步骤12　使用选择工具![选择工具]选中文字和背景矩形，按下字母E，使文字与矩形上下垂直对齐。

步骤13　复制标准图形并添加文字，完成名片的设计。

12.1.5　工作证设计

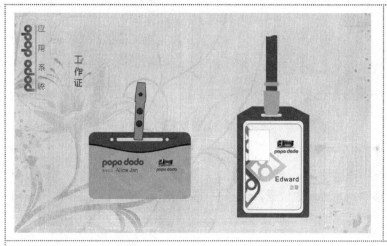

案例分析：
　　本案例制作的是VI视觉识别系统中的工作证，通过绘制工作证图形并添加标识系统中的基本元素和文字，以制作工作证效果。

主要使用功能：
矩形工具、椭圆形工具、文本工具、交互式透明工具、"图框精确剪裁"命令。

💿 光盘路径：第12章\Complete\1\工作证设计.cdr

步骤1　执行"文件|新建"命令，新建一个空白文档，复制"标准色标准图形.cdr"中的底纹和文字，再使用文本工具 字，对左上角的文字进行更改调整。

步骤2　使用矩形工具 绘制一个86x54mm的矩形，使用选择工具 选中矩形，在其属性栏单击"圆角"按钮 ，在"角度"数值框输入5mm。

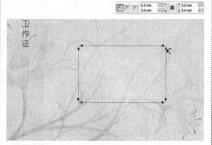

步骤3　继续使用矩形工具 绘制一个矩形，将方角改为圆角，并与大矩形左右对齐。

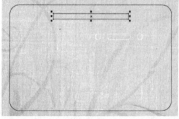

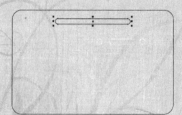

步骤4　使用椭圆形工具 绘制较小的正圆形置于图形中位置。

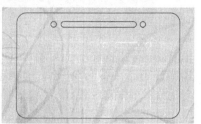

步骤5　使用选择工具 选中大圆角矩形和小圆角矩形，在其属性栏单击"修剪"按钮 ，完成以后继续与两个小正圆形进行修剪，完成以后将其填充为黑色。

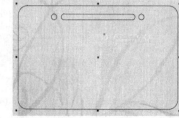

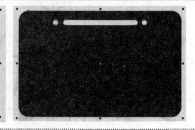

步骤6 使用选择工具 绘制一个86mmx45mm的矩形，并填充浅橘色（C3、M58、Y100、K5）。

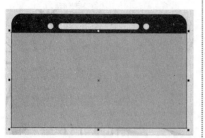

步骤7 单击选择工具 ，同时编辑所有角按钮 ，将锁定解除，然后将下面两个角的数值框输入5mm。

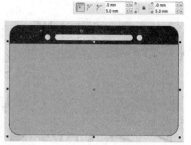

步骤8 使用交互式封套工具 ，在属性栏单击"双弧模式"按钮 ，然后使用鼠标拖动矩形中间的锚点，稍微向下拖动鼠标移动到合适的位置后，再释放鼠标。

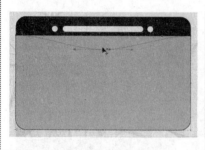
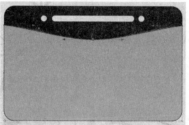

步骤9 使用选择工具 选中两边的锚点，稍微将其拖动以微调形状的圆滑度并将其轮廓去除。

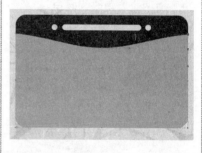

步骤10 同时选中两个图形后，按下+键以复制图形。

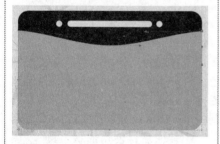

步骤11 将修剪的图形填充为深橘色（C10、M84、Y100、K20），使用选择工具 选中多余的部分将其删除，然后拖动中间的锚点，将其稍微向下压缩一点。

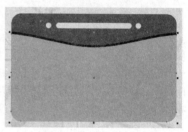

步骤12 复制辅助图形，更改其大小并旋转，然后移动到图中的位置，使用交互式透明工具 将其透明化。

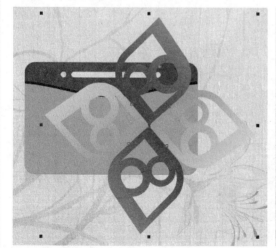
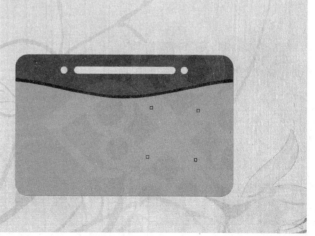

步骤13 执行"效果 | 图框精确剪裁 | 置于图文框内部"命令,将其置于外形框中。

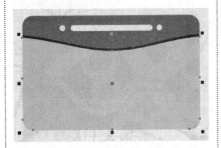

步骤14 复制文字和标准图形,完成以后接着使用文本工具 字,在工作证中输入文字,并设置字体和大小(6pt和12pt),移动到工作证中间合适的位置。

步骤15 使用矩形工具 绘制一个长条矩形,并将其倾斜一定角度,将下面两个方角改为圆角。

步骤16 单击右侧的调色板,将矩形填充为灰绿色(C20、M0、Y0、K40)。再次绘制一个矩形将其转曲以后变形,并与之前绘制的矩形合并。

步骤17 使用椭圆形工具 绘制一个正圆形,填充深紫色(C40、M40、Y0、K60),继续使用椭圆形工具 绘制圆圈。

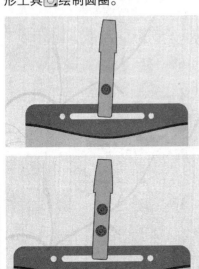

步骤18 继续使用椭圆形工具 绘制一个正圆形并填充深紫色,使用贝塞尔工具 绘制一条直线,完成第一个工作证的绘制,然后按快捷键Ctrl+G将其群组。

步骤19 使用矩形工具 绘制一个60x90mm的矩形,并填充深橘色(C9、M81、Y100、K18)。按快捷键Ctrl+Q将其转曲后,使用形状工具 调整节点至如下形状。

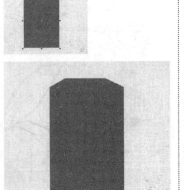

步骤20 使用矩形工具 □ 绘制一个矩形，将方角改为圆角，并与大矩形左右对齐。使用选择工具 ▶ 选中大圆角矩形和小圆角矩形，在其属性栏单击"修剪"按钮 ⌐ ，绘制镂空形状。

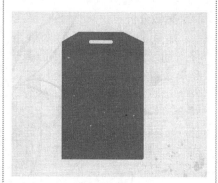

步骤21 使用矩形工具 □ 绘制一个矩形，在属性栏更改方角为圆角。

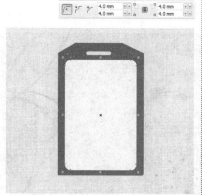

步骤22 在按住Shift键的同时向内拖曳鼠标到合适的位置，再按下鼠标右键以复制图形，然后将轮廓色设置为深橘色（C9、M81、Y100、K18）。

步骤23 复制辅助图形，移动到工作页面中并与最小的矩形左边中间对齐。

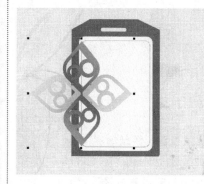

步骤24 执行"效果｜图框精确剪裁｜置于图文框内部"命令，将其置于外形框中。

步骤25 使用矩形工具 □ 绘制一个小矩形，填充白色，描边为淡灰色。

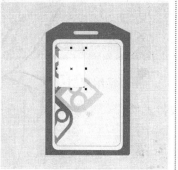

步骤26 复制标准图形，将其移动到工作证中，适当缩小以调整到合适的位置。

步骤27 使用文本工具 字 在其中输入职员姓名和职位名称，然后调整大小并移动到合适的位置。

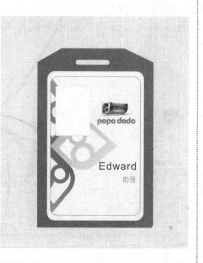

步骤28 使用矩形工具 □ 和椭圆形工具 ○ 绘制夹子的形状。至此，本案例制作完成。

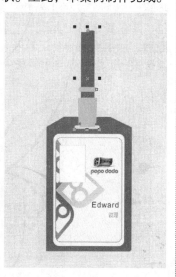

|12.2| 平面广告设计

平面广告设计是CorelDRAW矢量设计中应用最为广泛的功能之一，通过前面对软件知识的学习，现在运用所学知识进行实际案例操作，学习平面广告设计的处理技巧。

12.2.1 艺术展海报设计

案例分析：
本案例制作的是艺术展海报，通过绘制形状使用网格填充出绚丽的颜色，并添加光影效果制作出绚丽的背景效果。然后再结合"编辑位图"按钮和交互式透明工具的混合模式对人物进行调色处理，最后添加文本信息，以完善海报感觉。

主要使用素材：

主要使用功能：
椭圆形工具、矩形工具、贝塞尔工具、网状填充工具、文本工具、交互式透明工具、"图框精确剪裁"命令。

光盘路径：第12章\Complete\2\艺术展海报设计.cdr

步骤1 执行"文件 | 新建"命令，新建一个220x170mm的空白文档，单击椭圆形工具 ⊙，在按住Ctrl键的同时拖动鼠标绘制一个正圆形，再次绘制一个正圆形。打开"对齐与分布"泊坞窗，将两个圆形进行底端对齐与水平居中对齐。

步骤2 使用选择工具 ⊾ 选中大圆和小圆，单击属性栏中的"修剪"按钮 ⊡，得到月牙的形状，并复制一份备份。

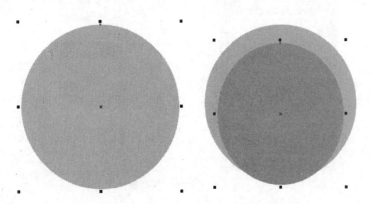

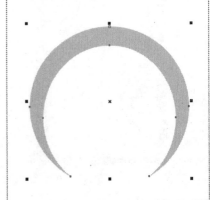

步骤3 使用选择工具 ![icon] 选中月牙形状，单击右侧调色板填充黑色，然后单击网状填充工具 ![icon]，在属性栏设置网格数为6x5。

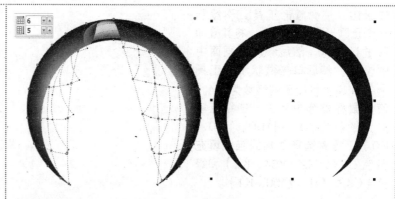

步骤4 使用鼠标框选中其中一些锚点按下Shift+F11，弹出"纯色填充"对话框，在其中设置颜色为蓝色（C61、M5、Y27、K4）。

步骤5 使用鼠标框选中另外一些锚点按下Shift+F11，弹出"纯色填充"对话框，填充深蓝色（C99、M97、Y13、K2），使用相同方法选中右边的锚点填充蓝色（C100、M0、Y0、K0）。

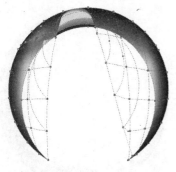

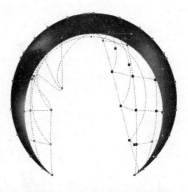

步骤6 继续填充，将剩下的锚点填充黑色，并适当移动距离，可得到如下图形。

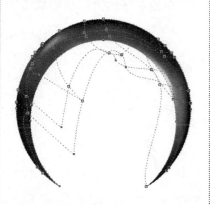

步骤7 使用交互式透明工具 ![icon] 绘制透明效果，然后在其属性栏设置参数。

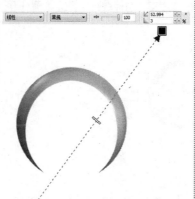

步骤8 接着复制月牙的形状，将其旋转角度后，使用相同方法，在中间的位置填充红色（C0、M100、Y60、K0）。

步骤9 使用交互式透明工具 ![icon] 绘制透明效果，然后在其属性栏设置参数。将其进行渐变处理，然后与之前绘制的月牙形状重叠在一起。

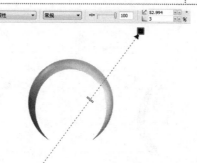

步骤10 使椭圆形工具 再绘制一个正圆形和小正圆形，将其叠加后进行裁剪，然后移动到画面中的位置，然后单击网状填充工具 ，在属性栏设置网格数为3x4。使用鼠标框选中其中一些锚点填充为红色（C0、M100、Y60、K0），接着选择下端的锚点填充黄色（C4、M2、Y64、K2）和绿色（C42、M1、Y100、K1）。

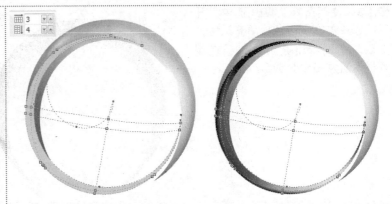

步骤11 复制月牙形状，更改其大小后旋转移动到图中位置，并使用交互式透明工具 将其透明化。

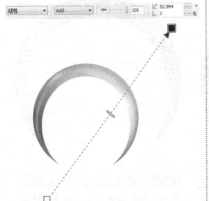

步骤12 再复制一个月牙形状，使用网格填充为如下形状，复制步骤11中绘制的形状，拖动鼠标将其旋转角度到如下位置。然后按快捷键Ctrl+G将其群组。

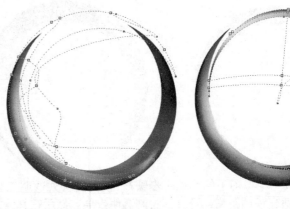
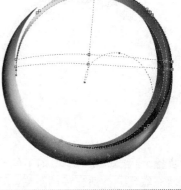

步骤13 双击矩形工具 绘制一个和页面相同大小的矩形，将绘制好的形状移动到合适的位置后，执行"效果 | 图框精确剪裁 | 置于图文框内部"命令，将其置于外形框中。

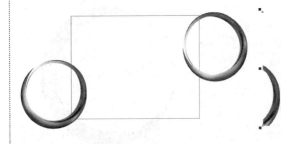

步骤14 使用选择工具 选中绘制好的图形移动到图中位置。

步骤15 再次双击矩形工具 绘制一个和页面相同大小的矩形，填充黑色。

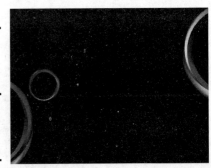

步骤16 复制月牙形状，使用刻刀工具 在形状上单击鼠标以创建一个锚点，然后拖动鼠标将其裁剪。

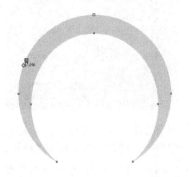

步骤17 单击网状填充工具 ，属性栏默认网格2x2，然后选中锚点填充深蓝色（C99、M97、Y13、K2）和蓝色（C100、M0、Y0、K0）。

步骤18 使用选择工具 将其选中移动到工作页面中，然后以对称方式复制一个，单击"水平镜像"按钮 ，调整并移动到合适的位置。

步骤19 使用矩形工具 绘制一个矩形，旋转角度后移动到图中合适的位置，并填充蓝色（C60、M0、Y0、K0）。

步骤20 单击网状填充工具 ，属性栏默认网格2x2，选择中间的两个锚点将其填充为深一点儿的蓝色（C100、M0、Y0、K0）。

步骤21 按快捷键+复制一个矩形，然后单击"清除网格"按钮 ，填充黑色，单击交互式透明工具 ，拉一条线性透明。

步骤22 使用相同方法再制作一个反方向的矩形渐变透明效果，完成以后按快捷键Ctrl+G将其群组。再复制一份移动到图中位置。

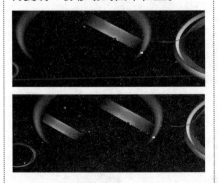

步骤23 使用贝塞尔工具 绘制一个形状，然后单击网状填充工具 ，选中边缘的锚点填充黑色，选中中间的锚点填充深蓝色（C99、M97、Y13、K2）。

步骤24 使用贝塞尔工具 绘制形状，然后单击网状填充工具 ，选中右上角边缘的锚点填充黑色，选中左下角的锚点填充蓝色（C60、M0、Y20、K0）。

步骤25 使用椭圆形工具 绘制一个正圆形，然后单击网状填充工具 ，选中锚点填充紫色（C40、M100、Y0、K0）和深蓝色（C99、M97、Y13、K2）。再使用交互式透明工具 ，将其透明化制作光影效果。

步骤26 继续使用贝塞尔工具 和网状填充工具 ，绘制不同的图形并填充深蓝色（C95、M100、Y0、K0）和蓝色（C80、M100、Y0、K0）。

步骤27 继续绘制图形填充深蓝色（C0、M100、Y60、K0）和黑色。

步骤28 使用星形工具 ，在属性栏设置参数以绘制四角星形，然后将其转曲后填充黑色，使用网状填充工具 将中间的锚点向上移动并填充深蓝色（C100、M100、Y0、K0）。

步骤29 使用选择工具 选中四角星形，在按住Shift键的同时向内拖动鼠标将其旋转缩小，然后使用交互式透明工具 ，将其透明化制作光影效果。

步骤30 使用椭圆形工具 绘制一个椭圆形，旋转以后使用网状填充工具 ，在属性栏设置网格为4x4，然后将中间8个锚点填充为洋红色（C40、M100、Y0、K0），最中间的锚点填充为白色。

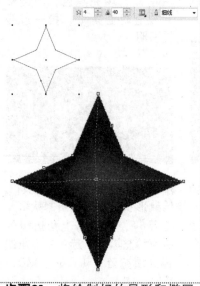
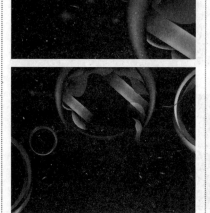
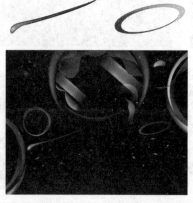

步骤31 将绘制好的星形和椭圆形移动到工作页面中。

步骤32 使用贝塞尔工具 和网状填充工具 绘制如下图形再移动到画面中以增加强化画面感觉。

步骤33 按快捷键Ctrl+I导入打开"第12章\Media\2\01.png"文件，将其复制一个，单击"编辑位图"按钮 ，在编辑窗口中为人物填充颜色。

步骤34 执行"位图 | 轮廓描摹 剪贴画"命令,得到矢量的人物形状。

步骤35 按快捷键F11弹出"渐变填充"对话框,设置渐变为紫色(C100、M100、Y0、K0)到浅紫色(C60、M80、Y0、K0)的线性渐变。

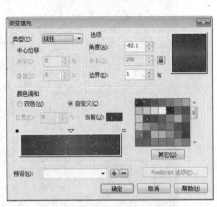

步骤36 将矢量的人物图形与人物重叠,使用交互式透明工具拖曳鼠标绘制一个线性透明,并更改混合模式。

步骤37 按快捷键+将矢量人物复制一份,然后单击交互式透明工具更改渐变方向和模式。

步骤38 使用贝塞尔工具绘制一个眼镜的形状,结合网状填充工具对其填充颜色,选中周围的锚点填充洋红色(C0、M100、Y0、K0),中间填充白色,使用交互式透明工具制作透明效果。

步骤39 按快捷键+将矢量人物复制一份,然后单击交互式透明工具更改渐变方向和模式,按快捷键Ctrl+G将其全部群组。

步骤40 使用矩形工具🔲创建一个矩形，并将轮廓填充为透明，然后选中处理后的人物部分，执行"效果｜图框精确剪裁｜置于图文框内部"命令，将其置于外形框中，将人物置于矩形框中。

步骤41 将人物放置在之前绘制好的界面中，调整人物到中间合适的位置。然后结合贝塞尔工具🖊️、椭圆形工具⭕、网状填充工具🔲在画面中绘制一些图形，并在人物右边肩膀部分绘制一个形状，使用网状填充工具🔲将边缘填充为红色（C0、M100、Y60、K0）。

步骤42 继续使用贝塞尔工具🖊️和网状填充工具🔲绘制如下图形，再移动到画面中以增加强化画面感觉。

步骤43 使用文本工具字输入文字信息，并分别设置字体的大小，选中"Let's Roll"按快捷键F11弹出"渐变填充"对话框，在对话框中设置渐变颜色为蓝色（C60、M0、Y20、K0）到深蓝色（C100、M100、Y0、K0）到紫色（C60、M80、Y0、K0）的线性渐变。

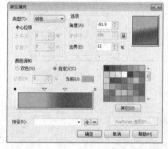

步骤44 使用椭圆形工具⭕在工作页面的下面绘制一些椭圆形，然后使用交互式阴影工具🔲分别对椭圆形拉出阴影效果，在属性栏中设置混合模式阴影的不透明度和羽化值，以调整光影效果，然后按快捷键Ctrl+K将椭圆形和阴影部分进行拆分，最后完成光影的制作。至此，本案例制作完成。

12.2.2 家居报纸广告设计

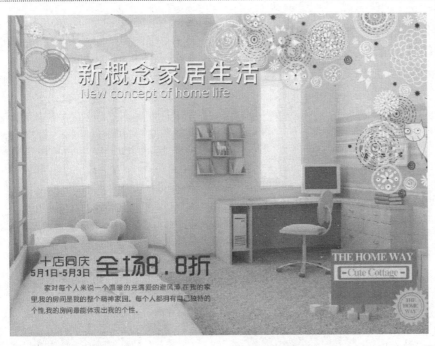

案例分析：

本案例制作的是家居报纸的广告，通过使用交互式透明工具，合理运用其混合模式来调整画面的色调，然后结合矩形工具、椭圆形工具和转动工具绘制小图形，最后添加文本信息，以完善海报感觉。

主要使用素材：

主要使用功能：

椭圆形工具、矩形工具、转动工具、文本工具、交互式透明工具、"图框精确剪裁"命令。

💿 光盘路径：第12章\Complete\2\家居报纸广告设计.cdr

🎞 视频路径：第12章\家居报纸广告设计.swf

步骤1 执行"文件丨新建"命令，新建一个160x120mm的空白文档，执行"文件丨导入"命令，导入"第12章\Media\2\02.jpg"文件。	**步骤2** 双击矩形工具 ▢，创建一个和页面相同大小的矩形，执行"效果丨图框精确剪裁丨置于图文框内部"命令，将其置于矩形中。	**步骤3** 执行"文件丨打开"命令，打开"第12章\Media\2\花纹.cdr"文件。使用选择工具 ▣选中图形对象后，按快捷键Ctrl+C复制图形。

✍ **提示：**

绘制PowerClip图文框时，若是以界面为大小绘制的PowerClip图文框，右键单击进入编辑PowerClip界面后，按快捷键P即可将PowerClip图文框内的图形对象快速置于页面当中。

步骤4 切换到"家居报纸广告设计.cdr"文件中，按快捷键Ctrl+V粘贴图形，然后使用选择工具▶选中图形对象，将其移动并调整到画面中合适的位置，执行"效果 | 图框精确剪裁 | 置于图文框内部"命令，将其置于外形框中。

步骤5 双击矩形工具▢，创建一个和工作页面相同大小的矩形框，按快捷键Shift+PageUp将矩形移动到最顶层，并填充蓝色（C60、M20、Y0、K0）。使用交互式透明工具▽在页面中拉一条线性透明渐变，并设置混合模式，以制作紫色光晕效果。

步骤6 双击矩形工具▢，创建一个和工作页面相同大小的矩形框，按快捷键Shift+PageUp将矩形移动到最顶层，并填充黄绿色（C20、M0、Y60、K0）。使用交互式透明工具▽在属性栏中设置标准透明渐变，并设置混合模式，以制作黄色亚光效果。

步骤7 双击矩形工具▢，创建一个和工作页面相同大小的矩形框，按下快捷键Shift+PageUp将矩形移动到最顶层，并填充紫色（C40、M40、Y0、K0）。使用椭圆形工具○再绘制一个椭圆，同时选中矩形和椭圆，按下快捷键E、C将其中心对齐，然后在属性栏单击"修剪"按钮🗗，并填充紫色（C40、M40、Y0、K0）。

步骤8 使用交互式透明工具▽在属性栏中设置底纹透明渐变，并设置混合模式，以制作紫色纹理效果。

步骤9 继续创建矩形并移动到最顶层，使用交互式填充工具  在属性栏设置线性渐变选项，在页面中做自下而上的黄绿色（C40、M0、Y100、K0）到白色渐变。然后使用交互式透明工具 设置参数制作光影效果。

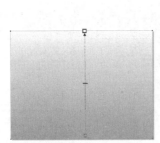

步骤10 使用椭圆形工具 再绘制一个正圆形，填充黄色（C0、M0、Y100、K0），设置轮廓宽度为0.2mm，轮廓色为橘色（C0、M60、Y100、K0），然后使用转动工具 在属性栏设置相关参数后在正圆形的中心点单击鼠标，停留片刻以将正圆形制作成旋转的旋涡的效果。

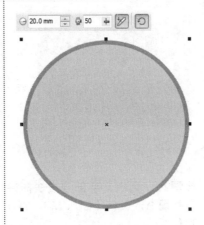

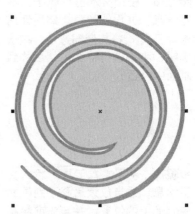

步骤11 使用选择工具 将绘制的图形选中移动到画面中，复制一份填充黄绿色（C40、M0、Y100、K0）。

步骤12 使用矩形工具 绘制矩形，分别填充蓝色（C60、M0、Y20、K20）和淡绿色（C20、M0、Y20、K0）。

步骤13 使用矩形工具 绘制矩形，然后使用形状工具 ，"圆角"按钮 在其后的数值框设置参数，将方角改为圆角。

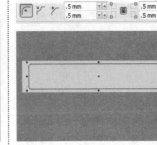

步骤14 使用选择工具 同时选中两个矩形，在属性栏单击修剪按钮 ，得到如下图形。

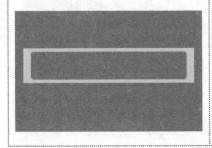

步骤15 继续运用矩形工具 和"修剪"按钮 制作得到如下图形。

步骤16 使用文本工具 输入文字信息，并填充淡绿色和橙色（C0、M60、Y100、K0）。

步骤17 使用星形工具 ✿ 在属性栏设置相关参数以后，在按住Ctrl键的同时绘制一个多边星形，填充金色（C0、M20、Y60、K20）。接着使用椭圆形工具 ◯ 绘制一些圆形，并设置轮廓的参数。

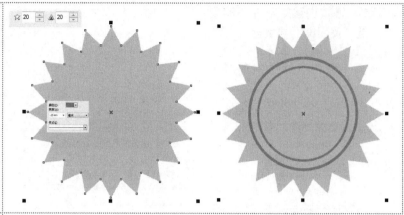

步骤18 使用文本工具 字 输入文字信息，并设置颜色，然后使用选择工具 ▣ 将其全部选中，按快捷键Ctrl+G进行群组，然后移到画面中合适的位置。

步骤19 使用文本工具 字 输入文字信息，适当放大后移动到画面中心偏上的位置，并与先前绘制的螺旋图形进行底端对齐，适应排版要求。

步骤20 选中文字部分按快捷键+，快速复制一份，单击右侧的调色板填充淡黄色（C0、M0、Y20、K0）。然后多次按←键移动到合适位置。

步骤21 继续使用文本工具 字，在画面中输入不同大小与颜色的文字，完善画面效果。至此，本案例制作完成。

🖐 **提示：**
　　在海报创作设计工作中，文字与图像有着同等的重要性。文字是人类用来表达思想，传递信息，交流情感的最重要最直接的工具，它是一种富有生命力的符号表达体系。在海报的编排中往往需要添加文字，而合理地添加文字能为其起到画龙点睛的作用，所以文字是海报重要的构成元素之一。

12.2.3　饮料户外广告设计

案例分析：

　　本案例是使用贝塞尔工具绘制瓶子的形状，然后使用网状填充工具并结合形状工具选中锚点以后将其填充颜色以增加瓶子的质感。接着使用矩形工具绘制正方形，转曲以后去掉一个锚点即可转换为三角形，填充不同的颜色组合成不同的样式添加画面细微感觉。

主要使用功能：

矩形工具、贝塞尔工具、网状填充工具、形状工具、文本工具、交互式透明工具、"图框精确剪裁"命令。

　　光盘路径：第12章\Complete\2\饮料户外广告设计.cdr

步骤1　执行"文件 | 新建"命令，新建一个180x220mm的空白文档。

步骤2　使用矩形工具□绘制一个矩形，使用形状工具调整上面两个方角为圆角，接着将其转曲以后，调节其锚点，形成一个瓶盖的大体形状。

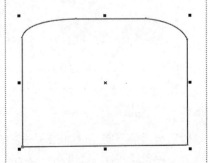

步骤3　按快捷键F11弹出"渐变填充"对话框，设置颜色为浅绿（C20、M0、Y60、K0）到深绿（C20、M0、Y60、K20）到黑色再到深绿、浅绿的渐变。

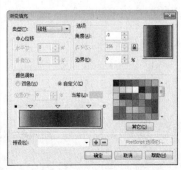

步骤4 使用贝塞尔工具 绘制瓶颈的形状，绘制的同时使用形状工具 调整其节点完成绘制。

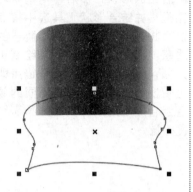

步骤5 然后使用网状填充工具 并结合形状工具 给瓶颈填充颜色。

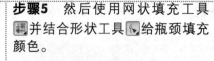

步骤6 使用椭圆形工具 并结合形状工具 绘制瓶身的大体形状。

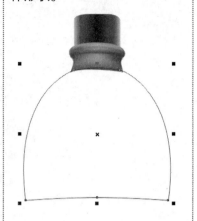

步骤7 将瓶身填充为红色（C0、M92、Y100、K10），同时绘制一个半圆形状填充黄色（C0、M21、Y100、K0）。

步骤8 使用交互式调和工具 将两个形状进行调和，使其成为高光渐变效果。

步骤9 使用贝塞尔工具 绘制图中的形状，绘制的同时使用形状工具 调整其节点完成绘制。

步骤10 按快捷键F11弹出"渐变填充"对话框，设置颜色为深红色（C0、M60、Y60、K40）到红色（C0、M100、Y100、K0）到黄色（C0、M40、Y80、K0）再到深红色（C0、M60、Y60、K40）的渐变。

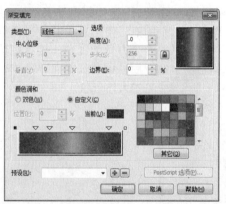

💡 **提示：**
　　在产品造型的制作过程中，可以巧妙地使用交互式调和工具来绘制产品的立体感，这种方法既可以体现产品的高光过渡效果，又可以方便用户修改。

步骤11 使用贝塞尔工具绘制瓶身的形状，绘制的同时使用形状工具调整其节点完成绘制。

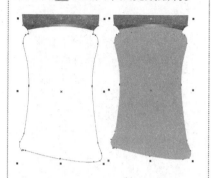

步骤12 使用网状填充工具并结合形状工具选中其中几个锚点将其填充橘红色（C0、M60、Y80、K0），完成以后再选择另两边的锚点填充橘红色，添加瓶身的光影效果，以绘制质感。

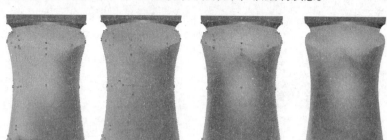

步骤13 使用贝塞尔工具绘制瓶身花纹的形状，绘制的同时使用形状工具调整其节点完成绘制。

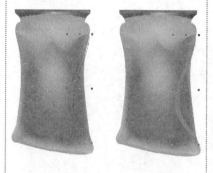

步骤14 使用形状工具选中其中几个锚点将其填充为橘红色（C0、M60、Y80、K0），添加瓶身的光影效果，以绘制质感。

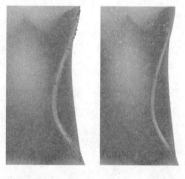

步骤15 使用贝塞尔工具绘制瓶底的形状，在绘制的同时使用形状工具调整其节点，完成绘制。

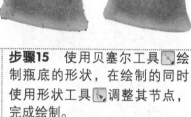

步骤16 将绘制好的瓶底填充为橘黄色（C0、M60、Y60、K0）。

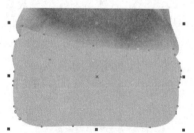

步骤17 使用网状填充工具并结合形状工具，选中底部的锚点将其填充为黑色和深橘色。

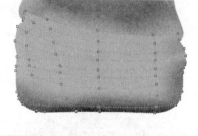

步骤18 使用网状填充工具并结合形状工具，选中锚点将其填充为深橘色。

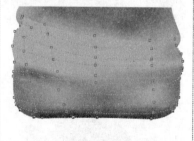

步骤19 使用网状填充工具并结合形状工具，选中锚点将其填充为深橘色。

步骤20 继续使用网状填充工具并结合形状工具，选中锚点将其填充为深橘色，制作饮料瓶底部的层次。

步骤21 使用相同方法，选中不同锚点将其填充为深橘色，制作饮料瓶底部的颜色，使其具有丰富的层次和一定的立体效果。

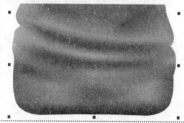

步骤22 使用贝塞尔工具 ✐ 绘制瓶身的形状，在绘制的同时使用形状工具 ▚ 调整其节点完成绘制。

步骤23 按快捷键F11弹出"渐变填充"对话框，设置颜色为浅黄色（C0、M20、Y100、K0）到橘色（C0、M60、Y100、K0）到深橘色（C0、M80、Y40、K0）到褐色（C45、M100、Y100、K16）再到深橘色、橘色的渐变。

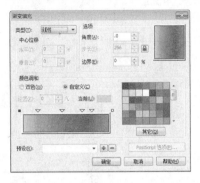 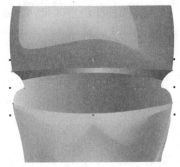

步骤24 使用贝塞尔工具 ✐ 绘制瓶身的形状，在绘制的同时使用形状工具 ▚ 调整其节点完成绘制。

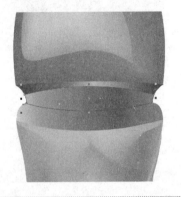

步骤25 按快捷键F11弹出"渐变填充"对话框，设置颜色为浅黄色（C0、M20、Y100、K0）到橘色（C0、M60、Y100、K0）到深橘色（C0、M80、Y40、K0）再到浅黄色的渐变。

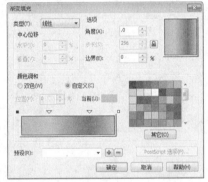 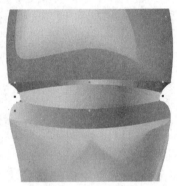

步骤26 使用贝塞尔工具 ✐ 绘制瓶身的形状，绘制的同时使用形状工具 ▚ 调整其节点完成绘制。

步骤27 使用网状填充工具 ▦ 并结合形状工具 ▚ ，选中下面的锚点将其填充为淡绿色（C52、M2、Y100、K2）。选择中间的锚点也将其填充为淡绿色（C52、M2、Y100、K2），并适当地将上面的锚点填充不同程度的绿色，增加瓶身的质感。

步骤28 使用矩形工具□绘制一个长条小矩形，并将其置于瓶身的中间偏下位置。

步骤29 按快捷键F11弹出"渐变填充"对话框，设置颜色为橘色（C0、M60、Y100、K0）到浅黄色（C0、M20、Y100、K0）再到橘色（C0、M60、Y100、K0）的渐变。

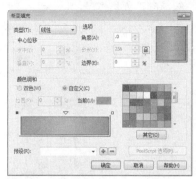

步骤30 使用文本工具字输入文字信息，将其置于绘制的长条矩形的中间位置。

步骤31 使用文本工具字输入文字信息，将其置于绘制的瓶身的中间位置。

步骤32 使用文本工具字输入文字信息，使用交互式透明工具☑将文字透明化。

步骤33 使用椭圆形工具○绘制一个适当大小的椭圆形，然后使用交互式阴影工具○绘制阴影，给瓶身添加光影效果。

步骤34 使用椭圆形工具○绘制一个适当大小的椭圆形，然后使用交互式阴影工具○绘制阴影，给瓶身添加光影效果。

步骤35 使用椭圆形工具○绘制一个适当大小的椭圆形，然后使用交互式阴影工具○绘制阴影，给瓶身添加光影效果。

步骤36 使用贝塞尔工具 ✎ 绘制一个适当大小的圆弧，然后使用交互式阴影工具 ▣ 绘制阴影，给瓶身添加光影效果。

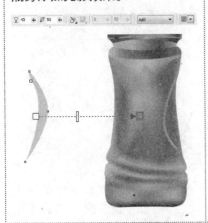

步骤37 使用贝塞尔工具 ✎ 绘制一个适当大小的圆弧，然后使用交互式阴影工具 ▣ 绘制阴影，给瓶身添加光影效果。

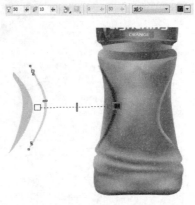

步骤38 使用贝塞尔工具 ✎ 绘制一个适当大小的圆弧，然后使用交互式阴影工具 ▣ 绘制阴影，给瓶身添加光影效果。

步骤39 双击矩形工具 ▢ 创建一个与页面相同大小的矩形，然后使用交互式填充工具 ◈，使用辐射渐变效果，绘制一条从白色到橘色的渐变。

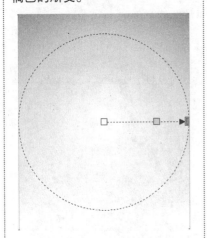

步骤40 使用矩形工具 ▢，在按住Ctrl键的同时绘制一个正方形，将其填充为橘色。

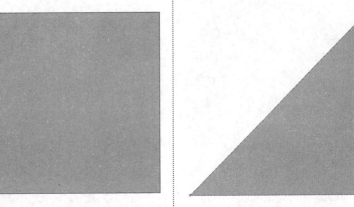

步骤41 按快捷键Ctrl+Q将矩形转换为曲线，然后使用形状工具 ◁ 双击右上角的锚点。将其去除，矩形就变成了等腰三角形。

步骤42 使用选择工具 ▨ 选中三角形，将其复制很多份并且填充不同的颜色，分别使用交互式透明工具 ⊕ 将三角形透明化，将其移动到不同的位置，选中图形后将其群组，执行"效果 | 图框精确剪裁 | 置于图文框内部"命令，将其置于外形框中。

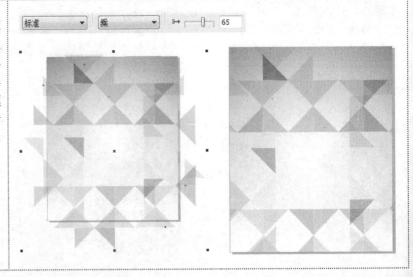

步骤43 使用选择工具 选中瓶身的绘制光影的椭圆形，按快捷键Ctrl+K将其拆分，保留阴影部分，然后将绘制好的瓶子放置于页面中间。

步骤44 使用矩形工具 绘制一个矩形并置于页面下端，填充淡红色（C0、M69、Y71、K0），使用交互式透明工具 拉一条线性渐变。

步骤45 使用选择工具 选中瓶身，将其复制一份以后执行"位图丨转换为位图"命令。接着使用交互式透明工具 拉一条线性渐变，以制作瓶子的倒影。

步骤46 使用相同方法绘制等腰直角三角形，并将其组合成如图形状，完成以后按快捷键Ctrl+G将其群组，使用交互式透明工具 将其透明化再置于瓶子的倒影部位。

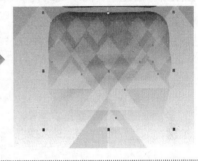

步骤47 使用相同方法绘制等腰直角三角形并将其填充不同的颜色，组合成如图形状，完成以后按快捷键Ctrl+G将其群组，再使用选择工具 将其移动到页面当中。最后给画面添加文字信息以完成整个效果的制作。至此，本案例制作完成。

提示：

给产品添加投影时，由于矢量的产品是由许许多多形状构成的，如果使用交互式透明工具对其直接透明化，软件识别可能比较慢或者根本不工作，用户可以先将产品复制一份，将其转换为位图形式，再对其进行交互式透明化。

12.2.4　酒吧DM单设计

主要使用素材：

案例分析：

本案例是制作咖啡厅DM单，主要通过使用形状工具组绘制图形，并填充相应颜色，然后结合交互式透明工具给图形添加光泽感，以完成画面图形绘制效果，使用交互式阴影工具可绘制出绚丽的光影效果。

主要使用功能：

矩形工具、形状工具、文本工具、交互式阴影工具、交互式透明工具、"图框精确剪裁"命令。

💿 **光盘路径：** 第12章\Complete\2\酒吧DM单设计.cdr

🎬 **视频路径：** 第12章\酒吧DM单设计.swf

步骤1　执行"文件 | 新建"命令，新建一个180x220mm的空白文档，执行"文件 | 导入"命令，导入"05.cdr"文件。在按住Shift键的同时单击图片四周锚点的其中一个，将其适当缩小。

步骤2　使用矩形工具▢绘制一个125x84mm的矩形，执行"效果 | 图框精确剪裁 | 置于图文框内部"命令，将其置于矩形框中。

步骤3　使用矩形工具▢绘制一个71x84mm的矩形，按快捷键Ctrl+Q将其转曲。

步骤4　使用形状工具➧分别选中左上角和右下角的锚点，将其拖动以形成图中的形状。

步骤5　使用相同方法绘制图中的形状，将其填充为绛紫色（C20、M60、Y0、K20）。

步骤6 使用椭圆形工具 ⬭，绘制一个椭圆形，使用交互式填充工具 ⬛ 填充一个黑色到灰色的辐射渐变效果。

步骤7 使用椭圆形工具 ⬭，绘制一个椭圆形，使用交互式填充工具 ⬛ 填充一个黑色到灰色的辐射渐变效果。

步骤8 使用交互式透明工具 ⬛ 将绘制好的图形填充透明效果，并更改其混合模式使其形成光斑的感觉。

步骤9 接着将其复制几份移动到画面中合适的位置，同时更改混合模式的不透明度，形成不同感觉的光斑。使用交互式透明工具 ⬛ 将其透明化。

步骤10 使用相同方法绘制图中的形状并填充黑色，使用交互式透明工具 ⬛ 将其透明化。

步骤11 使用相同方法绘制图中的形状并填充红色(C0、M80、Y40、K0)。

步骤12 使用相同方法绘制图中的形状并填充紫色(C83、M100、Y47、K5)。

步骤13 使用相同方法绘制图中的形状并填充肉粉色(C6、M42、Y24、K0)。

步骤14 使用绘制光斑的方法绘制光斑，将其置于画面当中。

步骤15 使用矩形工具 ▭ 绘制一个矩形并填充黄色（C0、M0、Y30、K0）。

步骤16 使用交互式透明工具 ⬛，在其样式中选择"位图图样"选项，以绘制光的感觉。

步骤17 使用矩形工具 ▢ 绘制一个矩形并填充黑色，然后使用文本工具 字 添加文字信息，按快捷键F11弹出"渐变填充"对话框，在其中设置红色（C0、M100、Y60、K0）到蓝色（C60、M40、Y0、K40）到淡粉色（C0、M40、Y20、K20）的渐变。

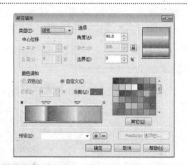

步骤18 将文字复制一份置于顶层，并使用交互式透明工具 ☲ 将其进行透明处理。

步骤19 然后使用文本工具 字 添加文字信息，将其移动到图中合适的位置。

步骤20 使用椭圆形工具 ◯ 绘制一个椭圆形，再使用交互式阴影工具 ▢ 为其添加阴影效果。

步骤21 使用椭圆形工具 ◯ 绘制一个椭圆形，使用交互式阴影工具 ▢ 为其添加洋红色阴影效果。

步骤22 使用椭圆形工具 ◯ 绘制一个椭圆形，再使用交互式阴影工具 ▢ 为其添加淡黄色（C0、M0、Y30、K0）阴影效果。

步骤23 使用椭圆形工具 ◯ 绘制一个椭圆形，再使用交互式阴影工具 ▢ 为其添加洋红色（C0、M100、Y0、K0）阴影效果。

步骤24 使用椭圆形工具 ◯ 绘制一个椭圆形，再使用交互式阴影工具 ▢ 为给其添加阴影效果。

步骤25 使用椭圆形工具 ◯ 绘制一个椭圆形，再使用交互式阴影工具 ▢ 为给其添加蓝色（C100、M0、Y0、K0）阴影效果。

步骤26 使用椭圆形工具 ◯ 绘制一个椭圆形，再使用交互式阴影工具 ▢ 为其添加淡黄色（C0、M0、Y30、K0）阴影效果。

技巧：
使用交互式阴影工具并结合其混合模式可以制作出绚丽的光影效果。

步骤27　使用椭圆形工具◎绘制一个椭圆形，再使用交互式阴影工具◎为其添加蓝色（C100、M0、Y0、K0）阴影效果。

步骤28　使用椭圆形工具◎绘制一个椭圆形，再使用交互式阴影工具◎为其添加蓝色（C100、M0、Y0、K0）阴影效果。

步骤29　使用矩形工具□绘制一个125x44mm的矩形，使用选择工具▷选中全部图形对象，执行"效果｜图框精确剪裁｜置于图文框内部"命令，将其置于矩形中。

步骤30　使用矩形工具□绘制一个125x57mm的矩形，并将其填充为黑色。再绘制一个34x51mm的矩形，按快捷键F11弹出"渐变填充"对话框，设置颜色为黑色到深蓝色（C40、M40、Y0、K60）到洋红色（C0、M0、Y100、K0）的渐变效果。

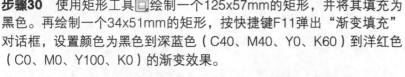
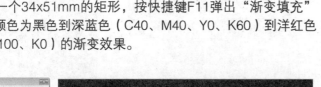

步骤31　使用多边形工具◎绘制一个正六边形，设置其轮廓宽度为0.2mm，颜色为淡粉色（C14、M41、Y12、K0）。

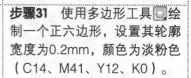

步骤32　使用选择工具▷将六边形组成图中形状。再使用选择工具▷全选图形，然后在按住Ctrl键的同时向右水平移动，移动到合适的位置后单击鼠标右键复制图形。

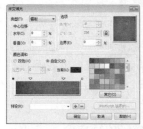

步骤33　按快捷键Ctrl+R进行复制再制操作，复制若干个后，使用相同方法，继续按快捷键Ctrl+R进行复制再制操作，向下垂直复制图形。

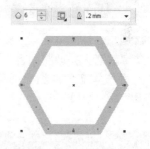

步骤34　将其复制若干份后得到如下图形。执行"效果｜图框精确剪裁｜置于图文框内部"命令，将其置于矩形中。

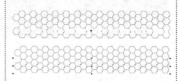

步骤35　使用文本工具🅰添加文字信息，按下快捷键F11弹出"渐变填充"对话框，在其中设置红色（C0、M100、Y60、K0）到白色到粉红色（C0、M60、Y20、K20）到白色再到淡粉色（C0、M40、Y20、K20）的渐变。

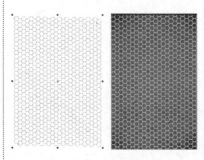
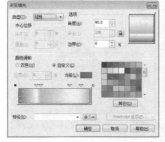

步骤36 复制文字并更改其文字信息和大小,调整成如下布局。

步骤37 用文本工具 字 绘制如下文字信息,使用形状工具 将其间距拉大。按快捷键F11弹出"渐变填充"对话框,在其中设置紫色(C40、M40、Y0、K60)到橘色(C0、M40、Y60、K20)到深橘色(C0、M40、Y80、K0)到粉色(C0、M60、Y40、K0)再到白色的渐变。

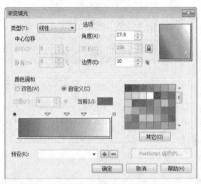

步骤38 继续使用文本工具 字 添加文字信息,并调整到合适的位置。将其填充为淡粉色(C0、M19、Y9、K0)。

步骤39 继续使用文本工具 字 添加文字信息,按快捷键F11弹出"渐变填充"对话框,在其中设置粉红色(C0、M80、Y40、K0)到白色到粉色(C0、M60、Y40、K0)的渐变,完成以后在属性栏更改文字的倾斜角度为45°。

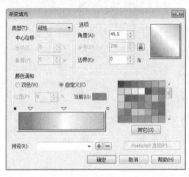

步骤40 用矩形工具 绘制一个正方形,按快捷键Ctrl+Q将矩形转换为曲线,然后使用形状工具 双击右上角的锚点将其去除,得到等腰三角形。按快捷键F11弹出"渐变填充"对话框,设置粉红色(C20、M80、Y0、K0)到深粉色(C0、M100、Y60、K0)的渐变,并设置渐变角度。

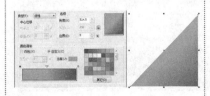

步骤41 按快捷键+将其复制一份,更改颜色为咖啡色(C42、M76、Y42、K64),按快捷键Shift+PageDown将其置于底层。

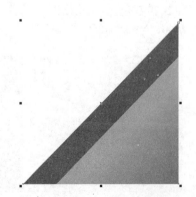

步骤42 按快捷键+将其复制一份,更改渐变为从淡黄色(C0、M8、Y30、K0)到白色的辐射渐变,并将其置于底层。

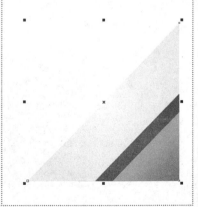

步骤43 使用相同方法绘制黑色、绛紫色（C0、M40、Y0、K60）、洋红色的三角形。

步骤44 绘制如下图形并按快捷键F11弹出"渐变填充"对话框，在其中设置紫色（C40、M80、Y0、K20）到绛紫色（C0、M40、Y0、K60）到深蓝色（C100、M100、Y0、K0）的渐变，完成以后并设置渐变角度。

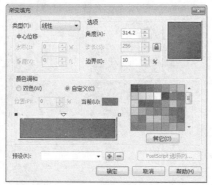

步骤45 继续绘制图形，将其设置为粉红色（C20、M80、Y0、K0）到深粉色（C0、M100、Y60、K0）的渐变效果，并设置渐变角度。

步骤46 继续绘制图形，将其设置为紫色（C40、M80、Y0、K20）到深蓝色（C100、M100、Y0、K0）的渐变效果，复制图形更改渐变为粉红色（C20、M80、Y0、K0）到深粉色（C0、M100、Y60、K0）的渐变效果。

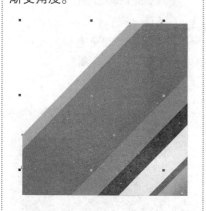

步骤47 绘制两个图形将其填充为粉红色（C20、M80、Y0、K0）和深粉色（C0、M100、Y60、K0）。

步骤48 使用相同方法绘制三角形，然后按快捷键F11弹出"渐变填充"对话框，在其中设置黑色到粉红色（C20、M80、Y0、K0）的渐变，完成以后设置渐变角度，并将其移动到图层最顶层。执行"效果|图框精确剪裁|置于图文框内部"命令，将其置于正方形中。

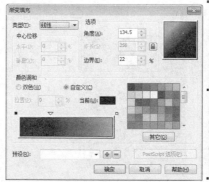

步骤49 使用手绘工具 绘制如图所示的图形，然后使用交互式阴影工具 为其添加洋红色（C0、M100、Y0、K0）和淡黄色（C0、M20、Y40、K0）阴影效果。

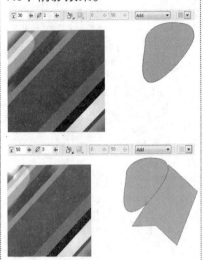

步骤50 使用手绘工具 绘制如图所示的图形，然后使用交互式阴影工具 为其添加深蓝色（C100、M100、Y0、K0）阴影效果。

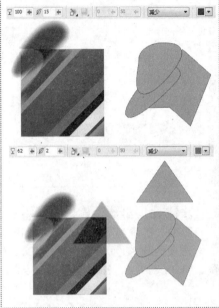

步骤51 将所有图形选中，执行"效果 | 图框精确剪裁 | 置于图文框内部"命令，将其置于正方形中。然后使用文本工具 添加文字信息，按快捷键F11弹出"渐变填充"对话框，在其中设置深粉色（C0、M100、Y60、K0）到白色再到淡粉色（C0、M40、Y20、K20）的渐变。

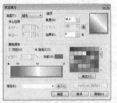

步骤52 使用选择工具 将图形全部框选中，按快捷键Ctrl+G将其群组，然后旋转角度。使用交互式阴影工具 为其添加阴影效果。按快捷键+将其复制两份，使用选择工具 分别选中图像对象更改其角度位置。

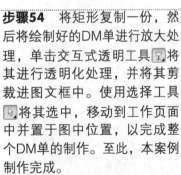

步骤53 双击矩形工具 创建一个和页面相同大小的矩形，并填充黑色。

步骤54 将矩形复制一份，然后将绘制好的DM单进行放大处理，单击交互式透明工具 将其进行透明化处理，并将其剪裁进图文框中。使用选择工具 将其选中，移动到工作页面中并置于图中位置，以完成整个DM单的制作。至此，本案例制作完成。

12.3 界面与网页设计

界面与网页设计是CorelDRAW矢量设计中应用最为广泛的功能之一，通过前面对软件知识的学习，现在运用所学知识进行实际案例操作，学习界面与网页设计的处理技巧。

12.3.1 手机界面设计

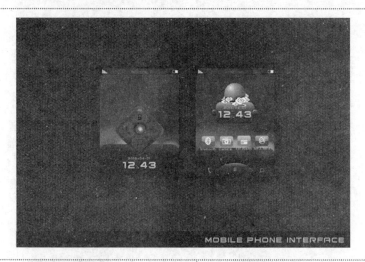

案例分析：
本案例制作的是一个炫彩手机界面，通过使用形状工具、矩形工具绘制手机界面的外形，并结合交互式阴影工具绘制画面光影效果，结合炫丽的背景颜色加强画面对比效果。

主要使用素材：

主要使用功能：
选择工具、矩形工具、椭圆形工具、交互式透明工具、交互式阴影工具、网状填充工具、交互式填充工具、文本工具、"图框精确剪裁"命令。

💿 **光盘路径：** 第12章\Complete\3\手机界面设计.cdr

步骤1 执行"文件|新建"命令，在弹出的对话框中分别设置"名称"、"高度"和"宽度"等参数，单击"确定"按钮以新建一个空白文档，使用矩形工具□绘制一个70x95mm的矩形，填充黑色。

步骤2 使用网状填充工具▦并结合形状工具✎将上面的部分填充为深蓝色（C100、M100、Y0、K0）。

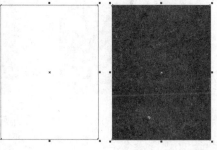

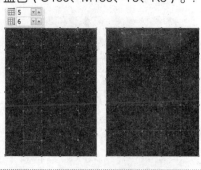

步骤3 使用矩形工具□绘制一个70x88的矩形，按快捷键F11弹出"渐变填充"对话框，设置颜色为海军蓝（C87、M61、Y20、K0）到灰黑色（C82、M78、Y76、K58）到昏暗蓝（C73、M64、Y0、K0）到灰黑色再到紫红（C79、M100、Y49、K11）的渐变，并更改渐变角度。

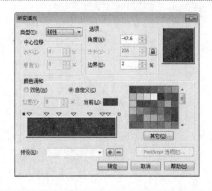

步骤4 使用椭圆形工具 ⬭ 并结合交互式阴影工具 ⬛ 绘制一个椭圆形，然后更改阴影的颜色为豪华红（C18、M96、Y40、K0）和混合模式。按快捷键Ctrl+K将椭圆形和阴影拆分，将阴影部分复制一份，适当缩小叠放在画面右下端，填充黄色（C0、M0、Y100、K0），再复制一份，叠放在黄色阴影上方。

步骤5 使用椭圆形工具 ⬭ 并结合交互式阴影工具 ⬛ 绘制一个椭圆形，然后更改阴影的颜色为黄色（C0、M0、Y100、K0）和混合模式。将豪华红和黄色的阴影再复制一份，适当调整大小，置于画面最上方，将全部光影选中执行"效果 | 图框精确剪裁 | 置于图文框内部"命令，以置于外形框中。

步骤6 使用矩形工具 ⬜ 绘制一个圆角矩形，填充自上而下的线性渐变从深紫（C96、M100、Y55、K29）到浅紫（C75、M92、Y0、K0）。

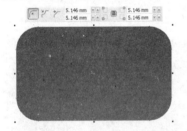

步骤7 选中矩形，在按住Shift键同时向内拖动鼠标，单击鼠标右键，复制矩形并填充白色，使用交互式透明工具 ⬛ 绘制线性透明。

步骤8 选中白色矩形将其复制一份，填充黑色，使用交互式透明工具 ⬛ 更改透明角度自下而上，以制作按钮质感。

步骤9 绘制一个正圆形，使用交互式填充工具 ⬛ 填充红褐色（C20、M73、Y95、K0）到浅橘色（C4、M33、Y99、K0）到白色的辐射渐变。

步骤10 打开"祥云.cdr"文件，将其复制并调整大小，移动到合适的位置，再添加蓝色（C80、M0、Y0、K0）阴影。

步骤11 使用椭圆形工具 ⬭ 绘制正圆形，填充深紫到浅紫的线性渐变效果，使用相同方法添加正圆形的立体感。

步骤12 将正圆形进行群组，使用交互式阴影工具 为其添加黑色阴影效果，完成以后复制一份，移动到如图所示的位置。

步骤13 使用文本工具 添加文字信息并填充粉蓝（C23、M20、Y0、K0）到灰色（C36、M28、Y27、K0）的线性渐变，并添加阴影。

步骤14 继续添加文字信息并填充粉蓝色（C23、M20、Y0、K0）。使用交互式阴影工具 并添加阴影。

步骤15 使用选择工具 选中绘制好的图像将其群组，移动到画面中。

步骤16 使用矩形工具 绘制一个70x24的矩形，单击 按钮将矩形两边的角锁定，调整上方为圆角，填充洋红色(C0、M100、Y0、K0)，然后使用交互式透明工具 绘制线性透明效果。

步骤17 使用矩形工具 绘制一个70x19的矩形，填充深蓝色（C100、M100、Y0、K0），然后使用交互式透明工具 绘制线性透明效果。

步骤18 使用椭圆形工具 在属性栏单击"饼图"按钮 ，绘制一个半圆，填充紫红（C79、M100、Y49、K11）到深紫（C96、M100、Y55、K29）再到紫红（C79、M100、Y49、K11）的线性渐变

步骤19 使用交互式透明工具 绘制线性透明效果。

步骤20 使用相同方法绘制一个半圆，使用交互式阴影工具 并添加阴影。使用绘制按钮质感的方法绘制其质感效果。

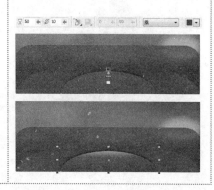

步骤21 结合矩形工具 🔲 和手绘工具 📈 绘制手机界面的小图标效果。

步骤22 使用矩形工具 🔲 绘制矩形，并更改方角为圆角，再绘制一个形状并填充白色，使用交互式透明工具 🔲 绘制线性透明效果。使用贝塞尔工具 📈 绘制图标效果，并再绘制一个椭圆形，将两个图形选中，单击属性栏的"修剪"按钮 🔲 得到如下图标。

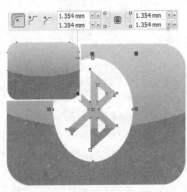

步骤23 使用相同方法绘制其他手机图标。然后分别添加文字信息，排列在绘制好的手机界面中。

步骤24 使用矩形工具 🔲 绘制一个菱形，填充颜色为深紫（C96、M100、Y55、K29）到深河蓝（C80、M87、Y0、K0）的线性渐变，按快捷键+，将其复制一份，并水平翻转。

步骤25 再次按快捷键+进行原位复制，使用交互式填充工具 🔲 填充深紫（C79、M100、Y49、K11）到紫红（C60、M100、Y45、K7）的辐射渐变。

步骤26 按快捷键+两次将其原位复制，使用交互式透明工具 🔲 绘制透明效果。继续复制并填充洋红色，使用交互式透明工具 🔲 绘制透明效果。

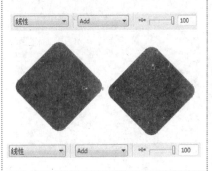

步骤27 复制菱形置于图中，并使用形状工具组绘制小的图标效果。

步骤28 绘制一个正圆形并置于正中，填充深河蓝到深紫的线性渐变，并添加阴影效果。然后按快捷键+，将其原位复制，并将其水平翻转，制作出按钮的效果。

步骤29 使用椭圆形工具 🔵 并结合交互式阴影工具 🔲 绘制一个椭圆形的阴影效果，按快捷键Ctrl+K将其拆分，移动到画面正中。

步骤30　使用椭圆形工具 ⊙ 再次绘制一个正圆形，使用网状填充工具 ⊞，设置网格为6x6，结合形状工具 ⬡ 将椭圆形外周的节点填充为黑色，中间部分的填充豪华红（C31、M100、Y36、K0），最中间部分填充白色。

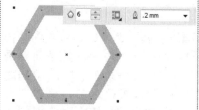

步骤31　复制菱形，填充白色，将其置于最顶层，使用交互式透明工具 ⛽ 绘制透明效果，并更改混合模式，提亮整体效果。

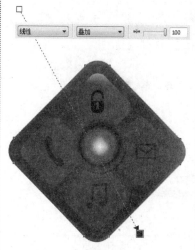

步骤32　复制之前的手机界面，稍作调整。将绘制好的菱形图标置于手机界面上，复制时间文字。

步骤33　使用多边形工具 ⬡ 绘制一个正六边形，设置其轮廓宽度为0.2mm，颜色为淡粉色（C14、M41、Y12、K0）。

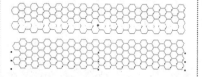

步骤34　使用选择工具 ▹ 将六边形组成图中形状。再使用选择工具 ▹ 全选图形，然后在按住Ctrl键的同时向右水平移动，移动到合适位置后单击鼠标右键复制图形。

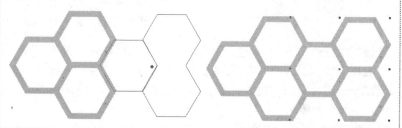

步骤35　按快捷键Ctrl+R执行复制再制操作，复制若干个后，使用相同方法，继续按快捷键Ctrl+R执行复制再制操作，向下垂直复制图形，制作六边形网格。

步骤36　双击矩形工具 ▭ 绘制一个矩形，使用交互式填充工具 ◈ 填充深紫（C93、M100、Y59、K36）到紫色（C79、M96、Y0、K0）到红褐（C60、M100、Y58、K25）的线性渐变。将绘制的六边形网格调整透明度以后，进行图文框精确剪裁，置于矩形中。

步骤37　将绘制好的手机界面放于画面中，复制一份将其转换为位图后，使用交互式透明工具 ⛽ 和交互式阴影工具 ▢ 制作投影和阴影效果，并添加文字说明。至此，本案例制作完成。

12.3.2　儿童网站页面设计

案例分析：
　　本案例是制作儿童网站页面设计，主要使用矩形工具绘制主体物——手提电脑，然后添加椰树、人物素材，并添加可爱的文字以制作得到儿童网站。

主要使用素材：

主要使用功能：
　　选择工具、矩形工具、椭圆形工具、贝塞尔工具、交互式填充工具、文本工具。

　　💿 光盘路径：第12章\Complete\3\儿童网站页面设计.cdr

　　🎬 视频路径：第12章\儿童网站页面设计.swf

步骤1　执行"文件｜新建"命令，在弹出的对话框中分别设置"名称"、"高度"和"宽度"等参数，单击"确定"按钮以新建一个空白文档，使用矩形工具 🔲 绘制一个220×138mm的矩形，填充黄色（C0、M12、Y93、K0）。

步骤2　按快捷键Ctrl+I导入"椰子树.cdr"文件，将其移动到画面中。使用椭圆形工具 🔾 绘制叠加的圆形，将其选中，单击"合并"按钮 🔲，并填充白色以制作云朵的效果。

步骤3　使用矩形工具 🔲 绘制一个70×88mm的矩形，按快捷键F11弹出"渐变填充"对话框，设置颜色为黑色（C0、M0、Y0、K20）到白色再到黑色（C0、M0、Y0、K20）的线性渐变，并设置各项参数，完成后单击"确定"按钮。

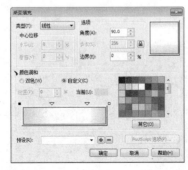

步骤4 使用矩形工具 ▢ 绘制一个117×60mm的圆角矩形，填充白色，然后将其适当缩小后复制一份，填充秋菊红色（C0、M80、Y100、K0），以制得到手提电脑的模型。

步骤5 使用文本工具 ⓩ 添加文字，分别填充秋菊红色（C0、M60、Y80、K0）和橘红色（C0、M60、Y100、K0）。

步骤6 使用矩形工具 ▢ 绘制一个从秋菊红色（C0、M80、Y100、K0）到橘红色（C0、M40、Y100、K0）线性渐变的矩形，将方角改为圆角。

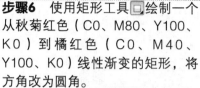

步骤7 使用文本工具 ⓩ 添加文字信息，并将其填充为到橘红色（C0、M60、Y100、K0）。然后使用椭圆形工具 ⬭ 添加一些小圆形，作为文字的装饰效果。

步骤8 按快捷键Ctrl+I导入"儿童.cdr"文件，将其移动到画面中偏左的位置。

步骤9 使用椭圆形工具 ⬭ 绘制一个正圆形，使用交互式填充工具 ⬙ 填充渐变颜色为橘红色到秋菊红色。

步骤10 使用贝塞尔工具 ⬦ 并结合形状工具 ⬚ 绘制海鸥的形状，复制两个后调整大小，移动到合适的位置。

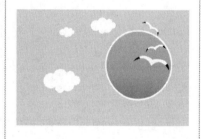

步骤11 使用贝塞尔工具 ⬦ 并结合形状工具 ⬚ 绘制猫咪的形状，将身体填充为灰色（C17、M13、Y14、K0），耳朵和尾巴填充为深灰色（C35、M25、Y20、K5），群组以后置于填充为咖啡色（C50、M75、Y93、K0）的正圆形中，并在底部绘制一个大一点儿的正圆形，填充灰蓝色（C50、M15、Y21、K0）。

步骤12 再在底部绘制一个白色正圆形，将其全部群组后移动到画面当中。

步骤13 使用贝塞尔工具绘制心形的形状，并填充为红色（C0、M100、Y100、K0）。

步骤14 使用文本工具添加文字信息，填充橘红色（C0、M74、Y87、K0）。

步骤15 使用选择工具选中图像对象，调整其到图中合适的位置，完成大体绘制。

步骤16 使用椭圆形工具和矩形工具绘制图中形状，填充秋菊红（C0、M60、Y80、K0）。

步骤17 使用文本工具添加文字信息，填充沙黄（C0、M20、Y40、K0）。

步骤18 使用文本工具添加文字信息，填充橘红色（C0、M74、Y87、K0）和绿色（C100、M0、Y100、K0）。

步骤19 使用矩形工具和贝塞尔工具绘制形状，分别填充红色（C0、M100、Y100、K0）和绿色（C100、M0、Y100、K0）。

步骤20 使用文本工具添加文字信息，填充黑色。

步骤21 最后在网页的底部复制猫咪图形，并填充文字和网站的基本信息，置于页面底部。至此，本案例制作完成。

12.3.3 旅游网站设计

案例分析：

　　本案例主要是制作旅游网页的效果图，使用形状工具组绘制花纹，使用交互式填充工具填充其颜色，使用交互式透明工具可将绘制的图形淡化处理，最后导入鲤鱼素材，调整色调并添加文字信息。

主要使用素材：

主要使用功能：

　　选择工具、矩形工具、椭圆形工具、交互式透明工具、交互式填充工具、贝塞尔工具、箭头形状工具、文本工具、"图框精确剪裁"命令。

　　光盘路径：第12章\Complete\3\旅游网站设计.cdr

步骤1 执行"文件丨新建"命令，新建一个空白文档，双击矩形工具□绘制一个矩形，填充沙黄（C0、M27、Y42、K0）。

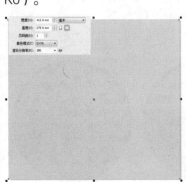

步骤2 单击填充工具◇，在子菜单中选择底纹填充，弹出"底纹填充"对话框，设置矿物颜色为沙黄（C0、M27、Y42、K0）。

步骤3 使用交互式透明工具▣绘制线性透明效果。

步骤4 使用椭圆形工具  和交互式阴影工具 绘制一个椭圆形，然后更改阴影的颜色为宝石红（C18、M96、Y40、K0）。按快捷键Ctrl+K将椭圆和阴影拆分，并将阴影复制并适当缩小叠在画面下端，填充黄色（C0、M0、Y100、K0）。最后再复制一份叠在黄色阴影上方添加色彩感觉。

步骤5 打开"祥云.cdr"文件，复制祥云到画面中并调整角度，使用交互式填充工具 设置颜色为弱粉（C0、M54、Y27、K0）到浅蓝绿（C44、M5、Y22、K0）到沙黄（C0、M27、Y42、K0）的线性渐变。然后使用交互式透明工具 绘制线性透明效果。

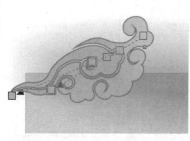

步骤6 继续复制祥云到画面中并调整角度，使用交互式填充工具 设置深黄（C0、M24、Y95、K0）到沙黄（C0、M27、Y42、K0）再浅蓝绿（C44、M5、Y22、K0）再到淡粉（C11、M9、Y9、K0）的渐变。

步骤7 然后使用交互式透明工具 绘制线性透明效果。

步骤8 使用相同方法将"祥云.cdr"复制到当前文件中并调整角度，设置填充颜色为白色，并适当添加透明效果。

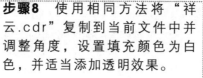

步骤9 使用交互式填充工具 设置填充颜色为淡粉（C11、M9、Y9、K0）到渐粉（C0、M29、Y13、K0）到沙黄（C0、M27、Y42、K0）的渐变。

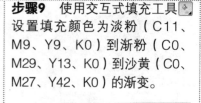

步骤10 使用椭圆形工具 绘制一个正圆形。自上而下填充粉紫色渐变。设置轮廓颜色为灰紫红（C47、M69、Y14、K0），宽度为0.5mm。

步骤11 结合椭圆形工具 的填充和描边功能绘制图形形状，设置颜色为灰紫红（C47、M69、Y14、K0）；再使用星形工具 绘制一个尖角星形，填充为灰金色（C47、M38、Y36、K0）。

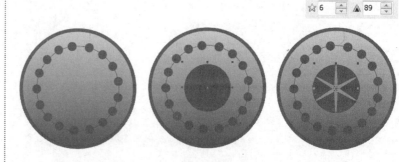

步骤12 使用相同方法绘制一个正圆形，使用填充工具 🖐 填充黄卡其（C48、M36、Y69、K0）到灰金色（C47、M38、Y36、K0）的渐变，并绘制其他图形。

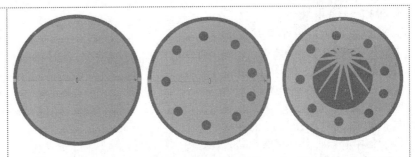

步骤13 按快捷键Ctrl+G将其群组，使用"添加透明"命令为其添加透视效果。

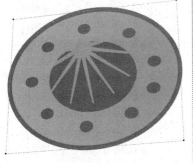

步骤14 将绘制好的图像移动到页面当中，复制并调整到合适的位置，使用交互式透明工具 🖐 绘制线性透明效果。

步骤15 使用椭圆形工具 ⭕ 绘制一个正圆形，并绘制一个稍小的同心圆。轮廓颜色为栗色（C20、M40、Y60、K0），宽度为0.5mm。

步骤16 选中两个正圆形，在属性栏单击"修剪"按钮 🔲，将其进行修剪，按住Shift键将其向内拖动复制一个圆弧，填充灰蓝色（C36、M28、Y27、K0）。

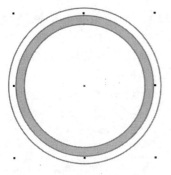

步骤17 使用相同方法再次复制一个圆弧，将其稍微调大一点儿，填充沙黄（C0、M27、Y42、K0），使用椭圆形工具 ⭕ 绘制一个正圆形，设置轮廓属性参数，颜色为淡黄（C0、M0、Y20、K0）。

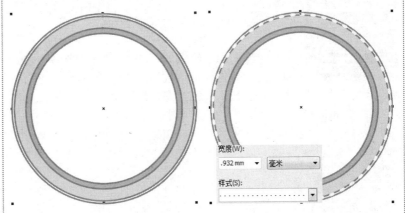

步骤18 使用选择工具 🖐 选中绘制好的图像并将其群组，移动到画面中。复制先前绘制的阴影，将其填充为灰紫红（C47、M69、Y14、K0）。

步骤19 使用椭圆形工具 🔘 绘制一个正圆形并填充淡粉色（C11、M9、Y9、K0），描边为草绿（C78、M19、Y76、K0），宽度为0.5mm，使用贝塞尔工具 🖊 绘制一条直线，将其群组后，双击图形出现控制柄，将中心点下移到底端位置，在按住Ctrl键的同时拖动并复制图像，然后按快捷键Ctrl+R复制再制图形。

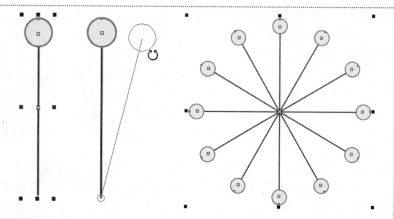

步骤20 使用椭圆形工具 🔘 绘制一个正圆形并填充淡粉色（C11、M9、Y9、K0）。

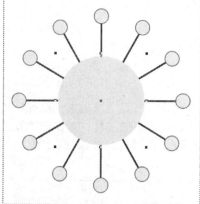

步骤21 继续绘制正圆形，填充颜色为沙黄（C0、M20、Y40、K0），设置轮廓颜色为绿松石（C60、M0、Y20、K0），宽度为0.5mm。在此圆形上再绘制一个正圆形，填充薄荷绿（C40、M0、Y20、K0）。

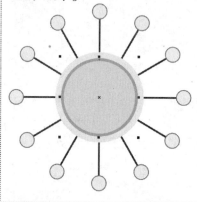

步骤22 使用绘图工具绘制图形将其置于图中位置，并设置轮廓色为渐粉（C0、M29、Y13、K0），宽度为0.5mm。

步骤23 将全部图形选中，执行"效果 | 图框精确剪裁 | 置于图文框内部"命令，将其置于外形框中。

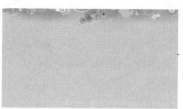

步骤24 使用椭圆形工具 🔘 并结合"修剪"按钮 绘制如下图形，轮廓颜色为灰紫红（C47、M69、Y14、K0）。

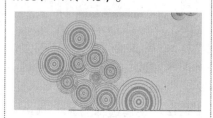

步骤25 打开"底纹.png"文件，将其置于图中，并复制橘黄色阴影。

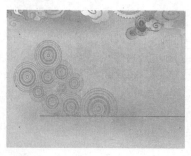

步骤26 导入"鲤鱼.cdr"、"花纹.cdr"文件，将其置于画面中。

步骤27 选中鲤鱼图形和花纹图形，将其合并，填充沙黄（C0、M27、Y42、K0），并使用交互式透明工具 调整色调。

步骤28 选中矩形工具 ⬜ 绘制一个矩形，将置入外形框中，并添加文字信息。

步骤29 使用椭圆形工具 ⬭ 绘制一个正圆形并填充黑色，将其缩小后填充白色，使用交互式透明工具 🎨 绘制线性透明效果，添加其质感，然后使用文本工具 字 添加文字。

步骤30 使用相同方法绘制其他按钮图形，设置右下角的按钮为橘黄色（C0、M60、Y100、K0）。

步骤31 使用文本工具 字 绘制文本框，添加说明文字。

步骤32 复制"祥云.cdr"文件，使用交互式填充工具 🎨 填充颜色为深蓝绿（C69、M61、Y58、K9）到弱粉（C0、M54、Y27、K0）的渐变。

步骤33 复制"祥云.cdr"文件，更改颜色为深红（C48、M98、Y41、K1）到弱粉（C0、M54、Y27、K0）的渐变。

步骤34 复制之前绘制的图形，适当调整颜色后，将其重新组合。

步骤35 复制之前绘制的宝石红阴影图形将其重新组合，然后绘制一个矩形框，将其置入其中。

步骤36 结合使用贝塞尔工具 ✏️、矩形工具 ⬜、箭头形状工具 ➤、文本工具 字，绘制网站底部的信息，并将其调整到合适位置，以完善网站的设计。至此，本案例制作完成。

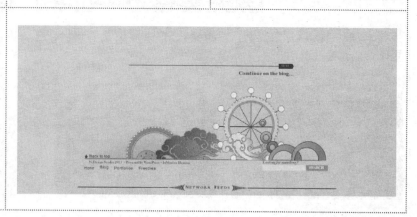

12.3.4 汽车品牌网站设计

案例分析：

本案例是制作汽车品牌网站设计，主要使用矩形工具、交互式填充工具绘制出背景，结合使用椭圆形工具、交互式立体化工具绘制汽车展示台，使用矩形工具和交互式透明工具、交互式阴影工具绘制光影效果。

主要使用素材：

主要使用功能：

贝塞尔工具、矩形工具、椭圆形工具、交互式透明工具、交互式阴影工具、网状填充工具、交互式填充工具、交互式立体化工具、"图框精确剪裁"命令。

光盘路径：第12章\Complete\3\汽车品牌网站设计.cdr

视频路径：第12章\汽车品牌网站设计.swf

步骤1 执行"文件 | 新建"命令，在弹出的对话框中分别设置"名称"、"高度"和"宽度"等参数，单击"确定"按钮以新建一个空白文档，双击矩形工具□绘制一个和页面相同大小的矩形，填充深绿（C100、M84、Y69、K55）到蓝色（C64、M3、Y22、K0）的辐射渐变。

步骤2 使用贝塞尔工具绘制一个形状并填充蓝色（C79、M33、Y35、K0），使用交互式透明工具绘制透明效果。

步骤3 按快捷键+原位复制，更改透明为线性透明。

步骤4 继续原位复制一份，更改透明方向。

步骤5 继续原位复制，将其移动到画面左侧，更改透明方向。

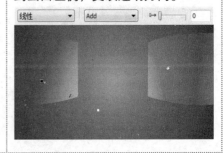

步骤6　使用椭圆形工具◯绘制一个椭圆形，使用交互式填充工具◈填充蓝色（C84、M35、Y26、K0）到深蓝色（C100、M87、Y67、K53）的渐变效果。

步骤7　使用交互式立体化工具◈为其添加立体效果。

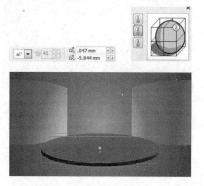

步骤8　将其原位复制一份，更改立体属性。

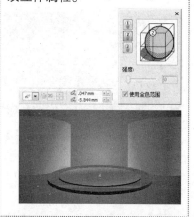

步骤9　使用椭圆形工具◯绘制一个椭圆形，使用交互式填充工具◈填充蓝色（C84、M33、Y27、K0）到海军蓝（C100、M71、Y47、K7）再到蓝色（C84、M35、Y26、K0）的渐变效果。按下快捷键+原位复制，更改线性渐变方向，使其呈现立体效果。

步骤10　使用椭圆形工具◯绘制两个叠在一起的椭圆形，单击"修剪"按钮将其进行修剪。

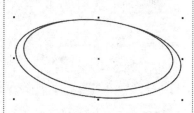

步骤11　按下快捷键F11弹出"渐变填充"对话框，设置渐变为浅蓝色（C78、M26、Y22、K0）到深蓝色（C100、M82、Y49、K10）的渐变。将椭圆填充为深蓝色（C100、M90、Y54、K18）。

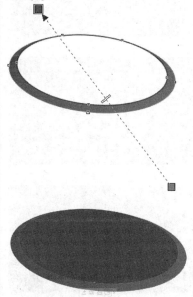

步骤12　使用椭圆形工具◯绘制一个正圆形，使用网状填充工具▦填充两边为淡蓝色（C80、M0、Y0、K0），使用交互式阴影工具◻添加阴影以制作光照效果。

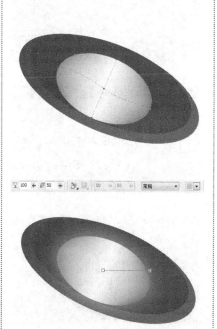

步骤13　将绘制好的圆形进行图文框精确剪裁，置于底盘中，使用交互式立体化工具◈为其添加立体效果。

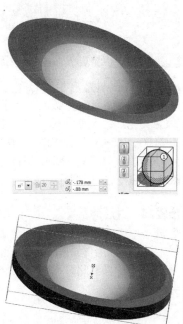

步骤14 将绘制好的灯和灯座进行多次复制后移动到画面中。

步骤15 按快捷键Ctrl+I导入"汽车.png"文件。

步骤16 结合椭圆形工具◯和网状填充工具◼绘制网页顶部。

步骤17 结合椭圆形工具◯和交互式阴影工具◼绘制一个绿色（C76、M13、Y60、K0）光影。

步骤18 使用矩形工具▢和形状工具◖绘制梯形，填充蓝色（C79、M35、Y33、K0）。

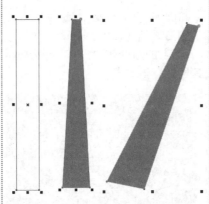

步骤19 将绘制好的图形移动到画面中，使用交互式透明工具◼绘制透明效果。

步骤20 使用交互式阴影工具◼添加蓝色（C67、M0、Y23、K0）阴影，以制作光线效果。

步骤21 选中绘制的光线，将其多次复制移动到画面中，更改方向，将下面的光线阴影颜色改为白色。

步骤22 按快捷键Ctrl+I导入"汽车2.psd"文件。

步骤23 使用矩形工具▢绘制一个矩形，设置填充颜色为蓝色（C80、M33、Y33、K0）到深蓝（C100、M86、Y56、K23）到黑色再到绿色（C79、M35、Y55、K0）的线性透明，并添加文字。

步骤24 最后添加标志和"汽车表盘.png"、"光斑.png"素材，并添加文字标题，完善汽车网站的设计。至此，本案例制作完成。

12.4 │ 产品造型与包装设计

产品造型与包装设计是矢量设计中应用最为广泛的功能之一，通过前面对软件知识的学习，现在运用所学知识进行实际案例操作，学习产品造型与包装设计的处理技巧。

12.4.1 手表设计

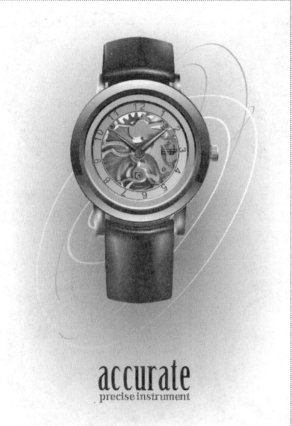

案例分析：

本案例结合使用椭圆形工具、渐变工具绘制手表的表盘，利用贝塞尔工具；星形工具绘制出手表零件，使用交互式透明工具和交互式阴影工具绘制出其光影立体感觉，使用网状填充工具填充手表的表带部分，最后制作背景并添加文字。

主要使用功能：

椭圆形工具、矩形工具、形状工具、文本工具、交互式透明工具、贝塞尔工具。

💿 光盘路径：第12章\Complete\4\手表设计.cdr

步骤1 执行"文件 | 新建"命令，新建一个120x183mm的空白文档。

步骤2 使用椭圆形工具 ⊙ 绘制一个正圆形，使用交互式填充工具 ◈ 设置其为黑色到蓝色（C90、M82、Y56、K27）到白色渐变。

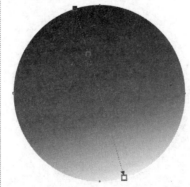

步骤3 使用相同方法绘制一个正圆形，并从上至下填充其白色到黑色的渐变效果。

步骤4 使用贝塞尔工具绘制一个形状，使用交互式填充工具设置其为黑色（C0、M0、Y0、K90）到白色渐变。

步骤5 再绘制一个小一点儿的椭圆形，使用交互式填充工具设置其为黑色（C0、M0、Y0、K70）到黑色（C0、M0、Y0、K30）到黑色（C0、M0、Y0、K70）的渐变效果。

步骤6 再绘制一个小一点儿的椭圆形，使用交互式填充工具设置其为黑色（C0、M0、Y0、K30）到黑色（C0、M0、Y0、K70）的渐变效果。

步骤7 再绘制一个正圆形，填充白色。

步骤8 使用椭圆形工具并结合"修剪"按钮绘制一个圆弧，将其填充为黑色（C0、M0、Y0、K30），并设置轮廓色和轮廓宽度，使用交互式透明工具设置其线性透明效果。

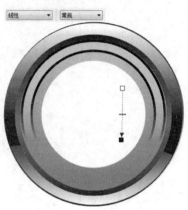

步骤9 选中圆弧按快捷键+，将其原位复制一份，更改轮廓色为白色，使用交互式透明工具设置其线性透明效果。

步骤10 结合星形工具、椭圆形工具、矩形工具、形状工具绘制齿轮的外形轮廓。

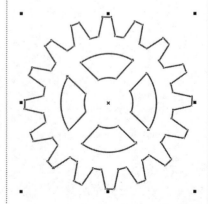

步骤11 按快捷键F12弹出"渐变填充"对话框，设置渐变为淡黄（C0、M0、Y20、K0）到栗色（C0、M20、Y40、K60）到淡黄（C0、M0、Y20、K0）再到棕黄（C43、M51、Y82、K2）的渐变效果。绘制一个小正圆形并填充黑色置于中间。

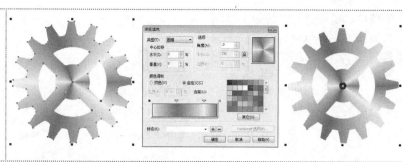

步骤12 选中齿轮将其复制一份，更改渐变颜色为金色（C0、M20、Y60、K20）到棕色（C47、M57、Y87、K5）再到金色（C0、M20、Y60、K20）的渐变效果。

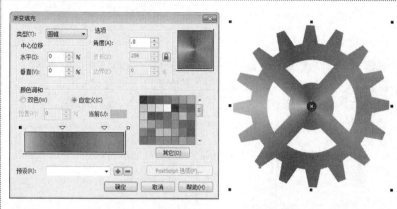

步骤13 选中绘制好的两个齿轮将其置于绘制好的底盘中，调整其顺序至合适的位置。

步骤14 使用椭圆形工具 绘制一个正圆形并填充淡灰色（C0、M0、Y0、K12）到灰色（C0、M0、Y0、K50）的渐变效果，在此基本上绘制一个圆弧并填充深棕色（C62、M82、Y100、K49），复制一份移动位置后填充深蓝色（C100、M93、Y51、K14）。

步骤15 结合多边形工具 和渐变工具绘制如下渐变图形。

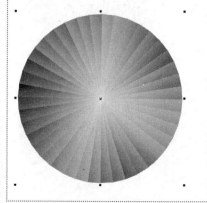

步骤16 将绘制好的图形进行局部删除后，结合星形工具 、椭圆形工具 、矩形工具 、形状工具 绘制齿轮的外形轮廓。然后设置渐变颜色为黑色（C0、M0、Y0、K30）到白色再到黑色（C0、M0、Y0、K70）的渐变效果。

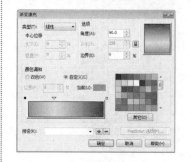

步骤17 使用交互式阴影工具 ▣，为其添加阴影效果，然后使用贝塞尔工具 ✎ 绘制图中形状，将其填充为灰蓝色（C35、M27、Y21、K31），再绘制一个矩形并填充黑色。

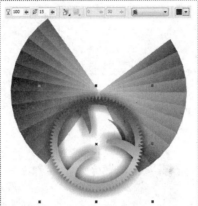

步骤18 结合椭圆形工具 ◯、贝塞尔工具 ✎、形状工具 ⬡ 绘制齿轮的外形轮廓。然后结合交互式透明工具 ♀、交互式阴影工具 ▣ 填充颜色。

步骤19 结合贝塞尔工具 ✎、形状工具 ⬡ 绘制一个形状。按快捷键F12弹出"渐变填充"对话框，设置渐变为白色到灰色（C0、M0、Y0、K50）的渐变效果。

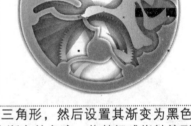

步骤20 使用相同方法绘制齿轮，并填充浅橘红（C0、M40、Y80、K0）到沙黄（C0、M15、Y50、K0）再到浅橘红的渐变效果。

步骤21 结合多边形工具 ◯ 绘制三角形，然后设置其渐变为黑色到白色的渐变效果，分别调整各个渐变的角度，将其组成指针的形状。再绘制一个正圆形当指针的中心点。

步骤22 继续绘制一个正圆形，填充灰色（C0、M0、Y0、K30）到深灰色（C0、M0、Y0、K50）的渐变效果，结合"修剪"按钮 ▣ 绘制月牙形的圆弧，制作螺丝帽的形状。

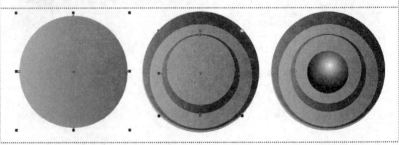

步骤23 为绘制好的螺丝帽添加阴影效果，然后绘制一个正圆形并填充浅蓝绿（C20、M0、Y0、K20）到海洋绿（C20、M0、Y0、K40）再到海军蓝（C60、M0、Y40、K40）的渐变效果，然后绘制一条直线，制作螺丝扣的形状。

步骤24 将绘制好的螺丝帽和螺丝扣移动到机械中，并多次复制。完成以后将其进行群组。

步骤25 将绘制的机械零件移动到底盘中，完成以后将其再次群组。

步骤26 结合矩形工具□和形状工具绘制图中形状，并添加白色到黑色的渐变效果。

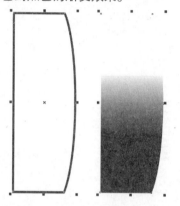

步骤27 结合形状工具组绘制拧扣的形状，分别填充不同程度的灰色。

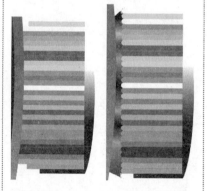

步骤28 结合形状工具和网状填充工具绘制图中形状，作为手表的接口。

步骤29 继续使用形状工具绘制手表的接口。

步骤30 结合形状工具和网状填充工具绘制手表的表带，最后绘制手表的表盘并添加背景和文字信息。至此，本案例制作完成。

12.4.2 加湿器造型设计

案例分析：

本案例是制作加湿器的造型设计，主要使用椭圆形工具和"封套"泊坞窗绘制基本外形，使用网状填充工具填充其颜色，接着使用贝塞尔工具和交互式透明工具添加其光泽感，最后添加按钮、花纹的元素。

主要使用功能：

矩形工具、椭圆形工具、交互式透明工具、交互式填充工具、网状填充工具、贝塞尔工具、文本工具。

光盘路径：第12章\Complete\4\加湿器造型设计.cdr

视频路径：第12章\加湿器造型设计.swf

步骤1 执行"文件|新建"命令，新建一个空白文档，使用椭圆形工具○绘制一个圆形，结合封套工具绘制加湿器的外形轮廓。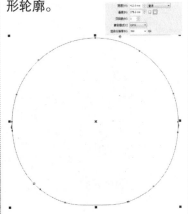	**步骤2** 选中圆形填充宝石红（C0、M27、Y42、K0），使用网状填充工具▦，将底部填充为深红色（C42、M99、Y73、K42）。	**步骤3** 然后结合形状工具▷选中中间部位和两边部位的锚点，填充淡粉色（C0、M75、Y35、K0）。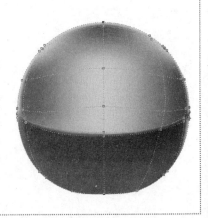

步骤4 使用形状工具 调整网格的位置，赋予形状质感。

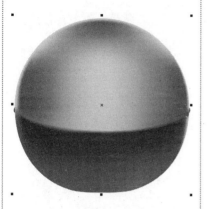

步骤5 使用贝塞尔工具 绘制底部半圆的形状。

步骤6 选中对象将其填充为奶白色（C11、M18、Y14、K2）。

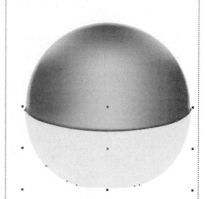

步骤7 使用网状填充工具 ，选中局部节点填充为深奶白色（C0、M1、Y0、K0）。

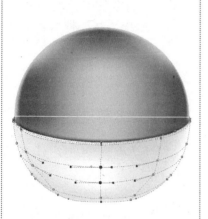

步骤8 使用贝塞尔工具 绘制底部尖角形状，填充肉色（C0、M19、Y11、K24）。

步骤9 使用交互式透明工具 赋予其透明效果，增加立体感。

步骤10 重复步骤8和步骤9的操作，为右侧添加立体感。

步骤11 使用贝塞尔工具 绘制一条曲线，描边为淡粉（C15、M49、Y34、K7）。

步骤12 将绘制的曲线复制一份，更改描边为枣红（C19、M10、Y67、K19）。使用交互式透明工具 赋予其透明效果。

步骤13 使用贝塞尔工具 绘制底部尖角形状，填充肉色（C0、M19、Y11、K24）。

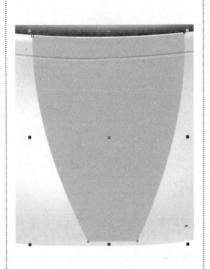

步骤14 使用交互式透明工具 赋予其透明效果，增加立体感。

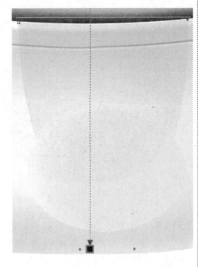

步骤15 结合形状工具组、文本工具 绘制文字和箭头。

步骤16 结合使用贝塞尔工具 、网状填充工具 ，绘制按钮的形状，填充为深奶白色（C0、M1、Y0、K0）。

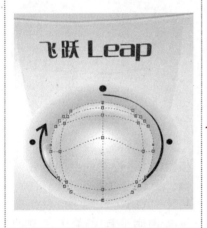

步骤17 结合使用贝塞尔工具 、交互式透明工具 绘制形状，填充深红色（C42、M99、Y73、K42），并添加线性透明效果。

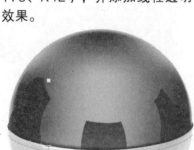

步骤18 结合使用贝塞尔工具 绘制图中形状，将其填充为白色。

步骤19 使用交互式透明工具 赋予其线性透明效果，增加物体的光泽感。

步骤20 重复步骤18和步骤19，绘制左边的光泽感。

步骤21 结合使用贝塞尔工具 绘制图中形状，填充白色。

步骤22　使用贝塞尔工具 绘制形状并将其填充为灰色（C0、M0、Y0、K30）到黑色的渐变，然后置入绘制的半月牙形状中，添加光泽感。

步骤23　使用椭圆形工具 绘制一个椭圆形并置于画面中，结合使用交互式填充工具 填充粉色（C0、M40、Y20、K0）到白色的辐射渐变效果。

步骤24　使用贝塞尔工具 绘制灰色的圆弧矩形，添加其光泽感。

步骤25　使用椭圆形工具 绘制一个椭圆形并置于画面中，结合使用交互式填充工具 填充粉色（C0、M50、Y10、K0）到淡粉（C0、M40、Y0、K0）的辐射渐变效果。

步骤26　使用贝塞尔工具 绘制花的形状，按快捷键F12弹出"渐变填充"对话框，设置其渐变效果为渐粉（C0、M20、Y20、K0）到白色的渐变效果。

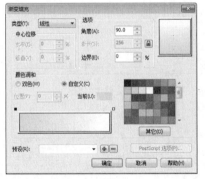

步骤27　双击矩形工具 绘制一个和页面相同大小的矩形，填充灰黄色（C22、M19、Y24、K2），结合使用网状填充工具 选中中间的锚点并填充灰蓝色（C71、M69、Y58、K16）。至此，本案例制作完成。

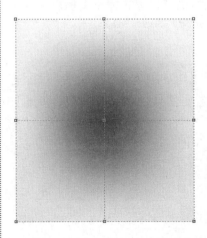

12.4.3　茶叶包装设计

案例分析：
　　本案例是制作茶叶包装的外形设计，主要使用矩形工具绘制出包装的基本外形，结合使用网状填充工具填充其颜色，增加立体感，最后添加文字、商标等基本信息。

主要使用功能：
形状工具、矩形工具、椭圆形工具、交互式透明工具、网状填充工具、贝塞尔工具、文本工具。

🔘 光盘路径：第12章\Complete\4\茶叶包装设计.cdr

步骤1　执行"文件|新建"命令，在弹出的对话框中分别设置"名称"、"高度"和"宽度"等参数，单击"确定"按钮，新建一个空白文档。

步骤2　使用矩形工具🔲绘制一个矩形并填充黄棕色（C33、M52、Y91、K1），将其转曲并变形后使用网状填充工具🔲选中中间部分的锚点，填充为浅黄棕色（C18、M38、Y65、K0）。

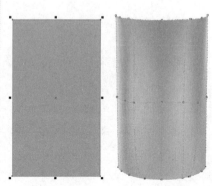

步骤3　使用贝塞尔工具🖊绘制一个形状，结合使用网状填充工具🔲填充为黑色。完成以后再绘制一个圆角的矩形形状。

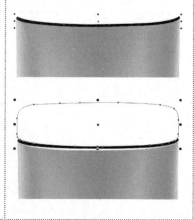

步骤4 然后使用网状填充工具![icon]并结合形状工具![icon]给瓶颈填充铅色（C75、M58、Y61、K9）和亮灰（C7、M6、Y5、K1）。

步骤5 接着使用网状填充工具![icon]并结合形状工具![icon]给瓶颈填充亮灰（C7、M6、Y5、K1）和白色。

步骤6 使用贝塞尔工具![icon]绘制一个尖角形状，填充为白色。

步骤7 使用交互式透明工具![icon]将绘制的白色尖角形状进行线性透明处理，以制作高光。

步骤8 使用椭圆形工具![icon]绘制一个椭圆形，再使用网状填充工具![icon]填充为灰黄（C1、M9、Y16、K2）和黑色。

步骤9 使用交互式透明工具![icon]将绘制的白色尖角形状进行线性透明处理，使绘制的阴影更为自然。

步骤10 使用椭圆形工具![icon]绘制一个椭圆形，使用网状填充工具![icon]将其填充为黑色和白色。

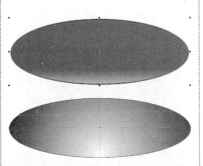

步骤11 选中绘制的椭圆形移动到瓶身下方，以制作瓶底效果，

步骤12 使用贝塞尔工具![icon]绘制一个尖角形状，填充为白色。结合交互式透明工具![icon]线性透明处理，以制作高光。

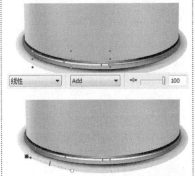

步骤13 使用贝塞尔工具![icon]绘制一个形状，填充白色，然后结合交互式透明工具![icon]绘制其效果。

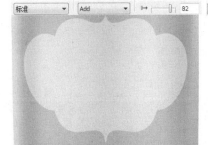

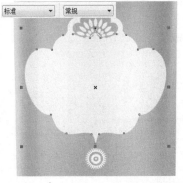

步骤14 结合使用贝塞尔工具 和文本工具 绘制曲线文字。

步骤15 使用相同方法绘制曲线文字，按快捷键F12弹出"渐变填充"对话框，设置其为栗色（C60、M80、Y100、K55）到金色（C31、M48、Y78、K1）的线性渐变，完成茶叶包装制作。

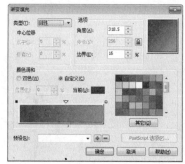

步骤16 使用贝塞尔工具 和渐变填充工具，填充为黄棕色（C24、M44、Y94、K0）到砖红色（C20、M95、Y100、K0）的线性渐变。

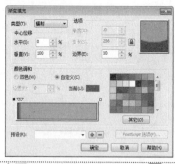

步骤17 使用贝塞尔工具 绘制茶杯的手柄，并填充黄棕色（C24、M44、Y94、K0）。

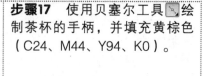

步骤18 使用贝塞尔工具 绘制茶杯口的形状，并填充为淡灰色（C7、M6、Y6、K0）。

步骤19 结合贝塞尔工具 和网状填充工具 绘制杯身的形状，并填充浅橘红（C0、M52、Y85、K0）和橘色（C0、M60、Y80、K0）。

步骤20 结合使用贝塞尔工具 绘制杯面茶水的形状，填充浅黄色（C0、M27、Y42、K0）。

步骤21 使用贝塞尔工具 绘制杯中茶水的形状，填充为红褐色（C20、M73、Y95、K0）和浅橘红（C0、M52、Y85、K0）。

步骤22 使用相同方法绘制高光形状并填充其为沙黄（C0、M27、Y42、K0）。

步骤23 使用相同方法绘制茶水的阴影形状，并填充其为深褐色（C56、M91、Y85、K40）。

步骤24　使用相同方法绘制茶水的阴影形状，并填充褐色（C16、M50、Y53、K0）。

步骤25　使用椭圆形工具◯和贝塞尔工具✎绘制底座，分别填充红色（C10、M93、Y100、K0）和褐色（C20、M73、Y95、K0）到砖红（C20、M95、Y100、K0）的渐变效果。

步骤26　使用贝塞尔工具✎绘制杯身的形状，结合网状填充工具▦将上部的锚点填充为浅砖红（C4、M73、Y84、K0），将下部分的锚点填充为红色（C7、M87、Y100、K0）。

步骤27　使用贝塞尔工具✎绘制杯柄的形状并填充深红色（C26、M45、Y73、K0）。

步骤28　使用贝塞尔工具✎绘制杯柄高光的形状并填充浅灰色（C7、M6、Y7、K0）。

步骤29　使用贝塞尔工具✎绘制杯柄高光的形状并填充白色。

步骤30　双击矩形工具▢绘制一个和页面相同大小的矩形，填充橘黄色（C0、M60、Y100、K0），结合使用网状填充工具▦选中中间的锚点并填充灰蓝色（C71、M69、Y58、K16）。

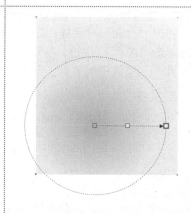

步骤31　使用椭圆形工具◯绘制一个椭圆形，使用网状填充工具▦选中左侧的锚点填充灰黄色（C22、M19、Y24、K2），选中右侧锚点填充淡黄色（C3、M6、Y16、K4），选中中间的锚点填充灰蓝色（C0、M0、Y1、K38），绘制阴影效果。至此，本案例制作完成。

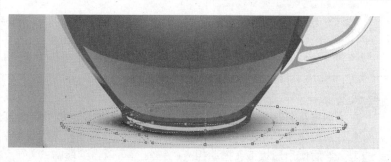

12.4.4 饮料瓶造型设计

案例分析：

本案例是制作饮料瓶造型设计，主要使用矩形工具绘制一个矩形，使用"封套"泊坞窗绘制瓶子的基本外形，然后结合使用网状填充工具为瓶子填充颜色，渐变填充工具的使用可以增加瓶子光影立体感觉。

主要使用功能：

选择工具、矩形工具、网状填充工具、交互式透明工具、艺术笔工具、贝塞尔工具、文本工具、"对齐与分布"命令。

光盘路径：第12章\Complete\4\饮料瓶造型设计.cdr

视频路径：第12章\饮料瓶造型设计.swf

步骤1 执行"文件 | 新建"命令，在弹出的对话框中分别设置"名称"、"高度"和"宽度"等参数，单击"确定"按钮以新建一个空白文档。

步骤2 使用矩形工具绘制一个矩形，执行"窗口 | 泊坞窗 | 封套"名，弹出"封套"对话框，在"添加样式"选项框中选择瓶子造型，然后单击"应用"按钮，将矩形快速应用为瓶子的形状。然后使用形状工具调整瓶子的节点，完成瓶子的轮廓绘制。

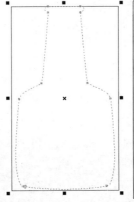

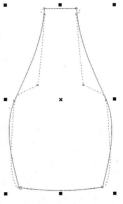

技巧：

在绘制产品外形的时候，执行"窗口 | 泊坞窗 | 封套"命令可以弹出"封套"泊坞窗窗口，使用"封套"泊坞窗在"添加样式"中选择相应的外形选项，可以将绘制的基本图形快速转换为系统中预设的造型。然后使用形状工具拖动相应的锚点，可以得到所需的外形效果。

步骤3 选中瓶子将其填充为紫红（C27、M100、Y5、K0），单击网状填充工具![icon]，设置网格为6x3。然后使用形状工具![icon]选中边缘的锚点填充为亮红（C2、M84、Y30、K0）。选中中间位置的锚点将其填充为深紫色（C67、M100、Y37、K6）。

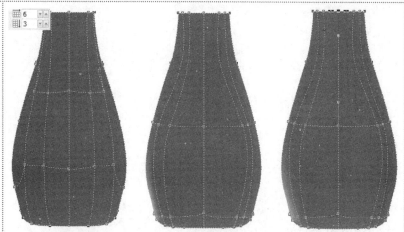

步骤4 使用形状工具![icon]选中中间的锚点将其填充为洋红（C0、M90、Y0、K0）；选中左下角的锚点填充橘色（C0、M60、Y80、K0）；选中中间位置的锚点填充粉红（C0、M43、Y0、K0）。

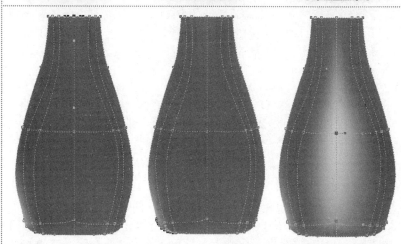

步骤5 使用贝塞尔工具![icon]绘制一个尖角形状，置于瓶子左侧，填充黄色（C0、M20、Y100、K0），结合交互式透明工具![icon]绘制透明效果。

步骤6 使用贝塞尔工具![icon]绘制一个形状，填充草绿色（C43、M24、Y56、K0），单击网状填充工具![icon]，设置网格为7x3。

步骤7 使用形状工具![icon]选中其中的锚点填充亮绿色（C13、M1、Y49、K0）。

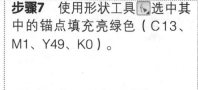

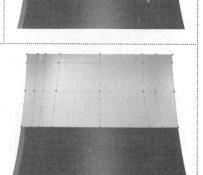

步骤8 使用相同方法选中锚点填充黄绿色（C12、M1、Y47、K0）。

步骤9 使用贝塞尔工具 绘制花的形状并填充浅蓝光紫（C0、M40、Y0、K0），使用交互式透明工具 绘制透明效果。

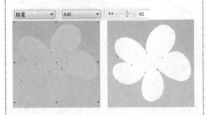

步骤10 使用艺术笔工具 绘制花的外形形状，并填充洋红（C0、M90、Y0、K0），使用交互式透明工具 绘制透明效果。

步骤11 使用选择工具 将其一起选中，复制移动到图中位置，完成标签的底纹绘制。

步骤12 结合矩形工具 、网状填充工具 ，绘制瓶盖的形状，并将下侧填充深紫色（C67、M100、Y39、K0）。中间亮部填充洋红（C0、M90、Y0、K0）。

步骤13 使用矩形工具 绘制两个圆角矩形，将其置于瓶盖下，将后面的矩形填充为深紫色（C67、M100、Y39、K0），上面的矩形填充为洋红（C0、M90、Y0、K0）。

步骤14 结合使用矩形工具 、贝塞尔工具 绘制一个尖角形状，再使用交互式透明工具 绘制透明效果。

步骤15 使用矩形工具 、贝塞尔工具 绘制一个尖角形状，并填充洋红色，再使用交互式透明工具 绘制透明效果。

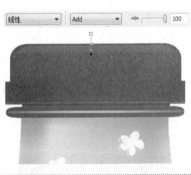

步骤16 使用矩形工具 、贝塞尔工具 绘制一个尖角形状，并填充白色，再使用交互式透明工具 绘制透明效果，制作高光。

步骤17 结合使用矩形工具 、"对齐与分布"命令，绘制一排矩形，将其群组以后设置颜色为洋红到粉红色（C0、M40、Y0、K0）再到洋红的线性渐变。

步骤18 复制矩形，将其移动到图中位置，更改渐变颜色为洋红到白色再到洋红的线性渐变。

步骤19 使用文本工具 添加文字信息，然后使用艺术笔工具 绘制蝴蝶的外形形状，使用交互式透明工具 绘制透明效果。

步骤20 选中绘制好的红色饮料瓶，将其复制一份，结合使用网状填充工具、形状工具将左侧的锚点设置为深蓝绿色（C78、M82、Y44、K2），将中间一点的锚点设置为绿松石（C60、M0、Y20、K0）。

步骤21 继续复制红色的饮料瓶。结合使用网状填充工具、形状工具将左侧的锚点设置为褐色（C47、M84、Y100、K15），中间一点的锚点设置为橙色（C0、M40、Y80、K0），正中间的锚点设置为沙黄（C0、M20、Y40、K0）。

步骤22 将瓶盖的颜色更改为海绿（C60、M0、Y20、K20）到冰蓝（C40、M0、Y10、K0）再到海绿（C60、M0、Y20、K20）的渐变。将另一个瓶盖设置为砖红（C0、M60、Y80、K20）到白色再到黄色（C0、M0、Y40、K0）的渐变。

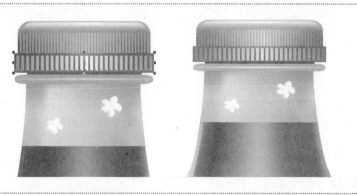

步骤23 双击矩形工具绘制一个和页面相同大小的矩形，结合网状填充工具赋予背景瓶子的环境色，然后将三个瓶子分别选中，转换为位图，使用交互式透明工具设置其线性透明效果，制作瓶子的倒影。至此，本案例制作完成。

12.4.5 化妆品包装设计

案例分析：

本案例是制作化妆品包装设计，主要使用矩形工具绘制包装盒的基本外形，使用渐变填充工具增加质感，接着使用贝塞尔工具绘制产品的基本外形，然后使用交互式填充工具填充颜色，最后添加文字和背景花纹。

主要使用功能：

形状工具、矩形工具、椭圆形工具、交互式透明工具、交互式填充工具、贝塞尔工具、文本工具。

💿 **光盘路径：** 第12章\Complete\4\化妆品包装设计.cdr

🎬 **视频路径：** 第12章\化妆品包装设计.swf

步骤1 执行"文件丨新建"命令，打开"新建"对话框，设置各项参数，完成后单击"确定"按钮，新建一个图形文件。	**步骤2** 然后单击矩形工具▢，绘制两个矩形图形，并使用形状工具▨调制为"梯形"图形，以制作"盒子"图形。	**步骤3** 按快捷键F12弹出"渐变填充"对话框，设置渐变颜色为橘红（C0、M60、Y100、K0）到白色再到橘红的渐变。

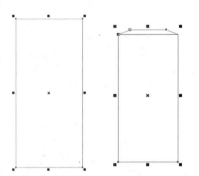

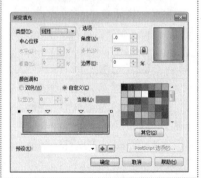

步骤4 使用形状工具组结合形状工具▨绘制"圆点"和"心形"图形，填充相应颜色。使用相同方法继续绘制"圆形"和"心形"图形，并将其移至盒子图形中，调整图形顺序以丰富画面效果。

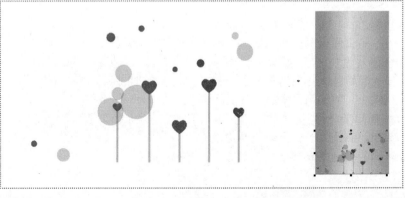

步骤5 继续使用椭圆形工具 ◎ 和形状工具 ◥ 绘制花朵图形，使用交互式填充工具 ◈ 填充热带粉（C0、M60、Y60、K0）到粉色（C0、M36、Y5、K0）的辐射渐变效果，然后复制并调整大小，使用交互式透明工具 ◻ 调整透明效果，最后移动至盒子图形中。

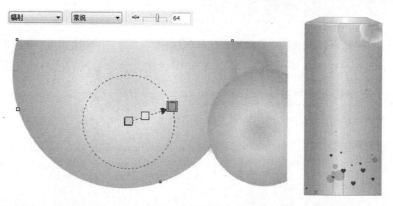
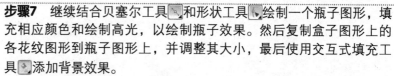

步骤6 使用矩形工具 ◻ 绘制一个矩形框，按快捷键Ctrl+Q转曲，结合形状工具 ◥ 调整成瓶子的形状。

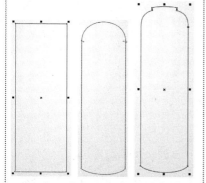

步骤7 继续结合贝塞尔工具 ◣ 和形状工具 ◥ 绘制一个瓶子图形，填充相应颜色和绘制高光，以绘制瓶子效果。然后复制盒子图形上的各花纹图形到瓶子图形上，并调整其大小，最后使用交互式填充工具 ◈ 添加背景效果。

步骤8 结合使用椭圆形工具 ◎ 、"修剪"按钮 ◱ 绘制花纹的形状，填充橘红（C0、M60、Y100、K0）和白色。然后使用贝塞尔工具 ◣ 绘制花朵，使用交互式填充工具 ◈ 为其填充颜色。

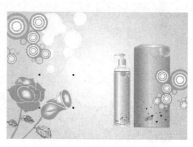

步骤9 使用文本工具 字 添加文字信息，然后选中包装，将其转换为位图，结合使用交互式透明工具 ◻ 制作倒影的效果。至此，本案例制作完成。

12.5 | 书籍装帧与版式设计

书籍装帧与版式设计是CorelDRAW矢量设计中应用最为广泛的功能之一，通过前面对软件知识的学习，现在运用所学知识进行实际案例操作，学习书籍装帧与版式设计的制作技巧。

12.5.1 文艺图书封面设计

案例分析：

本案例制作的是文艺图书封面设计效果，天蓝色的背景衬托出白云和热气球的清新烂漫。通过底纹填充出背景的天蓝色，结合基本形状工具的使用绘制书边花纹的形状轮廓，使封面整体协调而统一。

主要使用功能：

矩形工具、贝塞尔工具、形状工具、填充工具、文本工具、交互式透明工具、"图框精确剪裁"命令、"高斯式模糊"命令。

光盘路径：第12章\Complete\5\文艺图书封面设计.cdr

视频路径：第12章\文艺图书封面设计.swf

步骤1 执行"文件 | 新建"命令，新建一个440x285mm的空白文档，双击矩形工具，创建一个与页面大小相等的矩形。按住填充工具，通过拖曳打开子菜单，选择"底纹填充"选项，在弹出的对话框中选择"样式"底纹库，在底纹列表中选择"天空2色"选项，并设置相关参数，然后将天空颜色更改为浅绿（C38、M0、Y13、K0），将云颜色更改为浅蓝绿（C24、M0、Y5、K0）。设置完成后单击"确定"按钮，为图形添加天空云层效果。

步骤2 单击贝塞尔工具，按住Ctrl键绘制两条和页面相同高度的直线，在属性栏为其设置轮廓粗细为0.2mm，完成之后适当调整间距位置。

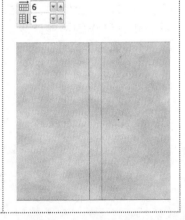

步骤3 执行菜单栏中的"文件 | 导入"命令，导入"云1.png"、"云2.png"、"云3.png"文件，在按住Shift键的同时拖动鼠标四周锚点的其中一个，将其依次缩小并移动到工作页面当中，完成之后按快捷键Ctrl+C与Ctrl+V复制粘贴多个云层，通过移动将其分布在画面适当的位置。

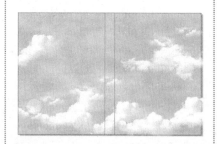

步骤4 单击贝塞尔工具，勾勒出热气球的大体轮廓，完成以后再单击形状工具，通过拖曳锚点从而调整曲线的弧度，完善热气球的基本形状轮廓。

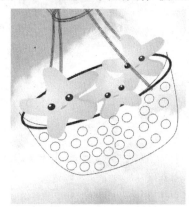

步骤5 单击选择工具，选中吊篮图形边缘轮廓线，在属性栏设置轮廓宽度为0.5mm。

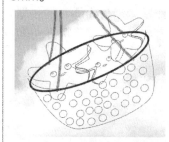

📖**技巧：**

调整封闭图形轮廓线的粗细有多种方法，除了在属性栏更改参数值外，还可以通过按住轮廓笔工具拉出的轮廓笔子菜单直接选择粗细大小。

步骤6 选中吊篮内的星形图形外形部分，再单击填充工具，通过拖曳打开子菜单，选择"辐射填充"选项，在渐变色长条框内从左至右为其设置从黄色（C0、M10、Y100、K0）到浅黄（C0、M0、Y60、K0）的辐射渐变，完成之后再依次为星形眼睛填充深蓝色（C100、M100、Y0、K0）和白色，为嘴巴填充樱粉色（C0、M40、Y20、K0）。

步骤7 按照相同方法为其他星形图形填充相应颜色，完成以后选中图形，在页面右边的调色板中按住鼠标右键单击×按钮，去除图形轮廓线。再选中所有星形图形，执行菜单栏中的"效果 | 图框精确剪裁 | 置于图文框内部"命令，移动鼠标使页面出现的黑色箭头尖端选中吊篮边缘轮廓线，使星形图形置于吊篮当中。

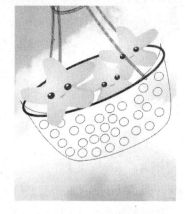

步骤8 继续填充吊篮部分颜色，选中吊篮内部，单击填充工具，通过拖曳打开子菜单，选择"线性渐变填充"选项，在渐变色长条框内从左至右为其设置从沙黄色（C0、M20、Y40、K0）到白色的线性渐变。

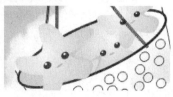

步骤9 按照相同方法单击填充工具，继续填充吊篮剩余部分颜色，完善篮筐效果。

步骤10 按照相同方法单击填充工具，继续填充热气球部分的颜色，完成以后去除图形轮廓线。

步骤11 选中热气球，按快捷键 Ctrl+C与Ctrl+V复制粘贴两个热气球，在按住Shift键的同时拖动鼠标四周锚点的其中一个，将其缩小并移动到画面适当的位置，完成之后再分别选中图形，通过属性栏适当调整其旋转角度。

步骤12 继续按快捷键Ctrl+C与Ctrl+V复制粘贴一个热气球并将其移动到书背的适当位置。

步骤13 单击贝塞尔工具，勾勒出一个平行四边形并为其上色。完成之后选中四边形，单击交互式阴影工具，自上而下拖动鼠标为其应用阴影效果，之后在属性栏中更改阴影的不透明度为20，羽化值为60，完成之后按快捷键Ctrl+G群组四边形和阴影为楼梯图形。

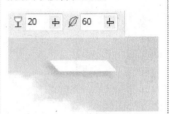

步骤14 选中楼梯图形，按快捷键Ctrl+C与Ctrl+V复制一个，再按住Ctrl+D复制多个，完成之后将其移动到画面适当的位置。

步骤15 单击贝塞尔工具，勾勒出窗口图形的大体轮廓，完成以后选中窗口外轮廓线，在属性栏更改其参数值为1.0mm。

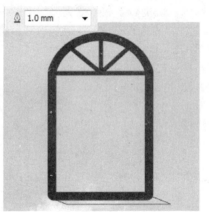

步骤16 选中窗口内部，单击填充工具，选择"线性渐变填充"选项，在渐变色长条框内从左至右为其设置从淡黄（C2、M13、Y55、K0）到白黄（C2、M13、Y55、K0）的线性渐变，并为窗棱和窗台填充白色。

步骤17 单击椭圆形工具，按住Ctrl键绘制一个正圆形并填充白色，完成之后复制多个并移动缩小，放在画面的适当位置。选中正圆形，单击交互式透明工具，在属性栏选择"标准"透明类型并设置其开始透明度为50。

步骤18 单击文本工具，在页面适当位置单击，输入文字。完成之后，选中字体，使用填充工具，为字体填充苔绿色（C100、M65、Y66、K28）。

步骤19 选中文字，单击轮廓笔工具，在弹出的轮廓笔子菜单中设置轮廓粗细值为0.25mm,并为轮廓填充苔绿色（C100、M65、Y66、K28）。

步骤20　单击贝塞尔工具 ，沿着热气球轮廓勾勒出一条曲线，选中文字，执行菜单栏中的"文本｜使文本适合路径"命令，在曲线上单击置入点，然后拖曳曲线上的文字，使其排列到正中位置。

步骤21　单击矩形工具 ，绘制一个横向的长方形并填充白色，之后再绘制多个粗细不等的长方形并为其填充黑色，按快捷键Ctrl+C与Ctrl+V复制多个，移动调整其位置使之纵向排列整齐，完成之后在图形下方输入数字即可。

步骤22　单击矩形工具 ，绘制一个横向的长方形并分别为其填充白色和苔绿（C100、M65、Y66、K28），之后在长方形上使用文本工具 ，输入文字并为其填色。同理继续在书封其他位置输入文字并为其填色。

步骤23　单击贝塞尔工具 ，绘制出一个爱心花纹装饰并为其填色，复制多个。完成之后单击椭圆形工具 ，按住Ctrl键分别在爱心上绘制一个正圆形并填充白色，完成之后依次选中正圆形，执行菜单栏中的"位图｜转换为位图"命令，之后再执行菜单栏中的"位图｜模糊｜高斯式模糊"命令，在弹出的"高斯式模糊"对话框中，设置半径为16.0像素。

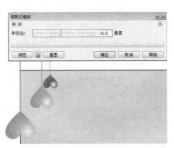

步骤24　继续单击贝塞尔工具 ，绘制出一个树叶条装饰纹样并填色，之后再单击椭圆形工具 ，按住Ctrl键分别绘制3个大小不等的正圆形通过放大缩小使之组成一个完整的装饰圆环，并为之填色。完成之后沿着圆形部分外轮廓线勾勒一条曲线并填充白色，再按住轮廓笔工具 ，通过拖曳拉开子菜单，选择"轮廓笔"选项，在弹出的对话框中设置其轮廓宽度值为0.5 mm，更改其线条样式为虚线。

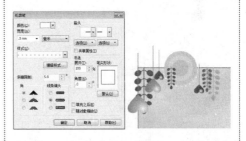

步骤25　继续单击椭圆形工具 ，按住Ctrl键分别绘制5个大小不等的正圆形，通过放大缩小使之组成一个完整的装饰圆环并为之填色。完成之后再绘制一个正圆形，将之放置在外圆之上并为其轮廓线填充白色，同理设置其轮廓宽度值为0.5 mm，线条样式为虚线。之后复制多个刚才绘制的装饰图形，通过移动使之整齐排列在书封边沿，并按快捷键Ctrl+G群组全部书边花纹图形。

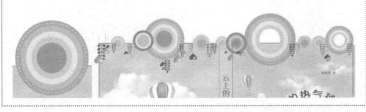

步骤26　选中刚才绘制的花纹图形，复制一个，将其从上至下翻转之后移至书封下边，最后选中书封两边的装饰纹样，使纹样图形精确剪裁在工作页面当中，至此，本案例制作完成。

12.5.2　趣味图书封面设计

案例分析：
　　本案例制作的是趣味图书封面设计效果，趣味图书是书籍装帧中一个重要的类别，而在设计趣味图书书封版式时，文字与插画相互搭配是常见的类型，故而插画要求在版面上与字体相互协调，达到装饰美化的效果。结合基本形状工具和"快速描摹"命令绘制趣味插画，使封面整体在协调统一的情况下又不失趣味感。

主要使用功能：
　　矩形工具、贝塞尔工具、形状工具、填充工具、网状填充工具、文本工具、交互式透明工具、"快速描摹"命令、"图框精确剪裁"命令、"高斯式模糊"命令。

　　光盘路径：第12章\Complete\5\趣味图书封面设计.cdr

步骤1　执行"文件丨新建"命令，新建一个470x350mm的空白文档，双击矩形工具，创建一个与页面大小相等的矩形。单击贝塞尔工具，绘制出插画图案的大体轮廓。

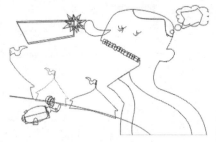

步骤2　单击手绘工具，绘制出右下角插画图案的尾部线条，并在属性栏中将其轮廓宽度设置为1.0mm。

步骤3　执行菜单栏中的"文件丨导入"命令，导入"手.jpg"文件。

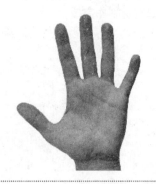

步骤4　选中"手.jpg"图片，在属性栏单击"描摹位图"按钮，通过拖曳打开子菜单，选择"快速描摹"选项。

描摹位图(T)

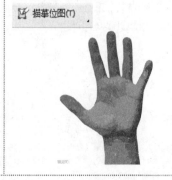

步骤5　在属性栏中单击"取消群组"按钮，删掉手图形以外的白色背景和多余文字部分，并删掉原图。

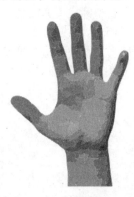

步骤6 选中手图形，在属性栏中单击"合并"按钮 ⬚ 使之成为一个单色的整体。

步骤7 单击形状工具 ⬚ ，选中手空缺部分的所有节点，依次单击节点，删除空白部分使之成为一个实心的图形。

步骤8 选中手图形，单击填充工具 ⬚ 为其填充黑色，完成之后将其移动至画面左下角人物适当的位置。

步骤9 单击椭圆形工具 ⬚ ，在手图形上绘制一个椭圆形，按快捷键+键进行原位复制，移动刚刚复制的椭圆形到适当的位置，依次重复多次制作出汉堡饼图形。

步骤10 同理单击椭圆形工具 ⬚ ，在"汉堡饼"图形顶层绘制一个椭圆形，按快捷键+键进行原位复制，移动刚刚复制的椭圆形到适当的位置，依次重复多次制作出"饼粒"图形。

步骤11 选中矩形框，单击填充工具 ⬚ ，通过拖曳打开子菜单，选择"辐射填充"选项，在渐变色长条框内从左至右为其设置从灰色（C47、M38、Y36、K0）到银灰（C11、M11、Y9、K0）的辐射渐变，并更改其部分参数值。

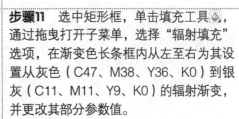
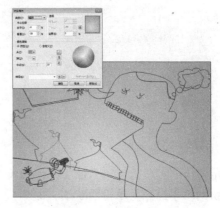

步骤12 单击复杂星形工具 ⬚ 绘制一个星形，将之转换为曲线，完成之后单击鼠标右键在弹出的面板中选择"拆分曲线"选项，之后在属性栏中单击"合并"按钮 ⬚ ，使之成为一个空心的整体。

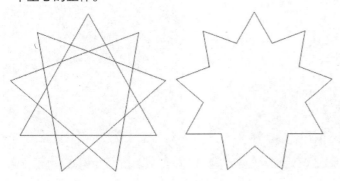

步骤13 单击椭圆形工具 ⬚ ，按住Ctrl键绘制一个正圆形，复制两个并依次拖动四周锚点将其放大到合适的位置，选中星形和圆形，按快捷键Ctrl+G群组成一个完整的星形装饰图形。

步骤14 选中星形装饰图形，执行菜单栏里的"效果 | 添加透视"命令，通过拖曳图形四周锚点调整其形状角度，做成倾斜效果，完成后移动图形，将其放置在画面适当的位置。

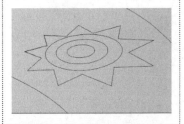

步骤15 单击矩形工具 □ 绘制一个长方形，之后单击填充工具 ◇，通过拖曳打开子菜单，选择"底纹填充"选项，在弹出的对话框中选择"2色催眠1"的底纹样式，并更改相关参数。

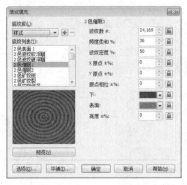
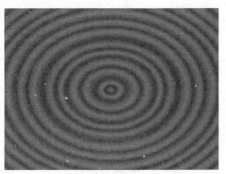

步骤16 选中刚刚绘制的底纹图形，执行菜单栏里的"效果 | 图框精确剪裁 | 置于图文框内部"命令，将底纹图形精确剪裁在画面右边的人物头发内。

步骤17 选中右面人物的身体部分，单击网状填充工具 ▦，在属性栏设置其网格行数为8，列数为6，再分别选中部分锚点，依次均匀地为其填充深红色（C47、M87、Y36、K1）、灰玫瑰红色（C47、M87、Y36、K1）、灰紫红色（C17、M41、Y8、K0）。

步骤18 同理，选中右面人物的鼻子部分，单击网状填充工具 ▦，在属性栏设置其网格行数为5，列数为6，再分别选中部分锚点，依次为其填充豪华红（C18、M96、Y40、K0）、紫红（C38、M100、Y32、K0）、玫瑰红（C24、M89、Y0、K0）。

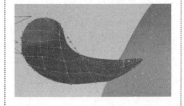

步骤19 同理，选中右面人物身体的中间部分，单击网状填充工具 ▦，在属性栏中设置其网格行数为6，列数为5，再分别选中部分锚点，依次为其填色。

步骤20 选中星形装饰图形，单击填充工具 ◇，依次为其填色。

步骤21 选中星形,复制一个并为其填充白色,单击交互式透明工具 ⟨T⟩,从左至右为其做线性渐变效果。

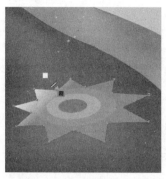

步骤22 选中人物眼睫毛,单击填充工具 ⟨◇⟩,为其填充淡紫红(C41、M78、Y24、K0)。

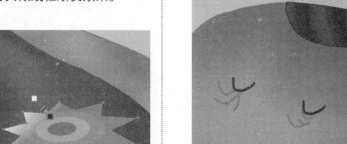

步骤23 同理,选中人物牙齿,单击填充工具 ⟨◇⟩,为其填充白色。之后在页面右边的调色板中按住鼠标右键单击 ✕ 按钮,去除"牙齿"图形轮廓线。

步骤24 选中画面左下角的人物身体,单击网状填充工具 ⟨▦⟩,依次为其填色。

步骤25 选中人物头盔上的带子,单击填充工具 ⟨◇⟩,通过拖曳打开子菜单,选择"线性渐变填充"选项,在渐变色长条框内从左至右为其设置从弱粉色(C18、M64、Y53、K0)到豪华红色(C29、M91、Y69、K0)的线性渐变,并更改其角度值为233,边界为27%。

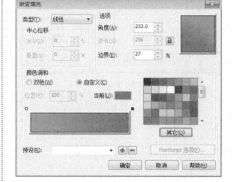

步骤26 选中人物头盔上的带子,执行菜单栏里的"效果|图框精确剪裁|置于图文框内部"命令,将头盔带子精确剪裁到头盔内部。

步骤27 选中画面左下角炮弹图形,单击网状填充工具 ⟨▦⟩,依次为其填色。

步骤28 选中画面左下角人物剩余部分和"汉堡"图形,单击填充工具 ⟨◇⟩,依次为其填色,全部填色之后选中所有图形,按快捷键Ctrl+G将其群组。

步骤29 选中刚才群组的图形，单击交互式阴影工具 🔲，从上至下为其拉下投影效果，并在属性栏设置其相关参数值。

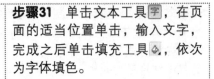

步骤30 单击填充工具 🖌，依次为画面剩下的部分图形填充颜色。

步骤31 单击文本工具 🔤，在页面的适当位置单击，输入文字，完成之后单击填充工具 🖌，依次为字体填色。

步骤32 选中画面正中字体，单击交互式阴影工具 🔲，从上至下为其拉下投影效果，并在属性栏设置其相关参数值，更改阴影颜色为灰紫（C0、M40、Y0、K60）。

步骤33 单击贝塞尔工具 🖊，绘制出一个长条，选中长条，将中心点移到下方合适的位置，在按住Ctrl键的同时拖动右上角锚点15°之后按下鼠标右键复制长条，按快捷键Ctrl+R复制旋转多个长条从而绘制完成闪光效果图形。

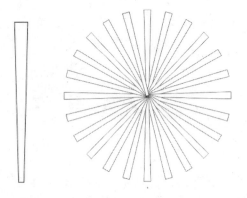

提示：
复制图形也可用快捷键Ctrl+C与Ctrl+V，通常当复制多个图形时会用快捷键Ctrl+D，而上述方法常用于制作闪光效果和花卉图案，在按住Ctrl键的同时拖动右上角锚点的度数可根据需要手动调整。

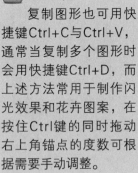

步骤34 选中闪光效果图形，为其填充白色。之后单击交互式透明工具 🔲，在属性栏选择"标准"透明样式，移动并将其放置在画面适当的位置。

步骤35 选中之前绘制完成的所有图形，按快捷键Ctrl+G将之全部群组为书封图形。完成之后选中书封，在按住Shift键的同时拖动鼠标四周锚点的其中一个，将其缩小放置在工作页面当中。

步骤36 选中书封图形，执行菜单栏里的"位图丨转换为位图"命令，再执行菜单栏里的"位图丨三维效果丨透视"命令，在弹出的对话框中更改其透视相关角度。

步骤37 单击贝塞尔工具，绘制书脊长条，完成之后单击填充工具，选择渐变填充从左至右为其设置从灰到白的线性渐变，并更改角度值为270°。

步骤38 单击文本工具，在书脊的适当位置输入文字，完成之后为字体填色，在属性栏单击按钮，将文本更改为垂直方向。之后选中文字，单击交互式阴影工具，为其设置阴影效果。

步骤39 单击贝塞尔工具，绘制条纹装饰，完成之后单击填充工具，依次为其填色。

步骤40 双击矩形工具，生成页面大小的矩形，完成之后单击填充工具，选择渐变填充，从左至右为其设置从灰到白的辐射渐变。

步骤41 选中书封，按快捷键+键进行原位复制，在属性栏单击"垂直镜像"按钮，从上至下翻转书封并将其移动到下部。同理，复制书脊，单击"水平镜像"按钮并将其移动到下部。

步骤42 双击下部书封，通过拖曳移动其右边中间的锚点，使之与上部书封贴齐，再手动调整其余锚点完善下部图形。

步骤43 选中中部图形，单击交互式透明工具，自上而下为其拉出线性渐变效果。完成之后单击矩形工具，在书籍周围绘制多个长条矩形并为其填充灰色。

步骤44 选中刚才绘制的矩形，先执行菜单栏的"位图丨转换为位图"命令，之后再执行菜单栏中的"位图丨模糊丨高斯式模糊"命令，在弹出的"高斯式模糊"对话框中，设置半径为240像素，为书边添加阴影效果，至此，本案例制作完成。

12.5.3　时尚杂志版式设计

主要使用素材：

案例分析：
　　本案例是通过贝塞尔工具为人物绘制装饰图案效果的妆容，使用交互式阴影工具为人物添加腮红效果，再使用交互式透明工具添加花纹叠印效果，最后添加文字信息完成整个时尚杂志的排版设计。

主要使用功能：
　　矩形工具、贝塞尔工具、形状工具、椭圆形工具、交互式阴影工具、文本工具、交互式透明工具、"图框精确剪裁"命令。

　　💿 **光盘路径：** 第12章\Complete\5\时尚杂志版式设计.cdr

　　📀 **视频路径：** 第12章\时尚杂志版式设计.swf

步骤1　执行"文件 | 新建"命令，新建一个141x174mm的空白文档，完成之后执行菜单栏中的"文件 | 导入"命令，导入"5.jpg"文件。

步骤2　单击贝塞尔工具，绘制出人物眼部装饰图案的大体轮廓，完成以后再单击形状工具，通过拖曳调整锚点，从而调整曲线的弧度，完善眼部装饰图形的形状轮廓。

步骤3　同理，单击贝塞尔工具，绘制出人物鼻部的花朵装饰图案。完成以后按快捷键Ctrl+C与Ctrl+V复制粘贴一个，按住鼠标左键将之移动到嘴部左边适当位置。

步骤4　同理，单击贝塞尔工具，绘制出人物下巴下面的简单花朵装饰图案。完成以后复制粘贴一个并将其移动到画面左边适当的位置。

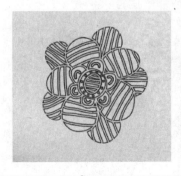

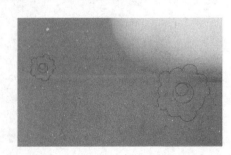

步骤5　选中眼部装饰图形，单击填充工具，分别为其填充深红色（C51、M100、Y78、K26）和桃红色（C11、M87、Y25、K0）。

步骤6　同理，选中剩余部分装饰图形，单击填充工具，依次为其填充颜色。完成之后依次选中图形，单击鼠标右键在右面调色板中选中湖蓝色，为图形轮廓线填充颜色。

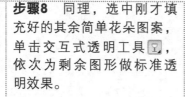

步骤7　选中刚才填充好的简单花朵图案，单击交互式透明工具，在属性栏选择"标准"透明样式，为该图形做标准透明效果。

步骤8　同理，选中刚才填充好的其余简单花朵图案，单击交互式透明工具，依次为剩余图形做标准透明效果。

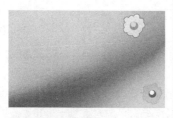

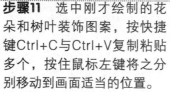

步骤9　单击贝塞尔工具，在人物额头绘制出花朵装饰图案，再单击填充工具，依次为图案填充颜色。

步骤10　同理，单击贝塞尔工具，在一旁绘制出树叶装饰图案，在属性栏设置其轮廓宽度为0.75mm，完成后为图形轮廓线填充深灰色。

步骤11　选中刚才绘制的花朵和树叶装饰图案，按快捷键Ctrl+C与Ctrl+V复制粘贴多个，按住鼠标左键将之分别移动到画面适当的位置。

步骤12　单击贝塞尔工具，绘制出人物面部装饰图案，完成以后在属性栏设置其轮廓宽度为0.75mm，并为图形轮廓线填充深灰色。

步骤13 选中刚才绘制的人物面部装饰图案,将之移动到页面适当的位置,单击交互式透明工具 [?],在属性栏选择"标准"透明样式,为该图形做标准透明效果,使装饰图案作为暗纹映衬在画面中。

步骤14 双击矩形工具 [□],绘制一个页面大小的矩形,选中刚才绘制的人物面部装饰暗纹,执行菜单栏里的"效果 | 图框精确剪裁 | 置于图文框内部"命令,将暗纹精确剪裁到画面内部。

步骤15 单击椭圆形工具 [○],在画面左上角绘制一个椭圆形并为其填充灰色。

步骤16 选中刚才绘制的椭圆形,单击交互式阴影工具 [□],从左至下为其拉下投影效果,为阴影填充黄色,并在属性栏设置其相关参数值。

步骤17 同理,单击椭圆形工具 [○],在画面左下角绘制一个椭圆形并为其填充灰色。选中刚才绘制的椭圆形,单击交互式阴影工具 [□],自下往上为其拉下投影效果,为阴影填充黄色,并在属性栏设置其相关参数值。

步骤18 同理,结合椭圆形工具 [○] 与交互式阴影工具 [□],为人物右侧面部制作腮红效果。双击矩形工具 [□],绘制出页面大小的矩形。选中投影部分,执行菜单栏中的"效果 | 图框精确剪裁 | 置于图文框内部"命令。

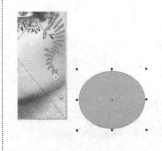

步骤19 单击文本工具 字，在页面适当位置单击，输入文字。

步骤20 选中部分字体，单击工作区右侧的色块为该字体填充黄色（C0、M0、Y100、K0）。

步骤21 同理，选中另一部分字体，单击填充工具 ◇，通过拖曳打开子菜单，选择"线性渐变填充"选项，在渐变色长条框内从左至右为其设置从土黄（C44、M77、Y98、K20）到黄色（C0、M40、Y80、K0）再到土黄（C44、M77、Y98、K20）的渐变颜色值。

步骤22 同理，选中刚才填充的字体，按快捷键Ctrl+C与Ctrl+V复制粘贴一个，双击字体，拖动四周锚点将其放大置于后部，单击填充工具 ◇，更改线性渐变颜色值，在渐变色长条框内从左至右为其设置渐变颜色值。

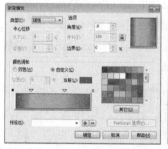

步骤23 同理，选中另一部分字体，单击填充工具 ◇，选择线性渐变选项为其设置渐变颜色值。再单击填充工具 ◇，更改其线性渐变颜色值。

步骤24 单击贝塞尔工具 ，在字体上方绘制一个不规则图形并为其填充粉色。之后单击交互式透明工具 ，为该图形做线性透明效果。完成后复制一个同样的图形，将之缩小放置在刚才绘制的不规则图形之上，再单击交互式透明工具 减淡其线性透明强度。

步骤25 选中刚才绘制的所有图形和字体，按快捷键Ctrl+G群组所有图形，至此，本案例制作完成。

12.5.4　珠宝杂志封面设计

主要使用素材：

案例分析：

本案例是通过手绘工具给人物添加妆容，再使用交互式透明工具添加光影效果，最后添加文字信息完成整个珠宝杂志的排版工作。

主要使用功能：

手绘工具、刻刀工具、形状工具、文本工具、交互式透明工具、"图框精确剪裁"命令。

光盘路径：第12章\Complete\5\珠宝杂志封面设计.cdr

视频路径：第12章\珠宝杂志封面设计.swf

步骤1　执行"文件丨新建"命令，新建一个210x270mm的空白文档。

步骤2　执行"文件丨导入"命令，导入"第12章\Media\5\03.psd"文件。在按住Shift键的同时单击图片四周锚点的其中一个将其适当缩小。

步骤3　使用矩形工具绘制一个矩形填充白色，然后使用交互式透明工具为其拉一个透明效果，以增白人物肤色。

技巧：

缩小图像时，可使用鼠标单击四周锚点的其中一个，然后同时按下Shift键，这样向外或者向内拖动鼠标，即可将图像以中心为基点进行放大或者缩小。

步骤4 按快捷键+，将白色透明背景复制一份，再次增白人物肤色。

步骤5 单击手绘工具，在人物的左边眼睛处绘制一个形状，填充红色（C0、M100、Y100、K0）。

步骤6 使用交互式透明工具为其拉一个透明效果，并更改混合模式，制作人物眼影效果。

步骤7 使用相同方法绘制出人物右边的眼影形状，并使用交互式透明工具结合其混合模式制作眼影的效果。

步骤8 使用贝塞尔工具绘制出人物嘴唇的大体形状，双击节点使双箭头转换为单箭头即可对节点转向，绘制完成以后，使用交互式透明工具为其拉一个透明效果，并更改混合模式，制作人物红唇效果。

步骤9 使用刻刀工具，将人物红唇的中间裁开，并结合形状工具调整锚点位置，完善人物红唇效果，按快捷键Ctrl+G将人物眼影和红唇进行群组。

步骤10 复制人物图像，并使用选择工具选中图像，单击属性栏中的"编辑位图"按钮 编辑位图(E)... ，单击填充工具，对选区内的人物进行填充颜色。完成以后单击"完成编辑"按钮 完成编辑 ，回到CorelDRAW界面中。将其填充为深红色（C58、M100、Y70、K40）。

步骤11 使用交互式透明工具为其拉一个透明效果，并更改混合模式，为人物整体覆盖上一层淡淡的红色效果。

步骤12 执行"文件 | 导入"命令，导入"第12章\Media\5\丝绸.jpg"文件。在选中对象的情况下，按快捷键Ctrl+Shift+B弹出色相/饱和度/亮度对话框，在其中设置参数调整图像颜色。

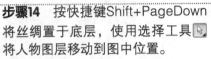

步骤13 将其复制一份移动到水平垂直下面的位置，按快捷键Ctrl+G将其群组。

步骤14 按快捷键Shift+PageDown将丝绸置于底层，使用选择工具 选择将人物图层移动到图中位置。

步骤15 使用矩形工具 绘制一个矩形并填充黑色，然后使用交互式透明工具 为其拉一个透明效果，并更改混合模式，将人物整体覆盖上一层淡淡的阴影效果。

步骤16 使用矩形工具 绘制一个190x256mm矩形，执行"效果 | 图框精确剪裁 | 置于图文框内部"命令，将其置于外形框中。

步骤17 双击矩形工具 ，创建一个和页面相同大小的矩形框，填充蓝色（C91、M57、Y0、K0）。

步骤18 使用选择工具 选中人物图层后按快捷键P，将其快速置于页面当中。

> **提示：**
> 将图像置于图文框中可以减少图层，以免图层过于复杂，方便以后的编辑。

步骤19 执行"文件 | 导入"命令，导入"第12章\Media\5\光斑.png"文件，并置于画面中。

步骤20 单击文本工具<kbd>字</kbd>在工作页面中输入文字，并填充蓝色（C91、M57、Y0、K0）。

步骤21 继续单击文本工具<kbd>字</kbd>在工作页面中输入文字，并填充白色。

步骤22 继续单击文本工具<kbd>字</kbd>在工作页面中输入文字，并填充黑色，按快捷键+，将文字复制一份，填充白色，使用位移工具←将其向左移动一点。

步骤23 继续单击文本工具<kbd>字</kbd>在工作页面中输入文字，将文字填充为白色，完成以后按快捷键Shift+Ctrl+A弹出"对齐与分布"泊坞窗，将文字排列成相等间距，并且右对齐。

步骤24 结合文本工具 字、椭圆形工具 ○ 绘制文字信息，

步骤25 使用选择工具 ▷ 将其移动到画面中并填充白色、

步骤26 执行"文件 | 导入"命令，导入"戒子.png"文件，并置于画面中。

步骤27 执行"编辑 | 插入条码"命令，在弹出的对话框中输入参数，以创建条码信息。

步骤28 继续单击文本工具 字在工作页面中输入文字，并填充黑色。

步骤29 使用椭圆形工具 ○ 绘制一个椭圆形，填充粉色（C0、M59、Y0、K0）。将其转曲后结合形状工具 ▷ 绘制成花瓣形状。

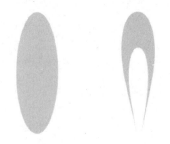

步骤30 使用选择工具 ▷ 双击图形，出现控制柄，将中心点向下移动，移动并复制一个图形，按快捷键Ctrl+R继续复制。

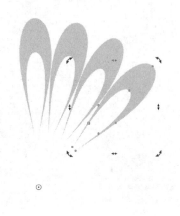

步骤31 完成以后得到一个花的形状，并使用相同方法绘制其他花形，完成以后将花形群组。

步骤32 将花形移动到画面当中。至此，本案例制作完成。

|12.6| 插画设计

插画设计是CorelDRAW矢量设计中应用广泛的功能之一，通过前面对软件知识的学习，现在运用所学知识进行实际案例操作，学习插画设计的处理技巧。

12.6.1 时尚女性插画

主要使用素材：

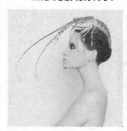

案例分析：

本案例制作的是一张时尚女性插画。画面通过基本形状工具的使用绘制人物基本形状轮廓，然后使用填充工具为人物填充相应颜色，再结合渐变工具给人物背景填充相应的线性渐变颜色，构图饱满，整体色调偏紫红，体现出女性的优雅之美。

主要使用功能：

矩形工具、贝塞尔工具、形状工具、填充工具、文本工具、"高斯式模糊"命令。

💿 **光盘路径：** 第12章\Complete\6\时尚女性插画.cdr

步骤1 执行菜单栏中的"文件 | 新建"命令，在弹出的"创建新文档"对话框中设置文档"宽度"为225mm，"高度"为297mm，单击"确定"按钮，新建一个空白文档。

步骤2 双击工具箱中的矩形工具▢，创建一个矩形，在页面右边的调色板中按住鼠标右键单击✕按钮，去除矩形轮廓线。单击选择工具▯将矩形选中，再按住工具箱中的填充工具◇，通过拖曳打开子菜单，选择"渐变填充"选项，在弹出的对话框中选择"自定义"选项，在渐变色长条框内从左至右为矩形设置从浅红色（C15、M42、Y0、K0）到深紫色（C89、M100、Y2、K0）的线性渐变填充，再在弹出的"渐变填充"对话框内，将"角度"栏的数值设置为270°，单击"确定"按钮完成矩形的渐变填充。

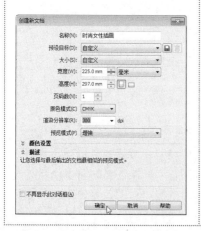

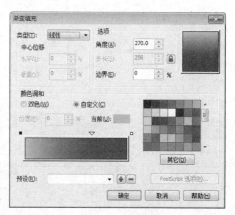

步骤3 执行菜单栏中的"文件 | 导入"命令，导入"01.jpg"文件，在按住Shift键的同时拖动鼠标四周锚点的其中一个，将其缩小并移动到工作页面当中。

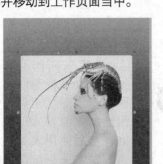

步骤4 单击贝塞尔工具，勾勒出人物的大体轮廓，完成以后再单击形状工具，通过拖曳调整锚点，从而调整曲线的弧度，完善人物的基本形状轮廓。

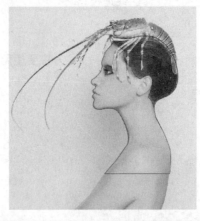

步骤5 结合贝塞尔工具和形状工具，勾勒出人物的眼睛，通过拖曳调整锚点从而调整曲线的弧度，完善眼睛的基本形状轮廓。

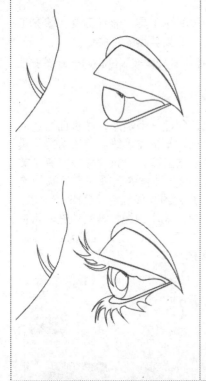

步骤6 同理，结合贝塞尔工具和形状工具再勾勒出人物的嘴巴，在勾勒过程中注意通过调整曲线节点两端的锚点使曲线平滑，从而绘制出人物面部的细节部分。

步骤7 同理，结合贝塞尔工具和形状工具依次勾勒出龙虾的身体、眼珠、甲壳、步足、触须，在勾勒过程中注意通过调整曲线节点两端的锚点使曲线平滑，从而绘制出龙虾身体的细节部分。

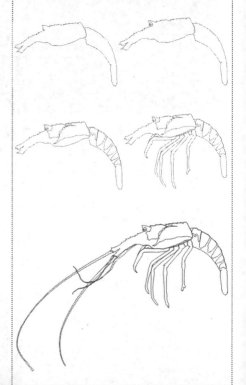

提示：
要在图像制作中灵活绘制出需要的曲线或折线，需要熟练贝塞尔工具和形状工具之间的转换使用。使用贝塞尔工具可以相对精准地绘制直线和圆滑的曲线，在曲线上的任何一个节点进行拖曳或执行其他操作，曲线都会发生变化。当图形绘制完成，利用形状工具编辑节点的操作，可以改变原本的曲线走向、弧度，使图形更加精准。

步骤8 同理，选中人物头发部分，再按住工具箱中的填充工具 ◇，通过拖曳打开子菜单，选择"渐变填充"选项，在渐变色长条框内从左至右为其设置从深蓝色（C100、M94、Y53、K13）到深紫色（C93、M98、Y20、K3）的线性渐变，将"角度"栏的数值设置为180°，单击"确定"按钮完成头发部分的渐变填充。

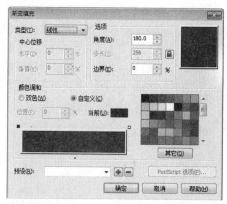

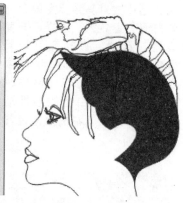

步骤9 使用选择工具 ◇ 选中人物面部部分，再单击填充工具 ◇，为人物脸部填充乳白色（C4、M4、Y4、K0），单击"确定"按钮完成面部部分的颜色填充。

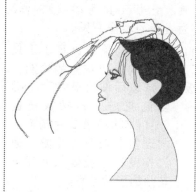

步骤10 同理选中人物眼睛部分，再单击填充工具 ◇，依次为人物眼珠、眼白、睫毛分别填充黑白色湖蓝（C98、M67、Y33、K0）和蓝色（C100、M95、Y36、K1）。再选中人物眼皮，同理单击填充工具 ◇，选择"渐变填充"选项，在渐变色长条框内从左至右为其设置从深蓝色（C100、M100、Y63、K43）到白色的线性渐变。

步骤11 同理，选择"渐变填充"选项，为两片嘴唇填充从深紫色（C66、M89、Y0、K0）到淡粉色（C0、M44、Y22、K0）的线性渐变。填色完成后，按快捷键Ctrl+G，将人物眼睛、嘴唇与人物头像图形群组。

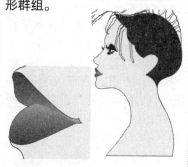

步骤12 使用选择工具 ◇ 选中龙虾身体部分，单击填充工具 ◇，同理选择"渐变填充"选项，在渐变色长条框内从左至右为其设置从绿松石色（C60、M0、Y20、K0）到浅灰绿（C0、M0、Y0、K10）到白色的线性渐变，之后将"角度"栏的数值设置为270°。

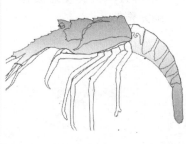

步骤13 使用选择工具 ◇ 选中龙虾甲壳部分，单击填充工具 ◇，同理选择"渐变填充"选项，在渐变色长条框内从左至右为其设置从草绿（C60、M0、Y40、K40）到绿松石色（C60、M0、Y20、K0）的线性渐变，之后将"角度"栏的数值设置为270°。

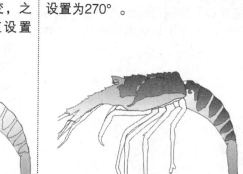

步骤14 使用选择工具 ◇ 选中龙虾前面步足部分，单击填充工具 ◇，选择"渐变填充"选项，在渐变色长条框内从左至右为其设置从草绿（C60、M0、Y40、K40）到白色的线性渐变，之后将"角度"栏的数值设置为270°。

步骤15 同理，使用选择工具 ▣，选中龙虾其余步足部分，单击填充工具 ◈，选择"渐变填充"选项，在渐变色长条框内从左至右为其余步足依次设置从春绿（C77、M11、Y55、K0）到白色的线性渐变，将"角度"栏的数值设置为270°。

步骤16 单击填充工具 ◈，选中龙虾触须部分，选择"渐变填充"选项，在渐变色长条框内从左至右为触须依次设置从草绿（C95、M55、Y70、K16）到浅绿（C67、M0、Y45、K0）、从草绿（C95、M55、Y70、K16）到绿松石（C61、M0、Y17、K0）、从草绿（C95、M55、Y70、K16）到渐绿（C35、M1、Y16、K0）、从草绿（C95、M55、Y70、K16）到春绿（C65、M0、Y51、K0）的线性渐变，同理将"角度"栏的数值设置为270°。

> ✎ **提示：**
>
> 现实中所见到的对象即使本身只是由一种颜色所构成的，但是经过光线照射，折射到人的眼中也会变成许多颜色。使用渐变填充，可以使图像更加逼真，立体感更强。由于渐变填充的这个特性，绘制的图像一定要尽可能的准确细致，结合钢笔工具和形状工具可以绘制出较为真实的图像效果。

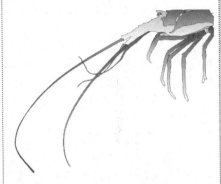

步骤17 同理，使用选择工具 ▣，选中龙虾眼睛部分，单击填充工具 ◈，选择"辐射填充"选项，在渐变色长条框内从左至右为其设置从草绿（C95、M55、Y70、K16）到白色的辐射渐变。

步骤18 使用选择工具 ▣，选中龙虾和人物图形部分，按快捷键Ctrl+G，将二者群组，完成之后在页面右边的调色板中按住鼠标右键单击✕按钮，去除图形轮廓线。

步骤19 单击贝塞尔工具 ▣，勾勒出花瓣的轮廓，完成以后按快捷键Ctrl+C复制花瓣，再按快捷键Ctrl+V粘贴第二片花瓣，同理复制第三片花瓣，通过拖曳移动花瓣从而完善花朵的形状轮廓。

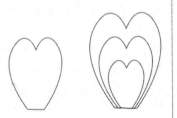

步骤20 同理，使用选择工具 ▣，选中花朵图形，将中心点移到下方合适的位置，在按住Ctrl键的同时拖动右上角锚点60°之后按下鼠标右键复制花朵，按快捷键Ctrl+R复制旋转多片花朵从而完善花的大体形状轮廓。

步骤21 单击贝塞尔工具 ▣，勾勒出花蕊的轮廓，完成以后选中所有花朵和花蕊图形，按快捷键Ctrl+G群组，使之成为一朵完整的花。

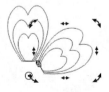

步骤22　单击填充工具 ◇，选中花瓣外层部分，再单击填充工具 ◇，为其填充粉蓝色（C14、M18、Y0、K0），同理依次为花瓣中层填充蓝光紫（C20、M51、Y0、K0），花瓣内层与花芯填充深蓝色（C75、M84、Y0、K0），花蕊填充粉色（C11、M20、Y0、K0），完成之后选中花图形，在页面右边的调色板中按住鼠标右键单击 ✕ 按钮，去除图形轮廓线，通过拖曳移动到人物头像适合的位置上。

步骤23　执行菜单栏中的"文件 | 导入"命令，导入"花纹.cdr"文件，在按住 Shift 键的同时拖动鼠标四周锚点的其中一个，将其缩小并移动到工作页面当中。

步骤24　单击文本工具 字，在页面上方适当位置输入文字。完成之后，选中字体，使用填充工具 ◇ 为字体填充深蓝色（C99、M96、Y52、K8）。

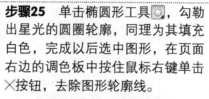

步骤25　单击椭圆形工具 ○，勾勒出星光的圆圈轮廓，同理为其填充白色，完成以后选中图形，在页面右边的调色板中按住鼠标右键单击 ✕ 按钮，去除图形轮廓线。

步骤26　选中星光图形，执行菜单栏中的"位图 | 转换为位图"命令。之后再执行菜单栏中的"位图 | 模糊 | 高斯式模糊"命令，在弹出的"高斯式模糊"对话框中，设置半径为14.0像素。

步骤27　选中星光图形，同理按住快捷键Ctrl+D复制多个图形，将其放在版面合适的位置。之后选择其中部分星光图形，按住鼠标左键拖动四周锚点进行放大缩小。

步骤28　同理，选中多个星光图形，按快捷键Ctrl+G，将其群组之后复制多个，按照合适的版面布局在页面的不同位置。

步骤29　双击矩形工具 ▢，绘制出页面大小的矩形。选中龙虾触须部分，执行菜单栏中的"效果 | 图框精确剪裁 | 置于图文框内部"命令，移动鼠标使页面出现的黑色箭头尖端选中矩形边界，使龙虾触须置于工作页面当中。至此，本案例制作完成。

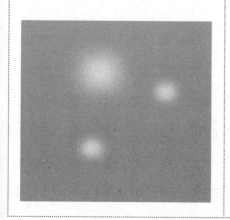

12.6.2 可爱儿童插画

案例分析：

本案例制作的是一张可爱儿童插画。画面主要通过基本形状工具的使用绘制趣味的矢量图形，然后使用"高斯式模糊"命令为人物绘制脸部腮红，再通过调整图形的渐变、透明及文本文字的立体化使画面呈现出甜美活力的氛围，构图饱满，整体色调偏粉红，体现出儿童可爱而充满趣味性的世界。

主要使用素材：

主要使用功能：

矩形工具、贝塞尔工具、形状工具、填充工具、文本工具、交互式透明工具、交互式立体化工具。

光盘路径：第12章\Complete\6\可爱儿童插画.cdr

视频路径：第12章\可爱儿童插画.swf

步骤1 执行菜单栏中的"文件 | 新建"命令，在弹出的"创建新文档"对话框中设置文档"宽度"为363mm，"高度"为241mm，单击"确定"按钮，新建一个空白文档。然后执行菜单栏中的"文件 | 导入"命令，导入"02.jpg"文件，拖动鼠标将其移动到工作页面当中。

步骤2 单击贝塞尔工具，勾勒出人物腮红的轮廓，完成以后再单击形状工具，通过拖曳调整锚点从而调整腮红曲线的弧度，再单击填充工具，为其填充霓虹粉（C0、M98、Y33、K0）。

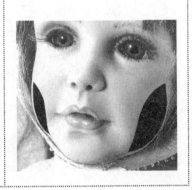

步骤3　选中两片腮红图形，执行菜单栏中的"位图 | 转换为位图"命令。之后再执行菜单栏中的"位图 | 模糊 | 高斯式模糊"命令，在弹出的"高斯式模糊"对话框中，设置半径为110.0像素。

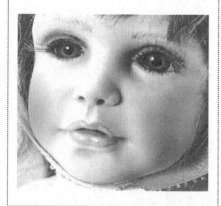

步骤4　单击文本工具 ，在页面左面适当位置，输入文字。完成之后，选中字体，按住填充工具 ，为字体填充洋红色（C0、M100、Y0、K0）。

步骤5　单击工具箱中的交互式立体化工具 ，单击文字并向上拖曳鼠标，制作出文字的立体化效果。

步骤6　选中文字，按住鼠标右键在弹出的对话框中选择"拆分曲线"，完成之后选中文字前面部分，按住工具箱中的轮廓笔工具 ，通过拖曳打开子菜单，为字体选择"0.25"的轮廓线。完成之后，在调色板中单击鼠标右键，为字体填充淡黄色（C0、M0、Y40、K0）。

步骤7　选中文字后面部分，再单击工具箱中的填充工具 ，通过拖曳打开子菜单，选择"渐变填充"选项，在渐变色长条框内从左至右为其设置从洋红色（C0、M100、Y0、K0）到白黄色（C0、M0、Y40、K0）的线性渐变，将"角度"栏的数值设置为90°，单击"确定"按钮完成头发部分的渐变填充。

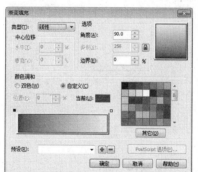

步骤8　单击贝塞尔工具 ，沿着字体曲线勾勒出立体波浪效果，完成以后再单击填充工具 ，为其填充葡萄紫（C75、M92、Y0、K0）。

步骤9　选中波浪后面部分，再单击工具箱中的填充工具 ，通过拖曳打开子菜单，选择"渐变填充"选项，在渐变色长条框内从左至右为其设置从紫红（C20、M80、Y0、K20）到白色的线性渐变。之后将"角度"栏的数值设置为90°，"边界"栏的数值设置为2%。

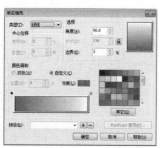

步骤10 单击贝塞尔工具 ，沿着立体波浪弧度勾勒曲线，完成以后为其填充淡黄色（C0、M0、Y40、K0）。完成后单击交互式透明工具 ，依次选中刚才绘制的曲线，在适当的位置向下拖曳鼠标，自动应用线性透明效果。

步骤11 单击贝塞尔工具 ，勾勒出人物左边眼影部分，完成以后为其依次填充葡萄紫色（C75、M92、Y0、K0）、淡紫色（C23、M47、Y0、K0）、淡黄色（C2、M0、Y27、K0），完成后单击交互式透明工具 ，选中眼影向下拖曳鼠标，自动应用线性透明效果。

步骤12 单击贝塞尔工具 ，勾勒出人物右边眼影部分，完成以后为其填充渐变色，同理单击交互式透明工具 ，选中眼影向下拖曳鼠标，自动应用线性透明效果。

步骤13 单击椭圆形工具 ，在按住Ctrl键的同时拖动鼠标在人物头发部位绘制正圆，再单击贝塞尔工具 ，勾勒出十字星形花纹图形。

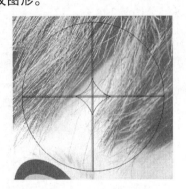

步骤14 选中十字星形花纹，单击属性栏中的"合并"按钮 ，将图形合并为一个整体。再选中正圆形，在属性栏设置正圆形的轮廓宽度为0.25mm，完成之后选中二者，单击填充工具 ，为其填充白黄（C0、M0、Y14、K0），最后单独选中十字星形花纹，单击交互式透明工具 ，向上拖曳鼠标，自动应用线性透明效果。

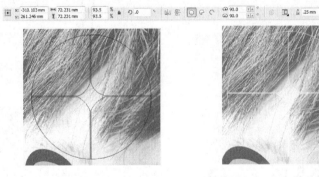

步骤15 单击贝塞尔工具 ，在人物鼻子部分勾勒出心形图形，再单击填充工具 ，通过拖曳打开子菜单，选择"渐变填充"选项，在渐变色长条框内从左至右为其设置从霓虹粉色（C0、M98、Y33、K0）到白色的线性渐变。

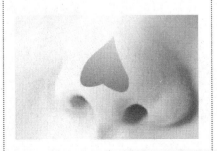

步骤16 单击贝塞尔工具 ，在人物嘴巴部分勾勒图形，再单击填充工具 为其填充霓虹粉色（C0、M98、Y33、K0），同理单击交互式透明工具 ，选中眼影向上拖曳鼠标，自动应用线性透明效果。

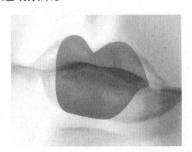

步骤17 单击贝塞尔工具 ，勾勒星形图形，再单击填充工具 ，选择"渐变填充"选项，在渐变色长条框内从左至右为其设置从天蓝色（C52、M0、Y11、K0）到白色的线性渐变。完成之后单击交互式透明工具 ，选中星形向上拖曳鼠标，自动应用线性透明效果。

步骤18 选中星形图形，按快捷键Ctrl+D复制多个，再选择部分复制后的图形更改其颜色为白色，通过移动位置后做成天蓝星形渐变效果。

步骤19 同理，复制多个渐变星形，再单击填充工具，选择"渐变填充"选项，在渐变色长条框内从左至右为其更改设置从橘红色（C0、M60、Y100、K0）到白色的线性渐变，之后将"角度"栏的数值设置为160°，同理按快捷键Ctrl+D复制多个白色星形，通过移动位置在人物右下方做成橘红星形渐变效果。

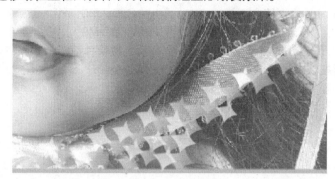

步骤20 单击椭圆形工具，在按住Ctrl键的同时拖动鼠标绘制正圆形，再单击填充工具，选择"辐射渐变"选项，在渐变色长条框内从左至右为其更改设置从洋红色（C0、M100、Y0、K0）到肉粉（C0、M40、Y20、K0）的辐射渐变。

步骤21 同理，复制多个渐变圆球，更改其大小位置，使之沿着缎带向上发散，再选择部分圆球，单击填充工具，选择"辐射渐变"选项，在渐变色长条框内从左至右为其更改设置从蓝紫色（C40、M100、Y0、K0）到肉粉色（C0、M40、Y20、K0）的辐射渐变，完成之后单击交互式透明工具，选中部分转折处向上拖曳鼠标，自动应用线性透明效果。

技巧：
在做多个渐变圆球时，除了使用快捷键Ctrl+D复制图形之外，还可以选中图形，在编辑菜单栏中选择"复制属性自（M）"选项，复制该圆球的属性至另一个圆球。完成之后再选中其余圆球，按快捷键Ctrl+R重复之前动作，完成所有圆球属性更改填充。

步骤22 单击贝塞尔工具，勾勒星形图形，在页面右边的调色板中为其填充白色。之后执行菜单栏中的"位图l转换为位图"命令。之后再执行菜单栏中的"位图l模糊l高斯式模糊"命令，在弹出的"高斯式模糊"对话框中，设置半径为6.0像素，完成后将其放置在圆球上，为其增添闪光效果。

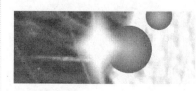

步骤23 同理复制多个闪光星形图形，更改其大小，分散放置在部分圆球处。

步骤24 单击星形工具，在按住Ctrl键的同时拖动鼠标绘制星形，再单击填充工具，选择"辐射渐变"选项，在渐变色长条框内从左至右为其设置从洋红色（C0、M100、Y0、K0）到淡黄色（C0、M0、Y20、K0）的辐射渐变。

步骤25 单击椭圆形工具 ◯ ，在按住Ctrl键的同时拖动鼠标绘制正圆形，复制一个，在按住Shift键的同时拖动鼠标四周锚点的其中一个，将其缩小。再单击填充工具 ◇ ，依次填充淡黄色（C2、M10、Y27、K0）、桃黄色（C3、M0、Y16、K0），填色完成后按快捷键Ctrl+G将图形群组，按快捷键Ctrl+D复制多个并分散放置在页面边缘。

步骤26 选中其中一个组合图形，按住快捷键Ctrl+D复制一个，取消群组后选中星形，同理将其改为从白黄色（C0、M0、Y40、K0）到白色的辐射渐变。外围圆圈依次填充朦胧绿色（C20、M0、Y20、K0）、绿松石色（C60、M0、Y20、K0），填色完成后，按快捷键Ctrl+G，将图形群组，按快捷键Ctrl+D复制多个并分散放置在页面边沿。

步骤27 单击贝塞尔工具 ✎ ，勾勒半圆图形，放置在缎带背后，按快捷键Ctrl+D复制两个，依次放大，再单击填充工具 ◇ ，依次为其填充白黄色（C0、M0、Y40、K0）、白色、绿松石色（C60、M0、Y20、K0）、海洋绿色（C65、M29、Y40、K0），完成之后单击交互式透明工具 ♷ ，选中部分转折处向上拖曳鼠标，自动应用线性透明效果。

步骤28 单击椭圆形工具 ◯ ，在按住Ctrl键的同时拖动鼠标绘制正圆形，按快捷键Ctrl+D复制多个，依次选中正圆形，在右面调色板中单击鼠标右键，为圆圈轮廓填充绿松石色（C60、M0、Y20、K0）、淡黄色（C2、M10、Y27、K0）、肉粉色（C0、M40、Y20、K0）、冰蓝色（C40、M0、Y0、K0）。

步骤29 单击椭圆形工具 ◯ ，在按住Ctrl键的同时拖动鼠标绘制正圆形，填充其颜色为葡萄紫色（C75、M92、Y0、K0）。采用相同的方法在画面中绘制更多的彩色圆点图形。双击矩形工具 ▢ ，生成页面大小的矩形，然后分别选中所有超出工作页面的矢量图形，执行菜单栏中的"效果丨图框精确剪裁丨置于图文框内部"命令，出现一个黑色箭头，使用黑色箭头单击矩形边框，将图形精确剪裁到刚才所创建的矩形中，完成之后去除矩形轮廓线。至此，本案例制作完成。

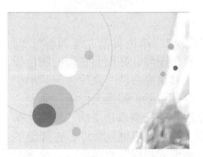

12.6.3　搞笑趣味插画

主要使用素材：

案例分析：

　　本案例制作的是一张搞笑趣味插画。画面通过基本形状工具的使用绘制人物身上的服饰及小玩意儿，然后使用填充工具为人物填充相应颜色，再结合交互式透明工具给人物嘴唇拉出相应的渐变透明，通过位图，高斯模糊为人物制作腮红，整体构图集中，体现出漫画的时尚玩味之意。

主要使用功能：

　　贝塞尔工具、形状工具、填充工具、交互式透明工具、文本工具。

　　💿 光盘路径：第12章\Complete\6\搞笑趣味插画.cdr

　　🎬 视频路径：第12章\搞笑趣味插画.swf

步骤1　执行菜单栏中的"文件 | 新建"命令，在弹出的"创建新文档"对话框中设置文档"宽度"为263mm，"高度"为351mm，单击"确定"按钮，新建一个空白文档。

步骤2　单击贝塞尔工具 ✎，勾勒出人物的嘴唇轮廓，单击选择工具 ▸ 将嘴唇图形选中，在属性栏中将嘴唇轮廓宽度设置为0.2mm，再单击工具箱中的填充工具 ◈，从上至下为嘴唇设置从宝石红色（C44、M100、Y100、K13）到大红色（C0、M100、Y100、K0）的渐变效果，完成以后分别选中上、下唇图形，在页面右边的调色板中按住鼠标右键依次单击相应的颜色款式，为图形轮廓线填充紫色（C33、M84、Y0、K0）、肉色（C0、M40、Y20、K0），完成之后单击交互式透明工具 ▿，选中嘴唇向上拖曳鼠标，自动应用线性透明效果。

👆 **提示：**

　　由于使用填充工具为现实中的物体填色缺乏质感，所以在使用填充工具制作人物嘴唇部分时，要同时结合交互式透明工具来使所制作的对象更富有真实感。而使用交互式透明工具除了可以制作出线性的透明效果之外，还有标准、辐射、圆锥等多种透明类型，可以在交互式透明工具的属性栏中进行设置。

交互式透明工具属性栏

步骤3 单击贝塞尔工具，沿着人物脸部曲线勾勒出人物的腮红轮廓，完成之后单击填充工具为腮红填充洋红色（C0、M100、Y0、K0）。

步骤4 选中腮红图形，在页面右边的调色板中按住鼠标右键单击×按钮，去除图形轮廓线。执行菜单栏中的"位图 | 转换为位图"命令，之后再执行菜单栏中的"位图 | 模糊 | 高斯式模糊"命令，在弹出的"高斯式模糊"对话框中，设置左边腮红半径为15.0像素，右边腮红半径为25.0像素，完成之后选中左边腮红图形，将其向左微移，至此人物的腮红效果绘制完成。

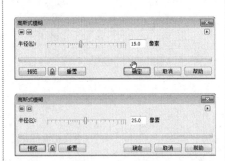

步骤5 单击贝塞尔工具，在人物头部勾勒出帽子图形的大体轮廓，完成以后再单击形状工具，通过拖曳调整锚点从而调整曲线的弧度，完善帽子的部分细节轮廓造型。

步骤6 选中帽子图形的最外部轮廓线，在属性栏将其轮廓宽度设置为0.75mm，完成之后选中帽子剩余部分图形轮廓线，在属性栏将其轮廓宽度设置为0.25mm。

步骤7 同理，单击贝塞尔工具依次勾勒出脖子装饰部分，完成以后选中脖子装饰图形，在属性栏中更改轮廓宽度值为0.3mm，完成之后再选中四叶草外轮廓，在属性栏中更改轮廓宽度值为0.25mm。

步骤8 同理，单击贝塞尔工具依次勾勒出人物裙身和手臂部分，完成以后再单击形状工具，调整完善细节轮廓造型。最后依次选中刚刚绘制的图形轮廓线，在属性栏中适当地更改轮廓宽度值。

步骤9 同理，勾勒出人物鞋子图形并调整完善细节轮廓造型，最后依次选中刚刚绘制的图形轮廓线，在属性栏中适当地更改轮廓宽度值。

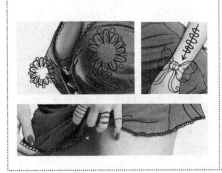

步骤10 同理，勾勒出人物腿部图形并调整完善细节轮廓造型，最后依次选中刚刚绘制的图形轮廓线，在属性栏中适当地更改轮廓宽度值。

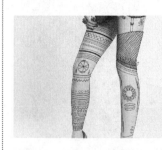

步骤11 使用选择工具 选中帽子部分，再单击填充工具 ，为帽子依次填充大红色（C0、M100、Y60、K0）、洋红色（C0、M100、Y0、K0）、黄色（C7、M0、Y93、K0）、绿色（C62、M0、Y100、K0）、青色（C56、M0、Y15、K0），单击"确定"按钮完成帽子部分的颜色填充。

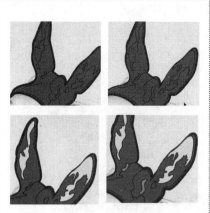

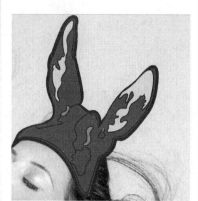

步骤12 同理，使用选择工具 选中脖子装饰部分，再单击填充工具 ，为其填充相应的颜色。

步骤13 同理，使用选择工具 选中人物裙身和手臂部分，再单击填充工具 ，为其填充相应的颜色。

步骤14 使用选择工具 选中人物胸前的小花，执行菜单栏中的"效果 I 图框精确剪裁 I 置于图文框内部"命令，出现一个黑色箭头，使用黑色箭头单击人物裙子边沿，将图形精确剪裁到刚才所绘制的裙身中。

步骤15 同理，使用选择工具 选中人物鞋子部分，再单击填充工具 ，为其填充相应的颜色。

步骤16 同理，使用选择工具 选中人物腿部图形部分，再单击填充工具 ，为其填充相应的颜色。

步骤17 使用选择工具 选中人物腿部超出的装饰纹样线条，执行菜单栏中的"效果 I 图框精确剪裁 I 置于图文框内部"命令，出现一个黑色箭头，使用黑色箭头单击人物腿部轮廓，将装饰纹样精确剪裁到刚才所绘制的腿部轮廓中。

步骤18 单击文本工具 字，在人物裙身腰部适当位置单击，输入文字。完成之后，选中字体，单击填充工具 ，分别为字体填充黑色、洋红色（C0、M100、Y0、K0）、亮黄色（C7、M0、Y93、K0）。

步骤19 双击选中文字，在属性栏分别更改文字的旋转角度为29.1°、22.2°、41.6°，完成后按住鼠标左键移动文字到人物身体适当位置。使用选择工具 选中亮黄色文字部分，执行菜单栏中的"效果｜图框精确剪裁｜置于图文框内部"命令，出现一个黑色箭头，使用黑色箭头单击人物裙子边沿，将亮黄文字精确剪裁到刚才所绘制的裙身中。

步骤20 同理，单击文本工具 字，在画面适当位置单击，输入文字。完成之后，在属性栏中分别更改文字旋转角度，并依次为字体填色。

步骤21 单击贝塞尔工具 ，在人物手肘处勾勒出手绘文字曲线，完成以后在属性栏中将其轮廓宽度设置为0.4mm，再单击贝塞尔工具 ，在一旁勾勒出爱心图形，并为其填充黑色。

步骤22 单击贝塞尔工具 ，在画面适当的位置勾勒出星形图形，并分别为其填充颜色。完成以后再使用贝塞尔工具 为其勾勒高光，并填充白色。

步骤23 同理，单击贝塞尔工具 ，在人物左侧绘制方块花纹，并为其填色。完成以后选中所有方块，按快捷键Ctrl+G，群组方块花纹图形。

步骤24 选中方块花纹图形，按快捷键Ctrl+C与Ctrl+V复制粘贴该图形，在属性栏单击"水平镜像"按钮 ，从左至右翻转"方块花纹"图形，完成之后按住鼠标左键将其移动到人物右下侧位置。

步骤25 最后单击文本工具 字，在画面左上角位置单击，输入文字，输入完成之后为字体填充灰黑色（C0、M0、Y0、K70），至此，本案例制作完成。

附录A 操作习题答案

第1章

1. 选择题

（1）C （2）D （3）D

2. 填空题

（1）一个点、一条线、失真、分辨率、标志设计、版式设计

（2）精密度、像素、像素、精细

（3）RGB模式、CMYK模式、位图模式、灰度模式、Lab模式、索引模式、HSB模式、双色调模式、RGB模式、CMYK模式

（4）广告设计、招贴设计、插画设计、标志设计、包装设计、书籍装帧设计

第2章

1. 选择题

（1）B （2）C （3）B （4）C

2. 填空题

（1）标题栏、菜单栏、标准工具栏、属性栏、工具箱、描绘窗口、状态栏、泊坞窗、调色板

（2）标尺、网格、辅助线

（3）纵向、横向

（4）名称、尺寸、色彩模式、图像分辨率

（5）简单线框、线框、草稿、正常、增强、像素

第3章

1. 选择题

（1）D （2）C （3）A

2. 填空题

（1）Ctrl+X、Ctrl+V

（2）左对齐、右对齐、顶端对齐、底端对齐、水平居中对齐、垂直居中对齐

（3）自由旋转、自由镜像、自由调节、自由扭曲

第4章

1. 选择题

（1）A （2）B （3）C

2. 填空题

（1）手绘工具、2点线工具、贝塞尔工具、艺术笔工具、钢笔工具、B样条工具、折线工具、3点线工具

（2）椭圆形、正圆形、旋转角度、饼图、圆弧形

（3）多边形工具、星形工具、复杂星形工具、图纸工具、螺纹工具

（4）基本形状工具、箭头形状工具、流程图形状工具、标题形状工具、标注形状工具

第5章

1. 选择题

（1）C （2）B （3）C

2. 填空题

（1）直线、曲线

（2）相切、相互垂直

（3）节点、贝塞尔工具、贝塞尔工具、贝塞尔工具

（4）添加、删除、连接、分割点、转化节点

（5）钢笔工具、贝塞尔工具

第6章

1. 选择题

（1）A （2）C （3）B

2. 填空题

（1）智能填充工具、颜色滴管工具、属性滴管工具、均匀填充、渐变填充、图样填充、底纹填充、PostScript填充、无填充及彩色填充、均匀填充工具

（2）大小、角度、中心点

（3）裁剪工具、刻刀工具、橡皮擦工具、虚拟段擦除工具

第7章

1. 选择题

（1）B （2）B （3）A

2. 填空题

（1）调和、扭曲、阴影、立体化、透明度

（2）方向、步长、距离、颜色属性

（3）推拉变形、拉链变形、扭曲变形

第8章

1. 选择题

（1）B　（2）B　（3）D

2. 填空题

（1）点文本、美术文本

（2）拼写剪裁、语法检查、自动更正、鱼眼、更改大小写

（3）不同页面、断开链接

第9章

1. 选择题

（1）A　（2）B　（3）A

2. 填空题

（1）调整命令、变换命令、艺术笔命令、调和命令、封套命令、透视、克隆

（2）对象管理器、图层管理器

（3）转换为位图、自动调整、矫正位图、裁剪位图、位图颜色遮罩、模式、滤镜效果

第10章

1. 选择题

（1）A　（2）A　（3）A

2. 填空题

（1）艺术笔触、模糊、相机、颜色转换、轮廓图、创造性、扭曲、杂点、鲜明化

（2）快速描摹、中心线描摹、轮廓描摹

（3）使用裁剪工具裁剪图像、使用形状工具快速裁剪图像、位图的重新取样

第11章

1. 选择题

（1）D　（2）B　（3）D

2. 填空题

（1）常规、颜色、复合、布局、预印、无问题

（2）打印预览

（3）在新建对话框中设置、在"选项"对话框中设置、在属性栏中设置